材料物理性能

肖国庆　张军战　主编

中国建材工业出版社

图书在版编目（CIP）数据

材料物理性能/肖国庆，张军战主编. —北京：中国建材工业出版社，2005.9
ISBN 978-7-80159-813-4 （2015.1 重印）

Ⅰ．材...　　Ⅱ．①肖...②张...　　Ⅲ．工程材料－物理性能－教材　Ⅳ．TB303

中国版本图书馆 CIP 数据核字（2005）第 097270 号

材料物理性能

肖国庆　张军战　主编

出版发行：中国建材工业出版社
地　　址：北京市海淀区三里河路 1 号
邮　　编：100044
经　　销：全国各地新华书店
印　　刷：北京鑫正大印刷有限公司
开　　本：787mm×1092mm　1/16
印　　张：11.75
字　　数：287 千字
版　　次：2005 年 9 月第 1 版
印　　次：2015 年 1 月第 2 次
定　　价：**33.00 元**

本社网址：www.jccbs.com.cn
本书如出现印装质量问题，由我社发行部负责调换。联系电话：（010）88386906

前　言

　　材料的发展史是人类文明史的一部分，人们习惯以当时出现并广泛使用的材料作为划分历史的标志，如将人类历史划分为石器时代、青铜器时代、铁器时代等。今天人类已进入了文明时代，但材料仍然是人类赖以生存和发展的基础。20 世纪 70 年代，人们把信息、材料和能源誉为当代文明的三大支柱。20 世纪 80 年代，以高技术群为代表的新技术革命，又把新材料、信息技术和生物技术并列为新技术革命的重要标志，这都说明材料在人类社会进步和发展过程中占有举足轻重的地位。

　　固体材料按其化学键的性质不同，可分为金属材料、无机非金属材料、有机高分子材料，它们并列为当代三大固体材料。各种固体材料之所以有不同的机械、物理、化学性能，主要是由材料的化学组成、结构状况所决定的。化学组成决定了材料的本征性能，而结构影响到材料的大多数性能。在化学组成确定之后，制备工艺是控制结构的主要手段，就是在材料使用过程中的性能变化（如疲劳、失效等），也是以使用条件为外因引起材料结构变化所致。因此，研究材料性能与结构间的关系就成为材料科学的主要任务之一。

　　结构或组织结构是不同层次结构的通称。目前，一般将固体材料的结构分为三个层次，即宏观结构、显微结构和微观结构。宏观结构通常是指毫米级及其以上尺度范围内的结构状况，如材料中的晶粒尺寸、气孔、宏观裂纹等。显微结构是指在目视范围以下用光学显微镜和电子显微镜能观察到的范围，如材料内部的晶相、玻璃相、相分布、晶界、气孔形态、杂质、分布状态等。微观结构是指原子结构、晶体结构、缺陷（空位、间隙原子、位错等）原子分子水平上的结构状态。

　　材料工作者所要研究的就是材料不同层次的结构对材料性能的影响。如材料的强度性质是一种典型的结构敏感性质，除化学键的性质外，它还与宏观结构的裂纹、晶粒度，显微结构的晶界、微裂纹，微观结构的位错等多种结构因素密切相关；又如材料的热学、电学、磁学性能在很大程度取决于间隙原子、空位等晶格缺陷以及晶界、相分布等结构状况。材料工作者的任务就是要找出对不同性能起主导作用的结构因素，以便提出表征这些结构因素的参量。

　　材料工作者的理想目标是能够设计材料——用什么原料、配成什么化合物或固溶体就可以制成具有什么性能的材料。但到目前为止，科学技术的进步尚没有达到这个水平，虽然量子力学、固体物理等基础学科的成就对固体电子理论的指导与预见，为半导体材料及电子工业的发展作出了重大贡献，但由于材料结构的复杂性，尤其是对材料性能有重大影响的显微结构，它并不服从像电子等微观粒子那种运动规律，仅有原子和分子水平的研究还不能包括材料科学的全部内容。因此，材料工作者除了要注重学习和关注如量子力学、固体物理等基础学科的知识和最新发展外，在目前情况下，更应该从实际结构出发来研究它的形成、变化、特征及对各种性能影响的经验性及半经验性规律的学习，这对研制开发新产品和产品的生产过程控制都有积极作用。

本书重点讲述材料的力学性能，主要内容有材料的弹性变形、塑性变形、高温蠕变、黏滞流动、材料的断裂以及材料的热震稳定性等，还介绍了材料的热学、电学和磁学性能。本书的前言、第一章、第二章、第三章内容由肖国庆编写，第四章、第六章、第七章由张军战编写，第五章由南峰编写，全书由刘振平研究员审定。由于编者的学识有限，定有许多不妥之处，敬请读者批评指正。

在此我们向本书参考文献的作者表示深深的谢意。

本书可作为材料科学与工程专业本科生的教材，对从事材料开发研究、生产、管理的科技人员也有一定的参考价值。

编　者

2005.3

目　　录

第1章 材料的弹性变形

本章及此后的材料的塑性变形、材料的黏性流动及材料的断裂等章，所讲述的内容属于材料的力学性能。材料的力学性能，是材料最基本的性能，始终受到人们的重视。材料的力学性质是指材料在外力作用下发生形状改变及其断裂的性质，所谓结构材料是指在外力作用下材料不会发生显著变形或断裂的材料，研究这一类材料的力学性质具有重要的意义。一般来说，材料在受外力后将发生变形，并随外力的增加相继发生弹性变形、塑性变形，最后直至断裂。图1.1示出了金属材料、无机非金属材料、高分子材料在受外力后的不同变形行为。从图中看出，金属材料具有典型的弹性形变、塑性变形直至断裂的变形曲线，而非金属材料与金属不同，塑性变形范围很小或者没有，如图中 $\alpha\text{-}Al_2O_3$，还没有发生塑性变形就断裂了。具有卷曲长链的聚合物材料（如橡胶）弹性变形极大，常用"高弹性变形"来强调这类材料特性。

人类最早学会利用的材料性质便是力学性质，如石器时代利用天然岩石的强度和硬度；青铜器时代利用铜的高塑性、高强度及加工硬化性能；而在铁器时代更是利用 Fe-C 合金的高强度、硬度和塑性。尽管如此，人类真正认识和开始系统地理解材料的力学性质起始于19世纪中叶，人们利用金相显微镜对材料细微组织进行了研究。在我们身边注意到的经验是金属具有延展性，陶瓷硬而脆，橡胶具有很大的弹性形变，这些迥然不同的力学行为是由其基本结构决定的。金属与陶瓷材料的晶体结构（包括键合类型）、缺陷（主要是位错）是理解和描述其力学性

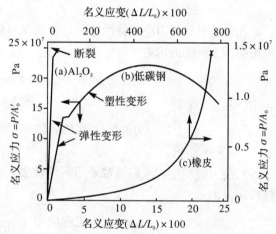

图1.1 不同材料的拉伸应力-应变曲线

质的核心概念，而在高分子材料中，却是分子链的构形、交联与缠结起了关键的作用。

材料在受到外力作用时产生的形状和体积的变化，称为变形。外力除去后，变形也消失的变形过程称为弹性变形；当外力除去后，不能恢复的变形称为塑性变形。本章主要讨论弹性变形及其本质。

弹性变形的重要特征是其可逆性，即受力作用后产生变形，卸除载荷后，变形消失。

弹性体的近代研究可以追溯到17世纪所建立的胡克定律。基于这一定律的弹性理论观点，在施加给材料的应力 F 和所引起的应变 D 之间存在着如下的线性关系：

$$F = M \cdot D \qquad (1-1)$$

式（1-1）中比例常数 M 是一个与材料性质有关的物理常数，它不随施加应力的大小而变化，称为弹性模量或简称模量。但是，弹性模量 M 依应力状态的形式而异；对于各向

1

同性材料而言，单向拉伸或压缩时用正弹性模量 E（又称杨氏模量）来表征；当受到剪切变形时用剪切弹性模量 G（又称切变模量）来表征；它们分别定义为：

$$E = \frac{\sigma}{\varepsilon}, G = \frac{\tau}{\gamma},\qquad (1-2)$$

式（1-2）中 σ、τ 分别为正应力、切应力；而 ε、γ 分别为线应变、切应变。显然，弹性模量 E、G 有着相同的物理意义。它们都代表了产生单位应变所需施加的应力，是材料弹性形变难易的衡量，也表征着材料恢复形变前形状和尺寸的能力。从微观上讲，弹性模量代表了材料中原子、离子或分子间的结合力。因此，它同样与代表这些结合力的其他物理参数，如熔点、沸点、德拜温度和应力波传播速度等存在函数关系。

弹性材料的应用十分广泛。从火车、汽车的强力弹簧到仪表的游丝、张丝和弹性合金等无不起着重要的作用。工程结构设计为了保证稳定性，在选择最佳结构形式的同时，必须尽量采用弹性模量高的材料。与此相反，在另外一些情况下，例如为了提高弹性形变功，人们往往采用弹性模量低的材料。因为在多次冲击加载的条件下，如果应力相等，形变功将与模量成反比。

1.1 应力和应变

在讨论材料应力应变特性之前，应该先对应力和应变这两个词加以定义。应力的定义为单位面积上所受的内力，即：

$$\sigma = \frac{F}{A}\qquad (1-3)$$

式中　F——外力；

　　　σ——应力，应力的单位为 Pa；

　　　A——面积。

对应力的规定，人们通常采用两种做法。第一种方法是在工程实际中广泛采用的，它是这样定义的：

$$\sigma_{\text{工程}} = \text{工程应力} = \frac{\text{载荷}}{\text{加载前的截面积}} = \frac{F}{A_0}\qquad (1-4)$$

第二种是真实应力

$$\sigma_{\text{真}} = \text{真应力} = \frac{\text{载荷}}{\text{瞬时截面积}} = \frac{F}{A_i}\qquad (1-5)$$

应力的规定如图 1.2 所示，围绕材料内部一点 P 取一体积单元，体积单元的六个面均垂直于坐标轴 x、y、z。在这六个面上的作用力可分解为法向应力 σ_{xx}、σ_{yy}、σ_{zz} 和剪应力 $\tau_{xy}, \tau_{xz}, \tau_{yz}$ 等，每个面上有一个法向应力 σ 和两个剪应力 τ。应力分量的 σ、τ 下标第一个字母表示应力作用面的法线方向，第二个字母表示应力作用的方向。法向应力若为拉应力则规定为正；若为压应力则规定为负。剪应力分量的正负规定如下：如果体积单元任一面上的法向应力与坐标轴的正方向相同，则该面上的剪应力指向坐标轴的正方向者为正；如果该

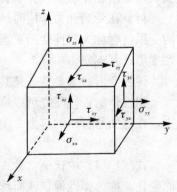

图 1.2　应力分量

面上的法向应力指向坐标轴的负方向，则剪应力指向坐标轴的负方向者为正。根据上述规定图 1.2 上所表示的所有应力分量都是正的。

根据平衡条件，体积单元上相对的两个平行面上的法向应力应该是大小相等、正负号一样的。作用在体积单元上任一平面上的两个剪应力应互相垂直。根据剪应力互等定理，$\tau_{xy} = \tau_{yx}$，其余类推，故一点的应力状态由六个应力分量决定，即 σ_{xx}、σ_{yy}、σ_{zz}、τ_{xy}、τ_{yz}、τ_{zx}。

法向应力导致材料的伸长或缩短，剪应力引起材料的剪切畸变。

若拉应力作用于细棒上，导致材料伸长，应变 ε（伸长）定义如下：

$$\varepsilon = \frac{L_1 - L_0}{L_0} = \frac{\Delta L}{L_0} \tag{1-6}$$

式（1-6）中，L_0 为原有的长度，L_1 为加上负荷后处于应变状态的长度。

ε 称为工程应变，若上式中分母不是原来的长度 L_0，而是随拉伸而变化的真实长度 L，则真实应变定义为：

$$\varepsilon_{真实应变} = \int_{L_0}^{L_1} \frac{\mathrm{d}L}{L} = \ln \frac{L_1}{L_0} \tag{1-7}$$

通常为了方便起见，都用工程应力和应变。

在剪应力作用下发生剪切形变。剪应变的定义为物体内部一体积单元上的两个面元之间的夹角的变化，如图 1.3 所示。

边长为 h、侧面面积为 A 的立方体承受剪应力 F 的作用，实体所示为立方体未受载作用时的状态，虚线所示为对立方体施加剪应力以后的形状。切应力 τ 和切变 γ 的定义由图中给出：

$$\tau = \frac{F}{A} \tag{1-8}$$

$$\gamma = \frac{w}{h} = \tan\theta = \theta（当 \theta 较小时） \tag{1-9}$$

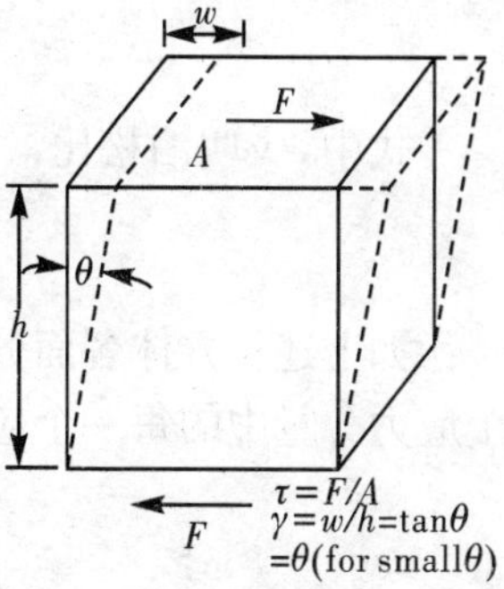

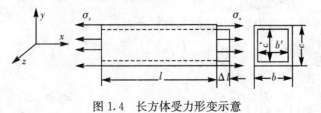

图 1.3　剪应力和剪应变

1.2　弹　性　变　形

1.2.1　狭义胡克定律（各向同性体）

材料在外力作用下产生变形，当外力撤除后材料又能恢复到原来的形状，这种具有可逆性的变形叫做弹性变形。陶瓷、金属、木材等许多重要材料，在正常温度下，当应力不大时，其形变是简单的弹性形变。对于弹性形变，应力与应变之间的关系是由实验建立的，就是熟知的胡克定律。

如图 1.4 所示，设想一长方体，各棱边平行于坐标轴，在垂直于 x 轴的两个面上受有均匀分布的正应力 σ_x，实验证明，在各向同性体的情况下，这些正应力不会引起长方体的角度改变。

长方体的单位伸长可表示为：

图 1.4　长方体受力形变示意

$$\varepsilon_x = \frac{\sigma_x}{E} \quad \varepsilon_x = \frac{\Delta l}{l} \tag{1-10}$$

式中　E——弹性模量，对各向同性体为一常数。

这就是胡克定律，它说明力与应变之间为线性关系。

如果材料受力前初始面积为 A_0，则 $\sigma_0 = \dfrac{F}{A_0}$ 称为名义应力，也称为工程应力，实用上一般都用名义应力。

如果 A 为受力后的真实面积，则 σ 叫真实应力，但对于形变总量很小的无机材料，两者数值相差不大，只有在高温蠕变的情况下，才有显著差别。对于应变也类似。

当长方体伸长时，侧向要发生横向收缩，如图1.4所示，由 σ_x 引起的，在 y、z 方向的收缩为：

$$\left. \begin{array}{l} \varepsilon_y = \dfrac{c' - c}{c} = -\dfrac{\Delta c}{c} \\[3mm] \varepsilon_z = \dfrac{b' - b}{b} = -\dfrac{\Delta b}{b} \end{array} \right\} \tag{1-11}$$

定义横向收缩系数 ν 为：

$$\nu = \left| \dfrac{\varepsilon_y}{\varepsilon_x} \right| = \left| \dfrac{\varepsilon_z}{\varepsilon_x} \right| \tag{1-12}$$

式中，ν 叫泊松比，由 1-12 式可得：

$$\varepsilon_y = -\nu\varepsilon_x = -\nu\dfrac{\sigma_x}{E}, \varepsilon_z = -\nu\dfrac{\sigma_x}{E} \tag{1-13}$$

如上述长方体各面分别受有均匀分布的正应力 σ_x、σ_y、σ_z，则在各方向的总应变可以将三个应力分量中的每一个应力分量所引起的应变分量叠加而求得，此时，胡克定律表示为：

$$\left. \begin{array}{l} \varepsilon_x = \dfrac{1}{E}\big[\sigma_x - \nu(\sigma_y + \sigma_z)\big] \\[3mm] \varepsilon_y = \dfrac{1}{E}\big[\sigma_y - \nu(\sigma_x + \sigma_z)\big] \\[3mm] \varepsilon_z = \dfrac{1}{E}\big[\sigma_z - \nu(\sigma_x + \sigma_y)\big] \end{array} \right\} \tag{1-14}$$

对于剪切应变则有：

$$\left. \begin{array}{l} \gamma_{xy} = \dfrac{\tau_{xy}}{G} \\[3mm] \gamma_{yz} = \dfrac{\tau_{yz}}{G} \\[3mm] \gamma_{xz} = \dfrac{\tau_{xz}}{G} \end{array} \right\} \tag{1-15}$$

E、ν 之间有下面关系：

$$G = \dfrac{E}{2(1+\nu)} \tag{1-16}$$

在各向同性压力 P 作用下，$\sigma_x = \sigma_y = \sigma_z = -P$，则由（1-14）式有：

$$\varepsilon = \varepsilon_x = \varepsilon_y = \varepsilon_z = \dfrac{1}{E}\big[-P - \nu(-2P)\big] = \dfrac{P}{E}(2\nu - 1) \tag{1-17}$$

相应的体积变化为：

$$\dfrac{\Delta V}{V} = (1+\varepsilon)(1+\varepsilon)(1+\varepsilon) - 1$$

将上式展开，略去 ε 的二次项以上的微量得：

$$\frac{\Delta V}{V} = 3\varepsilon = \frac{3P}{E}(2\nu - 1) \tag{1-18}$$

我们定义各向同性的压力 P 除以体积变化率为材料的体积模量 K：

$$K = \frac{-P}{\Delta V/V} = \frac{-E}{3(2\nu - 1)} = \frac{E}{3(1-2\nu)} \tag{1-19}$$

上述各种结果是假定材料为各向同性体而得出的。对大多数多晶材料来说，虽然微观上各晶粒具有方向性，但因晶粒数量巨大，且混乱排列，故宏观上可以当做各向同性体处理。单晶及具有织构的材料或复合材料（用纤维增强的）具有明显的方向性，此时，各种弹性常数将随方向而不同，胡克定律将有更一般的应力-应变关系。

对于弹性变形，一般材料的泊松比在 $0.2 \sim 0.3$ 之间，大多数材料为 $0.2 \sim 0.25$。陶瓷材料的弹性模量 E 随材料不同变化范围很大，约在 $10^9 \sim 10^{11}$ N/m² 之间。

1.2.2 广义胡克定律（各向异性体）

模型的建立：对于各向异性的陶瓷材料，要确定其受力后某一点的应力-应变关系，所采用的方法仍然同材料力学中常用的那样，确定任意一点的应力-应变情况，先围绕此点取立方基元体，研究该基元体表面上的接触力，利用叠加原理建立应力-应变关系。

大家知道，力是有方向性的，同样应力也有方向性，一般地说，应力和其作用面不一定垂直，可把它分解为三个分量，如图 1.5 所示，一个是垂直于作用面的正应力 σ，另两个是平行于作用面的剪应力 τ_1 和 τ_2，这三个应力分量相互垂直。

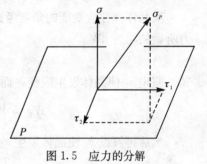

图 1.5　应力的分解

然后，在材料内部一点，取一体积单元，建立如图 1.2 的坐标系，标出正应力和剪应力，一点的应力状态由 σ_{xx}、σ_{yy}、σ_{zz}、τ_{xy}、τ_{yz} 和 τ_{zx} 六个分量决定。

广义胡克定律：

对于各向异性体，$E_x \neq E_y \neq E_z$，$\nu_{xy} \neq \nu_{yz} \neq \nu_{zx}$

在单向受应力 σ_x 时，y、z 两个方向的应变为：

$$\varepsilon_{yx} = -\nu_{yx}\varepsilon_{xx} = -\nu_{yx}\frac{\sigma_{xx}}{E_x} = S_{21}\sigma_{xx} \tag{1-20}$$

式中　　$S_{21} = -\dfrac{\nu_{yx}}{E_x}$，称之为弹性柔顺系数。

同理：

$$\left. \begin{aligned} \varepsilon_{zx} &= -\nu_{zx}\frac{\sigma_{xx}}{E_x} = S_{31}\sigma_{xx} \qquad\qquad S_{31} = -\frac{\nu_{zx}}{E_x} \\ \varepsilon_{xx} &= \frac{\sigma_{xx}}{E_x} = S_{11}\sigma_{xx} \qquad\qquad\quad S_{11} = \frac{1}{E_x} \end{aligned} \right\} \tag{1-21}$$

柔顺系数 S 的下标，十位数为应变方向，个位数为所受应力的方向。

对于同时受到三向应力的各向异性材料，除正应力对应变有上述关系外，剪应力 τ_{xy} 也会对正应变 ε_x 有影响，而且正应力 σ_x 也会对剪应变 γ_{xy} 有影响，写成三向通式为：

$$\varepsilon_x = S_{11}\sigma_{xx} + S_{12}\sigma_{yy} + S_{13}\sigma_{zz} + S_{14}\tau_{yz} + S_{15}\tau_{zx} + S_{16}\tau_{xy}$$

$$\varepsilon_y = S_{21}\sigma_{xx} + S_{22}\sigma_{yy} + S_{23}\sigma_{zz} + S_{24}\tau_{yz} + S_{25}\tau_{zx} + S_{26}\tau_{xy}$$

$$\varepsilon_z = S_{31}\sigma_{xx} + S_{32}\sigma_{yy} + S_{33}\sigma_{zz} + S_{34}\tau_{yz} + S_{35}\tau_{zx} + S_{36}\tau_{xy}$$

$$\gamma_{xy} = S_{41}\sigma_{xx} + S_{42}\sigma_{yy} + S_{43}\sigma_{zz} + S_{44}\tau_{yz} + S_{45}\tau_{zx} + S_{46}\tau_{xy} \qquad (1\text{-}22)$$

$$\gamma_{yz} = S_{51}\sigma_{xx} + S_{52}\sigma_{yy} + S_{53}\sigma_{zz} + S_{54}\tau_{yz} + S_{55}\tau_{zx} + S_{56}\tau_{xy}$$

$$\gamma_{xy} = S_{61}\sigma_{xx} + S_{62}\sigma_{yy} + S_{63}\sigma_{zz} + S_{64}\tau_{yz} + S_{65}\tau_{zx} + S_{66}\tau_{xy}$$

这就是广义胡克定律，式中的 S_{ij} 是应变分量与应力分量间的比例系数，称为弹性柔度。我们自然可以把关系式改为另一个样子：

$$\sigma_{xx} = C_{11}\varepsilon_{xx} + C_{12}\varepsilon_{yy} + C_{13}\varepsilon_{zz} + C_{14}\gamma_{yz} + C_{15}\gamma_{zx} + C_{16}\gamma_{xy}$$

$$\sigma_{yy} = C_{21}\varepsilon_{xx} + C_{22}\varepsilon_{yy} + C_{23}\varepsilon_{zz} + C_{24}\gamma_{yz} + C_{25}\gamma_{zx} + C_{26}\gamma_{xy}$$

$$\sigma_{zz} = C_{31}\varepsilon_{xx} + C_{32}\varepsilon_{yy} + C_{33}\varepsilon_{zz} + C_{34}\gamma_{yz} + C_{35}\gamma_{zx} + C_{36}\gamma_{xy}$$

$$\tau_{xy} = C_{41}\varepsilon_{xx} + C_{42}\varepsilon_{yy} + C_{43}\varepsilon_{zz} + C_{44}\gamma_{yz} + C_{45}\gamma_{zx} + C_{46}\gamma_{xy} \qquad (1\text{-}23)$$

$$\tau_{yz} = C_{51}\varepsilon_{xx} + C_{52}\varepsilon_{yy} + C_{53}\varepsilon_{zz} + C_{54}\gamma_{yz} + C_{55}\gamma_{zx} + C_{56}\gamma_{xy}$$

$$\tau_{zx} = C_{61}\varepsilon_{xx} + C_{62}\varepsilon_{yy} + C_{63}\varepsilon_{zz} + C_{64}\gamma_{yz} + C_{65}\gamma_{zx} + C_{66}\gamma_{xy}$$

式中 C_{ij} 为刚度系数。弹性柔度和弹性刚度系数各有 36 个。可以证明存在着 $S_{ij} = S_{ji}$、$C_{ij} = C_{ji}(i \neq j$ 时$)$ 的关系。

$C_{ij} = C_{ji}(i \neq j)$ 证明如下：

从晶体弹性应变能的角度考虑，当晶体应变增加 $\mathrm{d}\varepsilon_j$ 时，作用在晶体内单位立方体上的力所做的功为 $\mathrm{d}W$。

$$\mathrm{d}W = \sigma_i \mathrm{d}\varepsilon_j \qquad (1\text{-}24)$$

假定 σ_1 使晶体发生应变，而其余的 ε_j 为零，则对每单位体积做的功为：

$$W_1 = \int_0^{\varepsilon_1} \sigma_1 \mathrm{d}\varepsilon_1 = \int_0^{\varepsilon_1} C_{11}\varepsilon_1 \mathrm{d}\varepsilon_1 = \frac{1}{2}C_{11}\varepsilon_1^2 \qquad (1\text{-}25)$$

然后再假设 σ_2 使晶体发生 ε_2 的应变（$\varepsilon_3 = \varepsilon_4\Lambda = \varepsilon_6 = l$）则做的功为：

$$W_2 = \int_0^{\varepsilon_2} \varepsilon_2 \mathrm{d}\varepsilon_2 = \int_0^{\varepsilon_2} C_{22}\varepsilon_2 \mathrm{d}\varepsilon_2 + \int_0^{\varepsilon_2} C_{21}\varepsilon_1 \mathrm{d}\varepsilon_2 = \frac{1}{2}C_{22}\varepsilon_2^2 + C_{21}\varepsilon_1\varepsilon_2 \qquad (1\text{-}26)$$

单位体积晶体内贮藏的总应变能（弹性应变能）为：

$$W = W_1 + W_2 = \frac{1}{2}C_{11}\varepsilon_1^2 + C_{21}\varepsilon_1\varepsilon_2 + \frac{1}{2}C_{22}\varepsilon_2^2 \qquad (1\text{-}27)$$

通过首先使晶体变形 ε_2，然后再变形 ε_1 可以得到同样的应变状态和弹性应变能：

$$W = \frac{1}{2}C_{22}\varepsilon_2^2 + C_{12}\varepsilon_2\varepsilon_1 + \frac{1}{2}C_{11}\varepsilon_1^2 \qquad (1\text{-}28)$$

从上面两个方程可知：

$$C_{12} = C_{21}，并且一般有 \ C_{ij} = C_{ji}(i \neq j)$$

这样，独立的系数只有 21 个。晶体的弹性常数的个数与其体构的复杂性（尤其是对称性）有关，对称性最差的三斜晶系有 21 个弹性常数，单斜晶系有 13 个，斜方晶系有 9 个，四方晶系和三方晶系有 7 个或 6 个，六方晶系有 5 个，立方晶系则有 3 个弹性常数。例如，在立方晶系中，沿三根坐标轴向是等效的，因此有 $C_{11} = C_{22} = C_{33}$，$C_{12} = C_{23} = C_{31}$，$C_{44} = C_{55} = C_{66}$。

6

1.3 弹性模量及其影响因素

1.3.1 弹性模量的本质

弹性模量 E 是一种重要的材料常数，正如熔点、硬度是材料内部原子间结合强度的指标一样，弹性模量 E 也是原子间结合强度的一种指标。而晶体的其他物理性质也都与晶体的结构和维系这个结构的质点间相互作用力有关。因而研究弹性模量的本质及其影响因素，不仅能有效地运用和提高材料的弹性，而且对研究材料原子间键合性质，以及间接地探讨其他物理性质都有重要意义。

我们知道一个系统的平衡状态由其自由能，$F=U-TS$ 的极小值所决定。如果加上外力使一个固体拉伸，就会偏离其平衡状态，使之自由能增大。通常固体作弹性拉伸时，其原子间距增大，因而外力对抗了原子间作用力做了功，导致固体的内能 U 增加，从而使自由能增大。因此常规弹性来源于内能增加引起的自由能增加。

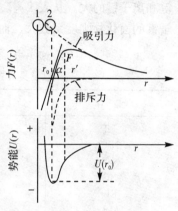

图 1.6　原子间作用力及其势能和距离的关系

下面我们来分析原子间的相互作用力和弹性常数间的关系。如图 1.6 所示，在 $r=r_0$ 时，原子 1 和 2 处于平衡，其合力 $F=0$。当原子受到拉伸时，原子 2 向右位移，最初位移与力呈线性变化，以后逐渐偏离，当达到 r' 时合力最大，过后合力又减小。这个最大合力，就相当于材料断裂时的作用力。此时位移 $r'-r_0=\delta$ 就相当于材料断裂时伸长量。如果我们仅考虑位移与力呈线性变化时的情况，可以近似地求出弹性常数：

$$K_S \approx \frac{F}{\delta} = \tan\alpha \qquad (1-29)$$

从图中看出 K_S 是在 $r=r_0$ 时合力曲线的斜率。因此，弹性常数 K_S 的大小，反映了原子间作用力和距离曲线在 $r=r_0$（即平衡位置）处斜率的大小。

我们再从双原子间势能的曲线来研究。势能大小是原子间距离 r 的函数 $U(r)$。而原子在平衡位置时的距离为 r_0，势能为 $U(r_0)$，当受力作用使原子间距离增大为 $r_0+\delta$ 时，势能是 $U(r_0+\delta)$，将它按泰勒级数展开，得

$$U(r) = U(r_0+\delta) = U(r_0) + \left(\frac{\partial U}{\partial r}\right)_{r_0}\delta + \frac{1}{2}\left(\frac{\partial^2 U}{\partial r^2}\right)_{r_0}\delta^2 + 高次项 \qquad (1-30)$$

此处 $U(r_0)$ 是指 $r=r_0$ 时的势能，由于 $r=r_0$ 时势能曲线有一极小值，从数学上说，$\left(\frac{\partial U}{\partial r}\right)_{r_0}=0$。此外，由于我们所讨论的变形是弹性变形范围，$\delta$ 值必然大大小于 r_0，因此可忽略高次项。于是：

$$U(r_0+\delta) = U(r_0) + \frac{1}{2}\left(\frac{\partial^2 U}{\partial r^2}\right)_{r_0}\delta^2 \qquad (1-31)$$

由此得出：

7

$$F = \frac{dU(r)}{dr} = \left(\frac{\partial^2 U}{\partial r^2}\right)_{r_0} \delta \qquad\qquad (1-32)$$

式中，$\left(\dfrac{\partial^2 U}{dr^2}\right)_{r_0}$ 就是势能曲线在最小值 $U(r_0)$ 处的曲率。从数学上看，显然它是与 δ 无关的，也就是说它是一个常数。因此，式（1-32）就和胡克定律相符，得出 $K_S = \left(\dfrac{\partial^2 U}{\partial r^2}\right)_{r_0}$。由此知道，弹性常数 K_S 值的大小实质上反映了原子间势能曲线极小值尖峭度的大小。因而，势能最小值越低，则势阱越深，改变原子之间的相对距离所做的功越大，弹性模量越大。

共价键的势能 $U(r)$ 曲线的谷比金属键和离子键的深，因此，它的弹性刚度系数比金属键和离子键的大。从表1-1、1-2、1-3列出的数值可知，以共价键占优势的 TiC 比纯离子键的卤化物刚度系数大，而键性介于两者之间的 MgO 刚度系数的数值也在两者之间。

表1-1　立方 NaCl 结构的离子晶体和共价晶体刚性常数，
以及具有立方结构的金属晶体的刚性常数（10^4 MPa，20℃）

晶　体	C_{11}（实验值）	C_{12}（实验值）	C_{44}（实验值）
LiF	11.1	4.20	6.30
NaCl	4.87	1.23	1.26
NaBr	3.87	0.97	0.97
KCl	3.98	0.62	0.62
KBr	3.46	0.58	0.51
MgO	28.92	8.80	15.46
TiC	50.00	11.30	17.50
Fe	22.8	13.20	11.65
Mo	46.0	17.6	11.0
Ta	26.7	16.1	8.25
V	22.8	11.9	4.26
W	50.1	19.8	15.14

表1-2　一些六方结构晶体的刚性常数（10^4 MPa，20℃）

晶　体	C_{11}	C_{12}	C_{44}	C_{33}	C_{13}
C（石墨）	116	29	0.23	4.66	10.9
ZnO	20.97	12.11	4.25	21.09	10.51
Be	29.23	2.67	16.25	33.64	1.4
Co	30.70	16.50	7.83	35.81	10.3
Hf	18.11	7.72	5.57	16.69	6.61
Ti	16.24	9.20	4.67	18.07	6.90
Zr	14.34	7.28	3.20	16.48	6.53

表1-3　一些具有高杨氏模量的多晶无机材料

材　料	密度 d(g/cm³)	杨氏模量 $E = \dfrac{1}{S_{11}}$ (9.8×10^3 MPa)	E/d(10^8 cm)	熔点（℃）
AlN	3.3	3.5	11	2450

材 料	密度 $d(\text{g/cm}^3)$	杨氏模量 $E=\dfrac{1}{S_{11}}$ $(9.8\times10^3\,\text{MPa})$	$E/d(10^8\,\text{cm})$	熔点（℃）
Al_2O_3	4.0	3.8	10	2025
B	2.3	4.2	18	2300
Be	1.8	3.1	17	1350
C	2.3	7.7	33	3500
MgO	3.6	2.9	8	2800
Si	2.4	0.9	4	1400
SiC	3.2	5.6	18	2600
Si_3N_4	3.2	3.8	12	1900
TiN	5.4	3.5	7	2950
BeO	3.0	3.8	13	2530

实验上观察到，多数多晶金属材料，其弹性限度仅为 0.2%，超过这个范围便发生塑性变形。其中的原因是金属中总有大量的位错存在，由于金属键使得位错滑移很容易发生，从而大大降低了其理论强度。

陶瓷材料的特征是硬而脆，也就是其弹性模量很高（通常是金属的 10 倍），但其变形量很小，以至于很难利用拉伸实验获得弹性模量的数据。这是因为陶瓷通常的键合是离子键或共价键，原子之间的相互作用力很强，相互之间键角十分固定，以至于很难变形，另一方面，材料内部的微观缺陷（如位错、空位、晶界和微裂纹）也显著地降低了理论强度，而且由于键合的特点，使得陶瓷的应力释放以裂纹的扩展为主，而不像金属那样依靠位错的滑移而进行。

对于高分子材料来说，又是另外一种情况。高弹性指物体可以伸长很多倍的性质，人们非常熟悉的橡皮筋就属于这类特别的弹性体。它们具有两点特征，一是宏观变形量特别大，很容易发生大的弹性变形，形变量甚至可以达到百分之几百，相对于金属和陶瓷而言，它可谓是巨弹性体，二是弹性模量很小。如果基于上面讨论的弹性模型，这一现象很难得到解释，不可能想像两个原子之间拉伸了几个原子间距还能不发生断裂分离，并且能够在应力释放之后回复到初始的位置。

一般的固体在张力作用下会产生弹性的伸长，当外力撤去后，又恢复原状。通常伸长到 1% 左右就到了弹性极限。而一块高弹性材料则可以弹性地拉伸到原来尺度的 10 倍，两者差异是如此之大，就应归源于机制不同。

根据自由能的表达式我们知道，系统自由能是由系统的内能和熵两部分组成的，因此增加内能或者减少熵都可以使系统的自由能增大。系统内能的增加带来自由能的增加导致了常规弹性的产生，而系统熵的减小所引起的自由能的增加则是高弹性产生的根本原因，如图 1.7 所示。

橡胶的拉伸使交联点间的分子线段变直，但基本上不影响分子中的原子间距。将弯曲的分子线团拉直，导致分子线段的位形熵减小，也就是说拉伸结果是使有序度增加，因而外力的做功会使熵减

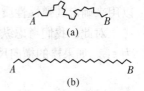

图 1.7　在交联点
A、B 之间的分子值
（a）松塌状态；
（b）完全张开状态

小，从而增大了自由能，橡胶的弹性形变是和熵联系在一起的。橡胶做弹性形变反而导致了有序度的增加，X射线衍射实验也证实了这一点。

总之，材料的弹性行为由胡克定律描述，区分材料弹性特征的参数包括两个方面，一是弹性模量，二是相对变形的量。陶瓷材料具有很高的硬度，但相对变形量很小；橡胶具有很小的弹性模量，但相对变形量很大；金属则介于陶瓷和高分子橡胶之间。

1.3.2 弹性模量的测试

模量的测试方法归纳起来可以分为两大类：静力法和动力法。静力法是在静载荷下，通过测量应力和应变建立它们之间的关系曲线（如拉伸曲线），然后根据胡克定律以弹性形变区的线性关系计算模量值。与静力法不同，动力法是利用材料的弹性模量与所制成试棒的本征频率或弹性应力波在材料（介质）中传播速度之间的关系进行测定和计算。

目前各种材料的弹性性能，通常是优先考虑由基于声频和超声振动的动力法来确定。这是因为动力法除了能给出较准确的结果外，与静力法相比它还具有方法上的灵活性，即在对试样没有很强的作用下，可以在同一个试样上跟踪研究不同的连续变化因素与弹性模量的关系。

最常用的动态测试方法之一是晶体中的应变周期性地变化（比如以超声频率变化），当然这些应变伴随着原子间距的变化。因此，由于结构上周期性地压缩和膨胀，晶体中形成弹性波，如图1.8所描述的某一瞬间的情况。

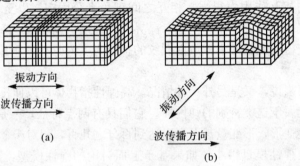

图 1.8 晶体中的弹性波
（a）纵波；（b）横波

这里，可以将平面纵波看作是晶体中的原子在波的传播方向作相关振动。另一种波为横波，它是由原子在垂直波的传播方向作相关振动而形成的。

刚性常数 C_{ij} 与纵波和横波的传播速度之间有明确的关系，因而测量声波传播速度后可以用来确定其弹性性质。

对此，我们考虑纵波在一根各向同性的细棒中的传播，棒轴取为轴 X，棒里的主要应变为 ε_1。如果棒的横向尺寸比波长小，那么：

$$\rho \frac{\partial^2 \varepsilon_1}{\partial t^2} = \frac{\partial^2 \sigma_1}{\partial x^2}[C_{11}\varepsilon_1 + C_{12}(\varepsilon_2 + \varepsilon_3)] \tag{1-33}$$

ρ 为材料的密度，t 为时间。因为在上述条件下，对于纵波来说，应变 ε_2 和 ε_3 可以忽略不计，所以可以把方程（1-33）写成如下形式：

$$\rho \frac{\partial^2 \varepsilon_1}{\partial t^2} \approx \frac{\partial^2 \sigma_1}{\partial x^2}(C_{11}\varepsilon_1) \tag{1-34}$$

10

当形变波是周期性波，那么，方程（1-34）的解给出纵波传播的速度表达式：

$$v_1 = \sqrt{\frac{C_{11}}{\rho}} \tag{1-35}$$

横波通过各向同性细棒时，我们得到：

$$v_p = \sqrt{\frac{C_{11} - C_{12}}{2\rho}} \tag{1-36}$$

因为在各向同性条件下，弹性常数必然与坐标的选择无关，所以：

$$C_{44} = \frac{1}{2}(C_{11} - C_{12}) \tag{1-37}$$

因此我们从方程（1-36）和（1-37）得到：

$$v_P = \sqrt{\frac{C_{44}}{\rho}} = \sqrt{\frac{G}{\rho}} \tag{1-38}$$

于是，通过测量纵波和横波的速度就可以确定 C_{12}、C_{11} 和 C_{44}，这对于可以假设为各向同性的多晶体来说是非常重要的。

用动态法已测定了表 1-1、1-2 中的许多单晶的常数 C_{11}、C_{44} 等。把它们和基于晶体离子模型计算的理论值相比较可能是有趣的。因为具有 NaCl 结构的离子晶体比较简单，所以让我们来推导它的刚性常数的近似理论值。如果我们假设 NaCl 结构的原子间相互作用的力纯粹是静电特性，那么，作用在离子价相等，带电相反的两个离子间的引力 F 由下式确定：

$$F = -\frac{Ze^2}{r_0^2} \tag{1-39}$$

e 表示一个电子的电荷，Z 为静电价。为计入该对离子与晶体中其他离子的相互作用，应将 F 乘以马德隆（Madelung）常数 α，NaCl 型晶体结构的马德隆常数 α 大约为 1.75，因此，对于一价离子，

$$F = -\alpha \frac{e^2}{r_0^2} \tag{1-40}$$

所以，$\left(\frac{\partial F}{\partial r}\right) = \frac{2\alpha e^2}{r_0^3}$，将此式代入得：

$$C_{11} \approx \frac{1}{r_0}\left(-\frac{\partial^2 U}{\partial r^2}\right)_{r=r_0} = \frac{1}{r_0}\left(\frac{\partial F}{\partial r}\right)_{r=r_0} \tag{1-41}$$

我们得到：

$$C_{11} \approx \frac{2\alpha e^2}{r_0^4} \tag{1-42}$$

对于 NaCl 晶体，$r_0 = 2.8\text{Å}$，$e = 1.602 \times 10^{-19}$ 库仑，从方程（1-42）计算的刚性常数为 12×10^{11} 达因/厘米^2。这个值较实验上测定的氯化钠晶体的值高（表 1-3）。因此，除了静电引力外，也必须考虑斥力。在这种情况下，材料常数的值与方程（1-40）和（1-42）中的马德隆常数不一样，后一个方程应写成如下形式：

$$C_{11} \approx M \frac{e^2}{r_0^4} \tag{1-43}$$

M 为与结构、结晶学方向和测得应变的种类有关的常数。根据克里斯兰（Krishnan）和罗伊（Roy）的计算，对于具有立方结构的晶体，沿 X 轴变形时，方程（1-43）的常数 M 为：

$$M = \frac{1}{12}[3.5(\delta + 1) - 18.8] \tag{1-44}$$

式中，$\delta = \dfrac{r_0}{s}$，r_0 为原子平衡间距，$s = 0.345\text{Å}$。把方程（1-44）给出的 M 值代入方程 （1-43）中，我们得到：

$$C \approx [3.5(\delta + 1) - 18.8]\frac{e^2}{12r_0{}^4} \tag{1-45}$$

方程（1-45）使理论值与实验值相符。

1.3.3 影响弹性模量的因素

1. 原子结构的影响

既然弹性模量表示了原子结合力的大小，那么它和原子结构的紧密联系也就不难理解。由于在元素周期表中，原子结构呈周期变化，我们可以看到在常温下弹性模量随着原子序数的增加也呈周期性变化，如图1.9所示。显然，在两个短周期中（如 Na、Mg、Al、Si 等）弹性模量随原子序数一起增大，这与价电子数目的增加及原子半径的减小有关。周期表中同一族的元素（如 Be、Mg、Ca、Sr、Ba 等），随着原子序数的增加和原子半径的增大弹性模量减小。过渡族金属表现出特殊的规律性，它们的弹性模量都比较大（如 Sc、Ti、V、Cr、Mn、Fe、Co、Ni 等），这可以认为是由于 d 层电子引起较大原子结合力的缘故。它们与普通金属的不同处在于随着原子序数的增加出现一个最大值，且在同一组过渡族金属中（例如 Fe、Ru、Os 或 Co、Rh、Ir）弹性模量与原子半径一起增大。这在理论上还没有解释。

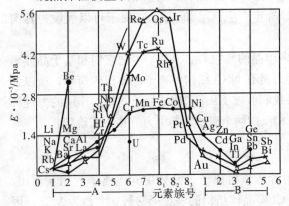

图1.9 弹性模量的周期变化

2. 晶体结构的影响

晶体中的原子间距（或分子间距）与晶向有关，键强也随方向而变，因此，弹性模量也必然随晶向改变。我们在拉伸轴上安置各种位向的单晶以进行拉伸试验，可得弹性模量与位向的关系，表1-4列出了立方晶系单晶在室温下不同位向的弹性模量值，除铌固有弹性模量各向同性外，其他材料在不同晶向的弹性模量有显著的各向异性。

表1-4 立方晶系单晶体和各向同性多晶体的室温弹性模量

材 料	$E_{\max}(10^{10}\text{Pa})$	$E_{\min}(10^{10}\text{Pa})$	E 受晶 (10^{10}Pa)
Al	7.6	6.4	6.9
$\alpha-\text{Fe}$	27.8	13.2	20.7
Cu	19.2	6.7	11.1
W	15.2	8.1	11.7
Nb	41	41	41
金刚石	120	105	114
MgO	33.6	24.5	31
NaCl	4.4	3.2	3.7

* $E_{max}=E(111),E_{min}=E(100)$，这些关系适用于表 1-4 中除 Nb 和 NaCl 外的各种材料，Nb 和 NaCl 的这些关系正好相反。

对硅酸盐材料来说，其硅酸盐结构不同也使得弹性不同，从表 1-5 可见，石英和石英玻璃的架状硅酸盐是三度空间网络，不同方向的键合几乎相同，所以弹性性质各向几乎相同。而顽辉石含 SiO_x 单链，角闪石含 Si_4O_{11} 双链，这类结构沿链方向链合强度大，因此，沿链方向弹性常数比其他两个方向大；对于层状和环状硅酸盐结构，在层的两轴向键强大，弹性常数也大，且相等，而键强在另一轴向弱，弹性也小，因此表现出较大的各向异性。

表 1-5 轴向刚度系数（10^{11}Pa）

架状硅酸盐				
α-石英 SiO_2		$C_{11}=C_{22}=0.9$	$C_{33}=1.0$	
SiO_2 玻璃 SiO_2		$C_{11}=C_{22}=C_{33}=0.8$		
单链状硅酸盐				
霓辉石	$NaFeSi_2O_6$	$C_{11}=1.9$	$C_{22}=1.8$	$C_{33}=2.3$
普通辉石	$(CaMgFe)SiO_3$	$C_{11}=1.8$	$C_{22}=1.5$	$C_{33}=2.2$
透辉石	$CaMgSi_2O_6$	$C_{11}=2.0$	$C_{22}=1.8$	$C_{33}=2.4$
双链状硅酸盐				
普通角尖石	$(Ca, Na, K)_{2-3}(Hg, Fe, Al)_5(Si, Al)_8O_{22}$			
		$C_{11}=1.2$	$C_{22}=1.8$	$C_{33}=2.8$
环状硅酸盐				
绿柱石	$Be_3Al_2Si_6O_8$	$C_{11}=C_{22}=3.1$	$C_{33}=2.8$	
电气石	$(Na, Ca)(Li, Mg, Al)_3(Al, Fe, Mn)_6(OH)_4(BO_3)_3Si_6O_{18}$			
		$C_{11}=C_{22}=2.7$	$C_{33}=1.6$	
层状硅酸盐				
黑云母	$K(Mg, Fe)_3(AlSi_3O_{10})(OH)_2$	$C_{11}=C_{22}=1.9$	$C_{33}=0.5$	
白云母	$KAl_2(AlSi_3)O_{10}(OH)_2$	$C_{11}=C_{22}=1.8$	$C_{33}=0.6$	
金云母	$KMg_3(AlSi_3O_{10})(OH)_2$	$C_{11}=C_{22}=1.8$	$C_{33}=0.5$	

3. 温度的影响

这个问题对陶瓷和耐火材料的高温强度、耐热冲击性质具有重要的意义，原子的热振动加剧，将引起晶格势能曲线曲率的变化，因而弹性模量也将发生变化。但温度升高的同时材料的体积膨胀，因此，弹性模量和温度的关系比较复杂，一般来说，材料的弹性常数随温度的升高而减小，其定量关系有如下经验公式：

$$E=E_0-bTe^{-\frac{T_0}{T}} \qquad (1-46)$$

或 $\dfrac{E-E_0}{T}=-be^{-\frac{T_0}{T}}$

式中　E,E_0——分别对 T 和 0K 时的弹性模量；

T——热力学温度；

b，T_0——由物质而定的经验常数对 MgO、Al_2O_3、TbO_2 等氧化物；$b=2.7\sim5.6$，
$T_0=180\sim320$ K。

4. 两相系统的弹性模量

两相系统中，总弹性模量在高弹性模量成分与低弹性模量成分的数值之间。精确的计算要有许多假定，所以都用简化模型估计两相系统的弹性模量。例如假定两相系统的泊松比相同，在力的作用下两者的应变相同，则根据力的平衡条件，可得到下面公式：

$$E_U = E_1 V_1 + E_2 V_2 \tag{1-47}$$

式中　E_1，E_2——分别为第一相及第二相成分的弹性模量；

　　　　V_1，V_2——分别为第一相及第二相成分的体积分数；

　　　　E_U——两相系统弹性模量的最高值，也叫上限模量。

式（1-47）用来近似估算金属陶瓷、玻璃纤维、增强塑料以及在玻璃质基体中含有晶体的半透明材料的弹性模量是比较满意的。

如假定两相的应力相同，则可得两相系统弹性模量的最低值 E_L，该值也叫下限模量。

$$\frac{1}{E_L} = \frac{V_2}{E_2} + \frac{V_1}{E_1} \tag{1-48}$$

5. 气孔的影响

陶瓷材料中最常见的第二相是气孔，气孔的弹性模量是零。所以不能用上述第二相的公式计算。由于气孔形状的差异，以及气孔在基体中的分布情况不同，使得用理论推算气孔对弹性模量的影响很困难，有许多人通过实验从中总结出经验公式来。

当气孔率在小范围内时（小于 10%），弹性模量随气孔率的增加而线性降低，有：

$$E = E_0(1 - KP) \tag{1-49}$$

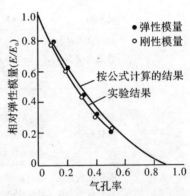

图 1.10　氧化铝相对弹性模量
与气孔率的关系

式中　E_0——材料无气孔时的弹性模量；

　　　　P——气孔率（%）；

　　　　K——经验常数。

当气孔率增大时，将不是线性关系，而采用下式：

$$E = E_0 \exp(-bP) \tag{1-50}$$

式中　b——常数，有人测得当 P 在 40% 以内时，$b = 3.95$。

对连续基体内的密闭气孔，可用下面经验公式计算弹性模量：

$$E = E_0(1 - 1.9P + 0.9P^2) \tag{1-51}$$

式中　E_0——材料无气孔时的弹性模量；

　　　　P——气孔率。

当气孔率达 50% 时此式仍可用。如果气孔变成连续相，则其影响将比（1-51）式计算的还要大。图 1.10 氧化铝的相对性模量与按（1-51）式计算的曲线对比。由图可以看出，直到气孔率接近 50% 时理论计算与实验结果仍符合得很好。

表 1-6 列出了一些典型陶瓷材料的弹性模量。

表 1-6　一些无机材料弹性模量的数值

材　　料	$E(\text{GPa})$	材　　料	$E(\text{GPa})$
氧化铝晶体	380	烧结 TiC（气孔率 5%）	310
烧结氧化铝（气孔率 5%）	366	烧结 MgAl$_2$O$_4$（气孔率 5%）	238
高铝瓷（90%－95%Al$_2$O$_3$）	366	密实 SiC（气孔率 5%）	470
烧结氧化铍（气孔率 5%）	310	烧结稳定化 ZrO$_2$（气孔率 5%）	150
热压 BN（气孔率 5%）	83	SiO$_2$ 玻璃	72
热压 B$_4$C（气孔率 5%）	290	莫来石瓷	69
石墨（气孔率 20%）	9	滑石瓷	69
烧结 MgO（气孔率 5%）	210	镁质耐火砖	170
烧结 MoSi$_2$	407		

1.4　滞　弹　性

弹性应变时，原子的位移是在特定的时间内发生的一个过程。相应于最大应力的弹性应变可能滞后于引起这个应变的最大负荷。于是，测得的杨氏模量随时间而变化。杨氏模量依赖于时间的现象称为滞弹性。材料受到迅速变化的负荷作用时，应变以一定的规律落后于负荷。为了说明这个概念，让我们考虑一种材料的样品在 $t=0$ 时，被突然地加上负荷（图 1.11）。材料就立刻产生应变，而应变 ε_U 称为无弛豫应变。如果样品继续在同样不变的应力 σ_0 作用下，那么，应变逐渐地随时间而增加到 ε_R，也就是说，

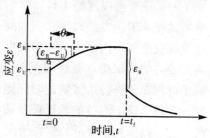

图 1.11　滞后弹性应变

到达相应于充分弛豫状态的数值。在 $t=t_1$ 时，突然卸荷后，立即收缩 ε_U，随着时间的推移，样品恢复到原有的尺寸。设 ε_a 为总应变中滞后应变部分，那么，在各种材料中 ε_a 以不同的速率趋近最终值 $\varepsilon_a^\infty = \varepsilon_R - \varepsilon_U$，可用微分方程表示如下：

$$\frac{\text{d}\varepsilon_a}{\text{d}t} = \frac{1}{\theta}(\varepsilon_a^\infty - \varepsilon_a) \tag{1-52}$$

式中　θ——豫时间。

时间与应变 $\varepsilon_a(t)$ 的关系可积分方程（1-52）而求得：

$$\int_0^{\varepsilon_a} \frac{\text{d}\varepsilon_a}{(\varepsilon_a^\infty - \varepsilon_a)} = \frac{1}{\theta}\int_0^t \text{d}t \tag{1-53}$$

解方程（1-53）并加上瞬时弹性应变 ε_U，我们得到材料总应变与时间的函数关系：

$$\varepsilon = \varepsilon_U + \varepsilon_a = \varepsilon_U + \varepsilon_a^\infty\left[1 - \exp\left(-\frac{t}{\theta}\right)\right] \tag{1-54}$$

将 $\varepsilon_a^\infty = \varepsilon_R - \varepsilon_U$ 代入方程（1-54），经过简单的整理我们最终得到：

$$\varepsilon = \varepsilon_R + (\varepsilon_U - \varepsilon_R)\exp\left(-\frac{t}{\theta}\right) \tag{1-55}$$

或者

$$\varepsilon = \frac{\sigma_0}{E_R} + \left(\frac{\sigma_0}{E_U} - \frac{\sigma_0}{E_R}\right)\exp\left(-\frac{t}{\theta}\right) \tag{1-56}$$

15

式中 E_R——弛豫杨氏模量；

$\quad E_U$——无弛豫杨氏模量；

$\quad \theta$——弛豫时间；

$\quad \sigma_0$——应力。

根据方程（1-56），可以说：当出现滞弹性现象时，测得的杨氏模量值与应力作用时间 t 和弛豫时间 θ 之比值有关。当应力作用的时间很短，以致依赖于时间的弹性应变未出现，也就是说，应力作用的时间比弛豫时间短得多，那么 $(t/\theta) \to 0$，则 $\exp\left(-\dfrac{t}{\theta}\right) \to 1$，因此，根据方程（1-56），$\varepsilon \approx \sigma_0/E_U$，得到无弛豫模量。当测量的持续时间比材料弛豫时间长得多，那么，$\exp\left(-\dfrac{t}{\theta}\right) \to 0, \varepsilon \approx \dfrac{\sigma_0}{E_R}$，则得到较低的弛豫值。

滞弹性现象的出现，可能有许多原因，我们只提出一些原因而不详述。如点缺陷取向的改变、杂质原子的扩散，以及晶界滑移等。例如，杂质原子可以使晶体内固有原子漂移引起的应变难于进行，只有杂质原子再扩散才能使较显著的应变成为可能。这些过程需要一定的时间来完成。低温时，原子的扩散率可以忽略不计，这时此过程需要的时间比正常机械试验施加应力的时间长，因此，低温时常常测到的是无弛豫的应变和杨氏模量。随着温度提高原子扩散率增加，在典型的力学测试中，弛豫时间就与负荷作用的时间差不多，原子过程充分进行所需要的时间则明显地减少。在较高温度时，在静负荷下测得的杨氏模量值，照例比迅速变化负荷下测得的（弛豫）值要低。这种情况示于图 1.12。

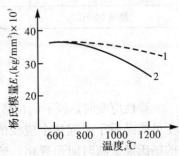

图 1.12 不同温度下，用动态法（曲线 1）和静态法（曲线 2）测得的多晶 $\alpha\text{-}Al_2O_3$ 的模量单位换算：$1kg/mm^2 = 9.81MN/m^2$

第2章 位错理论概要

2.1 理想晶体的强度

在上一章我们是这样定义材料的弹性极限的：若应力水平超过该极限，则应变为不可逆的。本章的目的是研究永久变形产生的方式，并计算产生永久变形所必需的应力值。空间点阵每一个格点都被原子占有和原子平面的规整排列未被破坏而构成的晶体，称为理想晶体，即完全符合格子构造规律的晶体。理想晶体的化学和物理性质取决于原子的结构和原子间的结合性质。

理想晶体的塑性变形是由晶体沿着晶面的整体滑移而引起的，塑性变形的出现意味着晶体屈服。

如图 2.1 所示，完整晶体中原子的排列位置，每列原子间距为 b，每层原子间距为 a。两列原子间的力有两种：

（1）每层中原子之间的相互作用力，该力与两层原子相对位移不相干。

（2）上、下两层原子之间的相互作用力，该力与两层原子相对位移有关，是周期性变化的力。

假设在晶体特定的晶面及结晶向上施加切应力 τ，引起晶体上半部分相对于下半部分沿两层原子间 MN 面上移动，如图 2.2 所示。位置 A 原子移到位置 B，位置 B 原子移到位置 C 等。这样势必出现 MN 面上原子同时移动，同时切断 MN 面上所有原子键（即 $A-A'$、$B-B'$……）。上述过程称为晶体整体滑移，MN 面称为晶体滑移面。

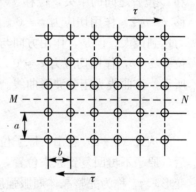

图 2.1 完整晶体原子排列位置

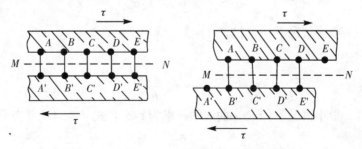

图 2.2 上、下半晶体相对移动

如图 2.3 所示，P 和 R 位置上原子处于晶体点阵的平衡位置，势能最低，该位置上原子处于稳定状态。P 和 R 之间中央 Q 位置，势能最高，Q 位置上的原子处于亚稳定状态。势能的变化取决于原子键的性质。因此，势能随原子位移变化曲线的真实形状很难确定。为了便于分析，假定势能随原子位移变化为正弦波形曲线，如图 2.4（a）所示。移动原子所需的作用力 F 的变化可由势能-位移曲线（E-x 曲线）的斜率确定。

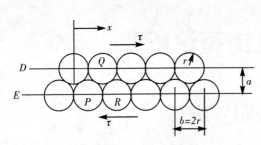

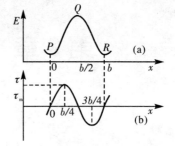

图 2.3　原子位移位置

图 2.4

（a）E-x 变化曲线；（b）τ-x 变化曲线

晶体滑移所需的切应力可表示为：

$$\tau = \frac{F}{A} \qquad (2-1)$$

式中　A——晶体滑移面面积。

从势能—位移曲线看出，原子处于 P 位置，位移 $x=0$，作用切应力 $\tau=0$。原子处于 P 和 Q 位置之间的中央，位移 $x=b/4$，作用切应力达到最大，$\tau=\tau_\mathrm{m}$。原子处于 Q 位置，位移 $x=b/2$，作用切应力 $\tau=0$。原子处于 Q 和 R 位置之间的中央，位移 $x=3b/4$，作用切应力达到最大。但是，作用方向与 $x=b/4$ 位置上的作用力相反，$\tau=-\tau_\mathrm{m}$，原子处于 R 位置，位移 $x=b$，作用切应力 $\tau=0$。作用切应力-位移变化曲线（即 τ-x 曲线），如图 2.4（b）所示。该曲线为正弦波形曲线。作用在晶体上的切应力与原子位移之间的关系可表示为：

$$\tau = \tau_\mathrm{m} \sin \frac{2\pi x}{b} \qquad (2-2)$$

从式（2-2）看出，原子位移 $x=b/4$，切应力达到最大，$\tau=\tau_\mathrm{m}$。当原子位移超过 $b/4$ 后，原子不再回复到原来位置，晶体变形从弹性变形范围进入塑性变形范围（即不可回复的变形）。τ_m 称为完整晶体屈服强度。晶体受到的切应力超过 τ_m 后产生永久变形，这种永久变形称为晶体的塑性变形。晶体的这种性质称为晶体的塑性。

由式（2-2）得：

$$\frac{\mathrm{d}\tau}{\mathrm{d}x} = \tau_\mathrm{m} \frac{2\pi}{b} \cos\left(\frac{2\pi x}{b}\right) \qquad (2-3)$$

在原子位移 x 很小情况下，$\cos\left(\dfrac{2\pi x}{b}\right) \approx 1$

所以

$$\frac{\mathrm{d}\tau}{\mathrm{d}x} \approx \tau_\mathrm{m} \frac{2\pi}{b} \qquad (2-4)$$

在原子位移 x 很小情况下，$\tau-x$ 曲线的斜率为 τ/x，式（2-4）可表示为：

$$\tau_\mathrm{m} \frac{2\pi}{b} = \frac{\tau}{x} \qquad (2-5)$$

晶体受切应力的作用将产生切应变，当晶体原子位移距离很小（$x \ll b$）情况下，晶体产生弹性变形，根据胡克定律：

$$\tau = G\gamma \approx G\frac{x}{a} \qquad (2-6)$$

18

联立式（2-5）和式（2-6）得：

$$\tau_m \approx \frac{Gb}{2\pi a} \tag{2-7}$$

式中　τ_m——完整晶体屈服强度；

　　　G——晶体滑移向剪切弹性模量；

　　　b——晶体滑移向原子间距；

　　　a——晶体滑面间距。

完整晶体的滑移方向取决于作用切应力的方向。由于晶体各向异性，不同结晶向上的剪切弹性模量 G 值是不同的。因此，各结晶向上晶体的屈服强度 τ_m 值是不同的，最小的 τ_m 值为该晶体的理论屈服强度值。对于晶体来说，a 和 b 的数量级是相同的，即 $a \approx b$。式（2-7）可改写为：

$$\tau_m \approx \frac{G}{2\pi} \tag{2-8}$$

式（2-8）为任何完整晶体理论屈服强度估算式。根据该式计算得到的部分完整晶体材料的理论屈服强度和实验测定的真实晶体材料的屈服强度值列于表2-1。从表中数据看出，理论计算值与实测值之间存在极明显的差别，无疑式（2-8）算得的理论值极不精确。因此，许多学者提出了一系列修正。

表 2-1　不同晶体材料的理论屈服强度和实验屈服强度的比较

材料名称	$G/(2\pi)$	实验屈服强度	误差
	GPa	GPa	
银	12.6	0.37	$\approx 3 \times 10^4$
铝	11.3	0.78	$\approx 1 \times 10^4$
铜	19.6	0.49	$\approx 4 \times 10^4$
镍	32.0	3.2~7.35	$\approx 1 \times 10^4$
铁	33.9	27.5	$\approx 1 \times 10^3$
钼	54.1	71.6	$\approx 8 \times 10^2$
铌	16.6	33.3	$\approx 5 \times 10^2$
镉	9.9	0.57	$\approx 2 \times 10^4$
镁（基面滑移）	7.0	0.39	$\approx 2 \times 10^4$
镁（柱面滑移）	7.0	39.2	$\approx 2 \times 10^4$
钛（柱面滑移）	16.9	13.7	$\approx 1 \times 10^3$
铍（基面滑移）	49.3	1.37	$\approx 4 \times 10^4$
铍（柱面滑移）	49.3	52.0	$\approx 1 \times 10^3$

奥罗万（Orowan）考虑了晶体中原子的可压缩性及原子间键合力，认为晶体中作用切应力 τ 与原子位移 x 的变化，并非正弦波形曲线，如图2.5曲线（2）所示。他通过计算确定晶体理论屈服强度为：

$$\tau_m' \approx \frac{G}{10} \sim \frac{G}{50} \tag{2-9}$$

布拉格（Brägg）和洛末（Lomer）对晶体理论屈服强度也提出了如下修正：

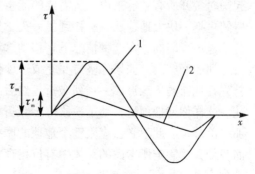

图2.5　修正 τ-x 曲线

$$\tau_{m} \approx \frac{G}{30} \qquad\qquad (2-10)$$

从式（2-9）和（2-10）看出，理论计算值与实测值之间仍然相差悬殊。根本原因是理论计算式的推导是建立在势能-原子位移的变化曲线为正弦波形曲线基础上，而晶体的真实势能-原子位移的变化曲线形式尚不清楚。因此，关键是要确定正确的势能-原子位移的变化关系。另外，理论计算值与实测值的差别也说明了真实晶体发生滑移的作用切应力值比完整晶体发生整体滑移所需的作用切应力值要小得多。由此联想到真实晶体并非完整晶体，研究工作者在实验室中制成一种直径极小约 10^{-4} cm，长度（约几个 mm）很短的纤维状晶体称为"晶须"。通过实验测得"晶须"的屈服强度值见表2-2与式（2-7）计算得到的理论屈服强度值极为相近。因为"晶须"的结构可视为一种完整的晶体结构。

表 2-2　"晶须"实验屈服强度和晶体理论屈服强度的比较

材料名称	$G/（2\pi）$	实验屈服强度	误　差
	GPa	GPa	
铜	19.1	3.0	≈ 6.0
镍	33.4	3.9	≈ 8.5
铁	31.8	13.0	≈ 2.5
碳化硼（BC）	71.6	6.7	≈ 10.5
碳化硅	132.1	11.0	≈ 12.0
氧化铝	65.3	19.0	≈ 3.5
碳	156.0	21.0	≈ 7.0

2.2　晶格缺陷——位错

1934 年，Taylor、Orowan 和 Polanyi 独立地提出了可用以解释在极低应力下发生滑移的晶格缺陷模型。在晶格中引入一附加的半原子面（图 2.6），他们证明，在滑移面上原子键的裂开可以限于半原子面底端的邻域（称之为位错线）内发生。当位错线在晶体中运动时，穿过滑移面的原子键的裂开是逐步发生的，而不像理想晶体那样是一次同时实现的。在图 2.7 中给出键逐步裂开的示意图，半原子面在运动中不断改变位置。半原子面运动的最终结果，也是使得立方体上半部分相对于下半部分发生了平移，其大小等于平衡原子的间距 b。这与图 2.1 所示的结果相同。但是，这里有重大的差别，这就是说，每次裂开一个键比起同时裂开所有的键来说，所需要的能量要小得多。这个概念可用如下比喻说明。我们要在房间里把一块大地毯从一头移到另一头。如果你抓住地毯的一头，想把它拉到新的位置，这几乎是不可能的。在这种情况下，移动这块地毯所需的"理论剪应力"主要取决于地毯与地板之间的摩擦力。如果你坚持要完成这项任务，若分几步来做的话，地毯是很容易移动的。首先在地毯的边缘形成一系列皱折，然后用你的脚使皱折一个一个地移动，使之通过整个地毯。这样你就把地毯移动了一段等于皱折尺寸的距离。因为每次移动的仅是地毯中有皱折的那一部分，因此不必去克服整个地毯的摩擦力。因为晶格位错是类似的省功的"机制"，从而我们只要假定所考虑的晶体中有位错存在就可以解释屈服强度的理论值与实验值之间何以有这么大的差别了（表 2-2）。

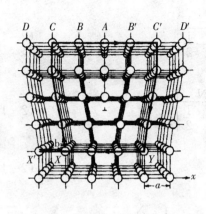

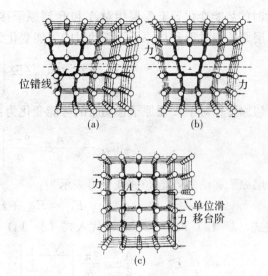

图 2.6　由于引入附加的半原子面
　　　　A 而造成的晶格缺陷

图 2.7　当位错穿过晶体时，其中
　　　　间所取的位置

根据平衡理论，完整晶体中的每个原子处于势能最低位置。原子的热运动使得原子在它势能最低位置附近运动。原子能跃过势垒落到邻近的位置上去的机会是很小的。如图 2.8 所示，完整晶体中任意一个原子 C_0 跳跃到 C_1 位置，需要很大能量才能跃过势垒 $2A$。因此，完整晶体中原子在晶面上滑移，滑移距离与势能变化可表示为：

$$E = -A\cos\frac{2\pi x}{b} \tag{2-11}$$

式中　A——势能幅；

　　　2π——势能变化周期；

　　　x——原子位移量。

若晶体中部分原子排列方式发生变化，A 层中所有原子 A_0、A_1、A_2……A_N 仍按均匀排列，原子间距为 b，原子排的长度为 Nb。B 层中某一段范围内 N 个原子均匀地排列在相当于（$N+1$）个原子的长度中。也就是说，在相等长度内 B 层原子数比 A 层原子数少一个。B 层在该段范围的原子间距等于 $\left(\dfrac{N+1}{N}\right)b$，原子排长度为（$N+1$）$b$。A 和

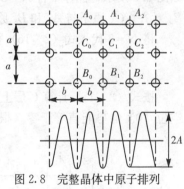

图 2.8　完整晶体中原子排列
　　　　及其势能曲线

B 层原子除了在该段长度范围发生错排外，其余原子仍保持间距为 b——对齐。设想在 A 和 B 两层中间存在一 C 层原子，如果在上述长度范围内的原子数和 B 层原子数相等也是 N 个，C 层上的原子应保持与 A 和 B 层原子之间平衡，C 层原子的排列应从两端向中间等间距排列，原子间距为 $\left(\dfrac{2N+1}{2N}\right)b$，C 层原子在该段长度范围内的原子排长度为 $\left(N+\dfrac{1}{2}\right)b$。

C 层原子以 $\left(\dfrac{2N+1}{2N}\right)b$ 等间距从两端向中间排列，那么，在 C 层中央位置上缺少一个原子而出现空位。该位置处于平衡位置，称它为"势能空位"，以"0"表示。

C 层原子移动时受 A 和 B 层原子的影响。但是，由于 A 和 B 层原子发生错排，C 层原

21

子移动时的势能变化等于 C 层相对 A 和 B 层原子移动时势能变化之和。

C 层原子相对于 B 层原子间移动时的势能变化为：

$$E_{BC} = -\frac{A}{2}\cos\frac{2\pi x}{b}\left[\frac{N+1}{N+\frac{1}{2}}\right] \tag{2-12}$$

C 层原子相对于 A 层原子移动时的势能变化为：

$$E_{AC} = -\frac{A}{2}\cos\frac{2\pi x}{b}\left[\frac{N}{N+\frac{1}{2}}\right] \tag{2-13}$$

C 层原子移动时势能-位移变化可表示为：

$$E_C = E_{BC} + E_{AC} \tag{2-14}$$

将式 (2-12) 和式 (2-13) 代入式 (2-14) 得：

$$E_C = -\frac{A}{2}\cos\frac{2\pi x}{b}\left[\frac{N+1}{N+\frac{1}{2}}\right] - \frac{A}{2}\cos\frac{2\pi x}{b}\left[\frac{N}{N+\frac{1}{2}}\right] \tag{2-15}$$

整理式 (2-15) 得：

$$E_C = -A\cos\frac{2\pi x}{b}\cos\frac{\pi x}{\left(N+\frac{1}{2}\right)b} \tag{2-16}$$

式中　E_C——空位"0"层原子移动时势能变化值；

　　　　N——B 层错排长度上原子数。

为了说明空位层上原子势能-位移变化关系，现以 B 层错排长度上原子数 $N=3$ 为例。如图 2.9 所示，晶体中含 $N=3$ 缺陷的原子排列，C 层上原子 C_0 与 A 和 B 层上原子 A_0 和 B_0 对齐，C_3 原子与 A_4 和 B_3 原子对齐，在 C 层原子 C_1 和 C_2 之间存在空位"0"。

将 $N=3$ 代入式 (2-16) 得：

$$E = -A\cos\frac{2\pi x}{b}\cos\frac{2\pi x}{7b} \tag{2-17}$$

按式 (2-17) 计算 C 层上 C_0、C_1、C_2 和 C_3 各原子位置和空位"0"的势能值，其中空位"0"的势能值等于零。根据计算得到的各对应点的势能值绘出势能-位移变化曲线，如图 2.9 所示。

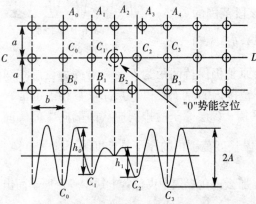

图 2.9　晶体中存在缺陷的原子排列及其势能变化曲线

从势能-位移变化曲线看出，其中 C_1 和 C_2 位置上的原子跳跃到空位"0"跃过的势垒为 h（约等于 0.84Å），而 C_0 和 C_3 位置上的原子跳跃到 C_1 和 C_2 位置跃过的势垒为 h_0（约等于 1.52Å）。由此可见，C_1 和 C_2 位置上的原子迁移所需的激活能比其他位置上原子迁移所需的激活能要小得多。当然空位"0"移到 C_1 和 C_2 位置是等效的。

晶体在无外力作用下，空位"0"两边 C_1 和 C_2 位置上的原子跳跃到空位"0"上的机会是相同的。因此，晶体中这样的原子排列还是稳定的。

现在再进一步讨论，假设在晶体上平行 C 层原子面作用上切应力 τ，使 A 层原子相对 B 层原子作很小的移动，位移量为 δ，C 层原子随同 A 层原子一起移动。此情况下，C 层原子移动时的势能变化等于 C 层相对 A 和 B 层原子移动时势能变化之和。

C 层原子相对于 B 层原子移动时的势能变化为：

$$E_{BC} = -\frac{A}{2}\cos\frac{2\pi(x-\delta)}{b}\left(\frac{N+1}{N+\frac{1}{2}}\right) \tag{2-18}$$

C 层原子相对于 A 层原子移动时的势能变化为：

$$E_{AC} = -\frac{A}{2}\cos\frac{2\pi x}{b}\left(\frac{N}{N+\frac{1}{2}}\right) \tag{2-19}$$

C 层原子移动时势能-位移变化可表示为：

$$E_C = E_{BC} + E_{AC} \tag{2-20}$$

将式（2-18）和式（2-19）代入式（2-20）得：

$$E_C = -\frac{A}{2}\cos\frac{2\pi(x-\delta)}{b}\left(\frac{N+1}{N+\frac{1}{2}}\right) - \frac{A}{2}\cos\frac{2\pi x}{b}\left(\frac{N}{N+\frac{1}{2}}\right) \tag{2-21}$$

整理式（2-21）得：

$$E_C = -A\cos\frac{\pi}{\left(N+\frac{1}{2}\right)b}[x-(N+1)\delta]\cdot$$

$$\cos\frac{\pi}{\left(N+\frac{1}{2}\right)b}[(2N+1)x-(N+1)\delta] \tag{2-22}$$

当 $N=3$；$\delta=0.1b$ 代入式（2-22）得：

$$E_C = -A\cos\frac{2\pi}{7b}(x-0.4b)\cos\frac{2\pi}{7b}(7x-0.4b) \tag{2-23}$$

按式（2-23）计算 C 层各原子位置的势能值并绘出势能-位移变化曲线，如图 2.10 所示。从势能-位移变化曲线看出，当空位"0"随同 A 层原子移动 $\delta \approx 0.1b$ 时，从新空位"0_n"继续向 C_2 位置移动跃过的势垒为 h_2（约等于 0.24Å），而 C_1 位置原子向空位"0"移动跃过的势垒为 h_1（约等于 1.33Å）。C 层上其他原子向下一个原子位置移动跃过的势垒都大于 h_1，由此可见，当空位移动后继续向前移动所需要的激活能更少。也可以说，空位"0"移向 C_2 原子位置较移向 C_1 原子位置容易。因此，若 C_2 获得足够的激活能跃到空位"0"位置，其他原子的位置也随之改变。只是 C 层上的空位"0"向右移动一个原子间距 b。于是，晶体中的这种原子排列的缺陷在较低切应力作用下，原子获得一定的激活能，势能空位"0"便能向右逐步移动，最后在晶体的右边上半晶体相对下半晶体形成一个原子间距的突出部分。泰勒称此种晶体缺陷为位错，空

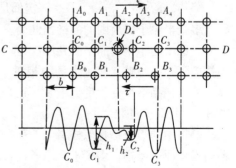

图 2.10 切应力作用下含缺陷晶体中
原子排列及势能变化曲线

位"0"为位错中心。

晶体中存在这种原子排列的缺陷，原子出现永久性位移所需的切应力较完整晶体低得多。即使在很低温度下，也只需稍增加外应力。位错中心在前移过程中，如遇到某个障碍可以停止前移，若外应力增大它可以继续前移。

晶体中位错从一边移到另一边的过程中，滑移面上的原子键一个接一个地断开。因此，所需外界切应力比晶体整体滑移时滑移面上原子键同时断开所需的外界切应力小得多。由此可见，晶体理论屈服强度与真实晶体屈服强度之间存在的很大差别，正是由于真实晶体中存在位错的缘故。

2.3　位错的基本概念

晶体中的线缺陷就是各种类型的位错。其特点是原子发生错排的范围在二维尺度上很小，而在第三维尺度上很大。这是晶体中极为重要的一类缺陷，它对晶体的塑性变形、强度和断裂起着决定性的作用。

2.3.1　位错的类型

晶体中位错的基本类型为刃型位错和螺型位错，实际位错往往是两种类型的复合，称为混合位错。现以简单立方晶体为例介绍这些位错的模型。

1. 刃型位错

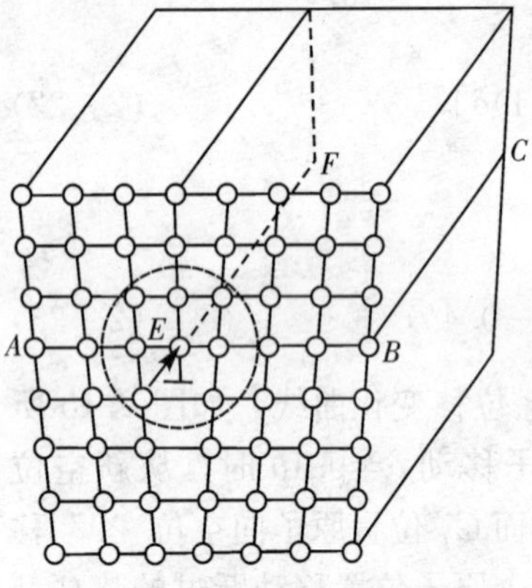

图 2.11　刃型位错原子模型

图 2.11 为晶体中最简单的位错原子模型，在这个晶体的上半部中有一多余的半原子面，它终止于晶体中部，好像插入的刀刃，图中的 EF 就是该原子面的边缘。显然，EF 处的原子状态与晶体的其他区域的不同，其排列的对称性遭到破坏，因此这里的原子处于更高的能量状态，这列原子及其周围区域（若干个原子距离）就是晶体中的位错，由于位错在空间的一维方向上尺寸很长，故属于线性缺陷，这种类型的位错称为刃型位错，习惯上把半原子面在滑移面上方的称正刃型位错，以记号"⊥"表示；相反半原子面在下方的称负刃型位错，以"T"表示之。当然这种规定都是相对的。

多余半原子面周围的晶格因此而发生畸变，产生弹性应力场。在拥有多余原子面的晶体上方，原子间距小，晶格受到压应力；在缺少半原子面的晶体下方，原子间距增大，晶格受到拉应力。晶格畸变和应力场均相对半原子面呈左右对称，并在远离此面时而逐渐减小为零。通常把晶格畸变程度大于 1/4 正常原子间距的晶格畸变范围称为位错宽度，其值一般只有 3～5 个原子间距。

晶体中的刃位错是怎样引入的呢？有可能是在晶体形成过程（凝固或冷却）中，由于各种因素使原子错排，多了半个原子面，或者由于高温时大量空位在快速冷却时保留下来，并聚合成为空位片而少了半个原子面。然而引入位错更可能是由局部滑移引起的，晶体在冷却或者经受其他加工工艺时难免会受到各种外应力和内应力的作用（如两相间膨胀系数的差异

24

或温度的不均匀都会产生内应力），高温时原子间作用力又较弱，完全有可能在局部区域内使理想晶体在某一晶面上发生滑移，于是就把一个半原子面挤入晶格中间，从而形成一个刃型位错（图2.12）。从这一个角度来看，可以把位错定义为晶体中已滑移区和未滑移区的边界。既然如此，晶体中的位错作为滑移区的边界，就不可能突然中断于晶体内部，它们或者在表面露头（图2.12），或者终止于晶界和相界，或者与其他位错线相交，或者自行在晶体内部形成一个封闭环，这是位错的一个重要特征。

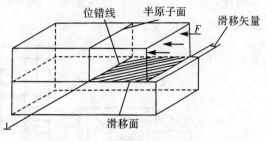

图 2.12 刃型位错的形成

2. 螺型位错

在刃型位错中，晶体发生局部滑移的方向是与位错线垂直的，如果局部滑移是沿着与位错线平行的方向移动一个原子间距［图2.13（a）］，那么在滑移区与未滑移区的边界（BC）上形成位错，其结构与刃位错不同，原子平面在位错线附近已扭曲为螺旋面，在原子面上绕着B转一周就推进一个原子间距，所以在位错线周围原子呈螺旋状分布［图2.13（b）］，故称为螺型位错。根据螺旋面前进的方向与螺旋面旋转方向的关系可分为左、右螺型位错，符合右手定则（即右手姆指代表螺旋面前进方向，其他四指代表螺旋面旋转方向）的称右旋螺型位错；符合左手定则的为左旋螺型位错。如图2.13中的螺位错就是右旋螺型位错，相反，如果图中切应力产生的局部滑移发生在晶体的左侧，则形成左旋螺型位错。实际分析时没有必要去区分左旋或右旋（包括正刃或负刃），它们都是相对的，重要的是分清刃型位错和螺型位错（简称刃位错、螺位错）。

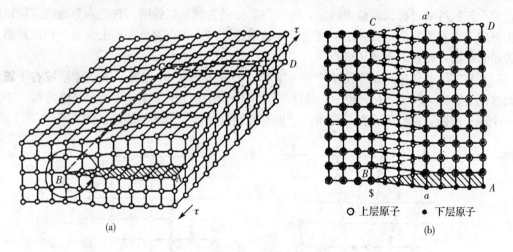

图 2.13 螺型位错
（a）晶体的局部滑移；（b）螺型位错的原子组态

3. 混合型位错

实际的位错常常是混合型的，介于刃型和螺型之间，如图2.14（a）所示，晶体在切应力作用下所发生的局部滑移只限于ABC区域内，此时滑移区与非滑移区的交界线AC（即位错）的结构如图2.14（b）所示，靠近A点处，位错线与滑移方向平行，为螺位错，而在C

25

点处，位错线与滑移方向垂直，其结构为刃型位错，在中间部分，位错线既不平行也不垂直于滑移方向，每一小段位错线都可分解为刃型和螺型两个分量，混合位错的原子组态如图2.14（b）所示。

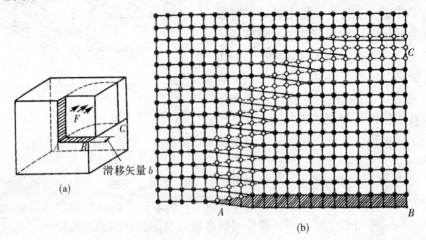

图 2.14　混合位错

(a) 晶体的局部滑移；(b) 混合位错的原子组态

2.3.2　柏氏矢量与柏氏回路

1. 柏氏矢量的确定

1939 年，柏格斯（J. M. Burgers）提出了采用一个规定的矢量来描述位错区域晶格畸变总量的大小和方向。该矢量后来被人们称之为柏氏矢量，用 b 表示。

柏氏矢量可通过柏氏回路来确定，现以刃型位错为例加以说明。首先人为地规定位错线的正方向并按右手螺旋定则确定围绕位错线的回路方向。若垂直纸面向上为正，柏氏回路方向为逆时针的，则按以下步骤进行：

(1) 在实际晶体中，从距位错中心一定距离的任一原子 M 出发，围绕位错按右手螺旋定则作闭合回路 $M-N-O-P-Q$ （M），称为柏氏回路 ［图 2.15（a）］。回路的每一步均为一个原子间距，回路不得穿过位错线，也不能经过晶体中的其他缺陷。

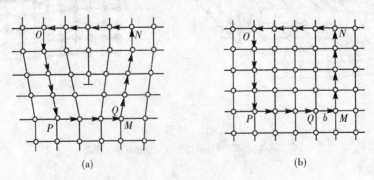

图 2.15　刃型位错柏氏矢量的确定

(a) 实际晶体的柏氏回路；(b) 完整晶体相应回路

(2) 在完整晶体中以同样的方向和步数做相同的回路，如图 2.15（b）所示，结果该回路无法闭合。

（3）由完整晶体中回路的终点 Q 向始点 M 引一矢量 b，使该回路闭合，这个矢量 b 即为该刃型位错的柏氏矢量。

从图 2.15（b）可看出，刃型位错的柏氏矢量与其位错线相垂直。这一特征可用于判断一个位错是否为刃型位错。刃型位错的正负也可借右手法则来确定：在拇指、食指、中指互为垂直的坐标系中，食指指向位错线正向，中指的指向为柏氏矢量方向，拇指代表多余半原子面的位向，若拇指向上，代表多余半原子面在滑移面上方，则为正刃型位错，向下则为负刃型位错，如图 2.16 所示。

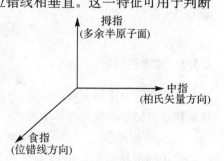

图 2.16　用右手定则确定刃型位错类型

螺型位错的柏氏矢量也可用相同方法确定，如图 2.17 所示。由该图可见，螺型位错柏氏矢量与其位错线平行，这一特征成为定义螺型位错的判据。通常规定，柏氏矢量与位错线正方向一致者为右螺型位错，相反者为左螺型位错。

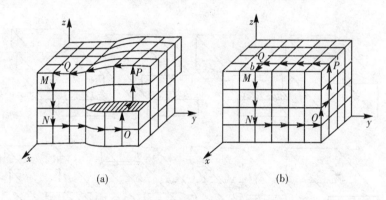

图 2.17　螺型位错柏氏矢量的确定
（a）实际晶体的柏氏回路；（b）完整晶体的相应回路

混合位错的柏氏矢量既不垂直也不平行于位错线，而是与位错线交成不同角度。因此，可将混合位错的柏氏矢量分解为垂直和平行于位错线的两个分量，分别对应于刃型位错和螺型位错分量。

2. 柏氏矢量的性质与表示方法

柏氏矢量具有守恒性，这表现在：

（1）柏氏矢量与柏氏回路的起点、形状、大小和位置无关。只要回路不与其他位错线或原位错线相遇，则回路所包含的晶格畸变总量不会改变。

（2）一条位错线具有唯一的柏氏矢量，即位错线各部分的柏氏矢量均相同。

（3）若几条位错线汇交于一点（位错结点）时，则指向结点的各位错的柏氏矢量之和等于离开结点的各位错柏氏矢量之和。

柏氏矢量的方向可用晶向指数表示。柏氏矢量的大小（即模）叫位错强度，其值为该晶向的原子间距。立方晶系中位错的柏氏矢量可表示为 $b = \dfrac{a}{n}[uvw]$，该柏氏矢量的模为：

$$|b| = \frac{a}{n} \sqrt{u^2 + v^2 + w^2} \qquad (2-24)$$

例如，面心立方晶体位错的柏氏矢量一般为 $b = \frac{a}{2}[110]$，它的模应为：

$$\frac{a}{2} \sqrt{1^2 + 1^2 + 0} = \frac{\sqrt{2}}{2}a \qquad (2-25)$$

2.3.3 位错的运动

位错在应力作用下可以运动。位错运动的难易将直接影响材料的塑性变形和强度。滑移和攀移是位错运动的两种基本方式。

1. 位错的滑移

位错的滑移面是位错线及其柏氏矢量所在的晶面。位错沿滑移面的移动称为滑移运动，当位错在切应力作用下沿滑移面滑过整个滑移面时，就会使晶体表面产生一个原子间距的滑移台阶。图 2.18 示出了位错滑移导致晶体产生相对位移（也称晶体滑移）的三种情况。

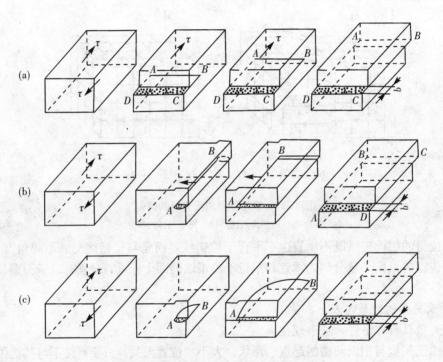

图 2.18 位错滑移导致晶体滑移的示意图
（a）刃型位错的滑移；（b）螺型位错的滑移；（c）混合位错的滑移

图 2.18（a）表明，刃型位错线在切应力作用下沿滑移面运动的方向与柏氏矢量一致，当刃型位错线运动移出晶体表面后，晶体将产生一个柏氏矢量宽度的相对滑移台阶。同一滑移面上若有大量的位错线不断滑移出晶体表面，则滑移台阶不断增大，直到在晶体表面形成可观察到的宏观塑性变形。

图 2.18（b）表明，螺型位错在切应力作用下沿滑移面运动的方向与柏氏矢量相垂直，

但产生的晶体滑移效果却与上述刃型位错相同。图 2.18（c）中的混合位错沿其各线段的法向方向滑移，同样可使晶体产生一个与其柏氏矢量相等的滑移量。

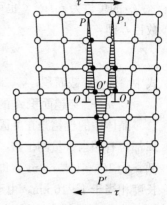

晶体的滑移运动不是整个滑移面上的全部原子同时一齐移动，而是通过位错中心及其附近的少量原子沿柏氏矢量做小于一个原子间距的微量位移而逐步实现的。图 2.19 所示为一个刃型位错的滑移过程。因此，晶体通过位错运动进行滑移变形所需的切应力比刚性整体滑移所需切应力小得多。

由于刃型位错的位错线与其柏氏矢量垂直，所以刃型位错只有一个确定滑移面；而螺型位错线与柏氏矢量平行，所以螺型位错可在通过位错线的任何晶面上滑移。

最后，将各类位错的滑移特征归纳于表 2-3 表中。

图 2.19　刃型位错的滑移过程

表 2-3　位错的滑移特征

类　型	柏氏向量	位错线运动方向	晶体滑移方向	切应力方向	滑移面个数
刃	⊥于位错线	⊥于位错线本身	与 b 一致	与 b 一致	唯一
螺	∥于位错线	⊥于位错线本身	与 b 一致	与 b 一致	多个
混合	与位错线成一定角度	⊥于位错线本身	与 b 一致	与 b 一致	

2. 位错的攀移

刃型位错除可沿滑移面进行滑移运动外，还可在垂直于滑移面方向上运动进行攀移。

刃型位错攀移的实质就是多余半原子面通过空位或原子的扩散而扩大或缩小。当多余半原子面缩小，位错线向上攀移时，称为正攀移〔图 2.20（b）〕；反之，当多余半原子面扩大，位错线向下攀移时，称为负攀移〔图 2.10（c）〕。

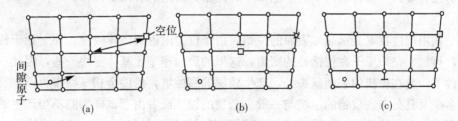

图 2.20　刃型位错的攀移运动模型
（a）未攀移的位错；（b）空位运动形成的正攀移；（c）间隙原子扩散引起的负攀移

由于攀移需要通过原子扩散才能实现，所以位错的攀移要比滑移困难得多，它主要发生在高温或应力条件下。压应力造成正攀移，拉应力产生负攀移。

2.3.4　位错密度

晶体中位错的数量用位错密度 ρ 表示，它的意义是单位体积晶体中所包含的位错线总长度，即：

$$\rho = \frac{S}{V} \tag{2-26}$$

式中　V——晶体的体积；

S——该晶体中位错线的总长度。

ρ 的单位为 m/m^3。也可化简为 $1/m^2$，此时位错密度可理解为穿越单位面积的位错线的数目，即：

$$\rho = \frac{n}{A} \qquad (2-27)$$

式中　A——截面积；

　　　n——穿越面积 A 的位错线数目。

晶体中的位错是在凝固、冷却及其他各道工艺中自然引入的，因此用常规方法生产的金属都含有相当数量的位错。对于超纯金属，并经细心制备和充分退火后，内部的位错密度较低，约 $10^9 \sim 10^{10}$ m/m^3，即 $10^3 \sim 10^4$ m/cm^3，那么在 $1\ cm^3$ 小方块体积的金属中位错线的总长度相当于 $1 \sim 10\ km$，由于这些位错的存在，使实际晶体的强度远比理想晶体为低。金属经过冷变形或者引入第二相，会使位错密度大大升高，可达 $10^{14} \sim 10^{16}$ m/m^3 以上，此时晶体的强度反而大幅度升高，这是由于位错数量增加至一定程度后，位错线之间互相缠结，以致使位错线难以移动。如果能制备出一个不含位错或位错极少的晶体，它的强度一定极高，现代技术已能制造出这样的晶体，但它的尺寸极细，直径仅为若干微米，人们称为晶须，其内部位错密度仅为 10 m/cm^3，它的强度虽高但不能直接用于制造零件，只能作为复合材料的强化纤维。因此借减少位错密度来提高晶体的强度在工程上没有实际意义，目前主要还是依靠增加位错密度来提高材料的强度。

陶瓷晶体中也有位错，但是由于其结合键为共价键或离子键，键力很强，发生局部滑移很困难，因此陶瓷晶体的位错密度远低于金属晶体，要使陶瓷发生塑性变形需要很高的应力。

2.3.5　位错的观察

目前已有多种实验技术用于观察晶体中的位错，常用的有以下两种。

1. 浸蚀技术

一是利用浸蚀技术显示晶体表面的位错，由于位错附近的点阵畸变，原子处于较高的能量状态，再加上杂质原子在位错处的聚集，这里的腐蚀速率比基体更快一些，因此在适当的浸蚀条件下，会在位错的表面露头处，产生较深的腐蚀坑，借助金相显微镜可以观察晶体中位错的多少及其分布。位错的蚀坑与一般夹杂物的蚀坑或者由于试样磨制不当产生的麻点有不同的形态，夹杂物的蚀坑或麻点呈不规则形态，而位错的蚀坑具有规则的外形，如三角形、正方形等规则的几何外形，且常呈有规律的分布，如很多位错在同一滑移面排列起来或者以其他形式分布。利用蚀坑观察位错有一定的局限性，它只能观察在表面露头的位错，而晶体内部位错却无法显示；此外浸蚀法只适合于位错密度很低的晶体，如果位错密度较高，蚀坑互相重叠，就难以把它们彼此分开，所以此法一般只用于高纯度金属或者化合物晶体的位错观察。

2. 透射电镜

目前更广泛应用透射电子显微镜技术直接观察晶体中的位错。首先要将被观察的试样制成金属薄膜，其厚度为 $100 \sim 150\ nm$，使高速电子束可以直接穿透试样，或者说试样必须薄到对于电子束是透明的。电子显微镜观察组织的原理主要是利用晶体中原子对电子束的衍射效应。当电子束垂直穿过晶体试样时，一部分电子束仍沿着主射束方向直接透过试样，另一部分则被原子衍射成为衍射束，它与入射束方向偏离成一定的角度，透射束和衍射束的强度之和基本与入射束相当，观察时可利用光栅将衍射束挡住，使它不能参与成像，所以像的亮度主要取决于透射束的强度。当晶体中有位错等缺陷存在时，电子束通过位错畸变区可产生较大的衍射，使这部分透射束的强度弱于基体区域的透射束，这样位错线成像时表现为黑色的线条。这些位错在三维试样内的分布如图 2.21 所示，试样内有一个滑移面与入射束成一定角度，该滑移面上的位错都在试样表面露头。用透射电子显微镜观察位错的优点是可以直接看到晶体内部的位错线，比蚀坑法直观，即使在位错密度较高时，仍能清晰看到位错的分布特征，若在显微镜下直接施加应力，还可看位错的运动及交互作用。

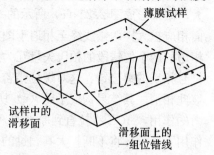

图 2.21　用电子显微镜观察位错
该组位错在三维试样中的分布

2.3.6　位错的增殖

一条全位错扫过整个滑移面所引起的滑移量仅是一个原子间距，而且位错滑移至晶体表面再也不可能返回，只有当晶体的一个滑移面上出现了数以千计的位错时，才可能产生可观的塑性变形，而且，许多实验分析表明，晶体中的位错密度随着塑性形变的发展而增大，这么多的位错从何而来？这只能由位错增殖来解释。

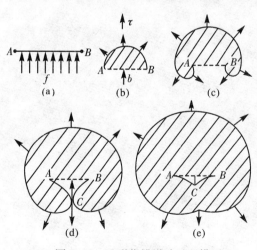

图 2.22　U形位错增殖过程模型

图 2.22 是 U 形位错增殖过程的模型。已知，一条位错线不能终止于晶内，只能在晶体表面露头或以环状位错存在于晶体之中，位错可以分叉或呈三维位错网，但节点是固定的。

图 2.22（a）中的 AB 是一段位错线，AB 位于滑移面上，当 AB 段受到沿柏氏矢量方向的外切应力而趋于滑移，则由于 A、B 是两个固定节点，结果滑移成圆弧形，如图 2.22（b）所示。然而，位错线的张力都有缩短线长的倾向，于是线张力 T 对 AB 位错的弯曲施以反作用，亦即形成一个向心的恢复力：

$$f = \frac{T}{\rho} \tag{2-28}$$

其中 ρ 是弯曲位错的曲率半径。当 AB 弧成半圆时 ρ 为最小值，亦即：

$$\rho_{min} = \frac{1}{2}\widehat{AB} \tag{2-29}$$

此时的位错线向心恢复力为最大值：

$$f_{max} = \frac{2T}{\widehat{AB}} \tag{2-30}$$

所以，当外切应力 τ 满足上式的条件，AB 位错就进一步滑移并继续增长。

$$\tau \geqslant \frac{2T}{\widehat{AB}} \cdot \frac{1}{b} \tag{2-31}$$

但由于 AB 位错的中间段比较自由，而且愈接近固定点 A、B 的位错线段的角速度愈大，结果形成图 2.22（c）所示的一对分别绕 A、B 点的蜷线。位错线 AB 继续滑移，扫过面相应扩大，两蜷线终至相遇于图 2.22（d）所示的 C 点，因为 AB 段原是正刃位错线，而相遇的两个位错段的柏氏矢量互为反号并垂直于原 AB 位错段的柏氏矢量，所以必然是两个符号相反的螺位错，这对螺位错若不是以极大的速度运动而相互交臂而过，就是一经接触即彼此相消。其结果构成了图（e）所示的一个闭合外环，并遗留下 ACB 位错线段。由于线张力的作用，ACB 将拉直到原来的 AB 位错线状态，这已是新生的位错线了。在外力的持续作用下，外环将不断扩大其扫过的滑移面，而新生的 AB 位错则开始其第二轮的滑移过程，如此返复不已，就会释放数以千计的位错环，每一个环将产生一个全矢量的滑移量。无数个点阵矢量的滑移，就构成可观的塑性形变，并且当位错源释出的位错环受到阻碍，随后接踵而来的位错环将塞积起来，并提高位错密度。

第3章 塑性变形、黏性流动和蠕变

本章主要讨论在应力作用下引起形状永久变化的各种形变方式。一般固体材料在外力作用下，首先产生正应力下的弹性形变和剪应力下的弹性形变。随着外力的移去，这两种形变都会完全恢复。

但是在足够大的剪应力作用下（或环境温度较高时），材料中的晶体部分将选择最易滑移的系统，出现晶粒内部的位错滑移，宏观上表现为材料的塑性形变；无机材料中的晶界非晶相，以及玻璃、有机高分子材料属非晶态材料，则会产生另一种变形，称为黏性流动，宏观上表现为材料的黏性形变。这两种形变为不可恢复的永久形变。

当材料长期受载，尤其在高温环境中受载时，上述塑性形变及黏性形变将随时而具有不同的速率，这就是材料的蠕变。蠕变的后期或是蠕变终止，或是导致蠕变断裂。当剪应力降低（或温度降低）时，此塑性形变及黏性流动减缓甚至终止。

3.1 塑性变形及其检验方法

如图 3.1 所示，当施加的应力超过一个称为弹性极限的临界值时，变形就成为永久性的了。当一个试样承载超过这个极限时，在作用力撤除后它就不能够再恢复到原始长度，这种行为称为塑性变形或永久变形。塑性变形阶段的应力-应变特性曲线呈非线性，不再服从胡克定律。材料发生塑性形变而不断裂的能力称为延展性。

大多数材料的弹性变形与结合键的伸长有关，晶体中发生的塑性变形主要与位错移动有关。大多数热塑性聚合物的塑性与彼此缠绕在一起的长链分子之间的相对滑动有关，它也与时间相关，本质上属于不可逆过程。在塑性区内，σ-ε 曲线的斜率随着应变的增大而降低，但是使塑性变形继续下去仍需要不断地提高应力。也就是说，材料因塑性变形而硬化了，这种现象称为应变硬化，是金属晶体中位错与位错交互作用的结果，这种交互作用大大降低了位错的可移动性或完全阻止了位错的运动。在聚合物中，应变硬化是分子键沿应力的作用方向排列起来的结果。陶瓷材料中位错移动很困难，因此陶瓷的塑性变形非常困难，因而陶瓷材料是脆性的。

理解应变硬化现象的另一个途径是进行一个假想的试验，从图 3.1 所示的点 C 开始再

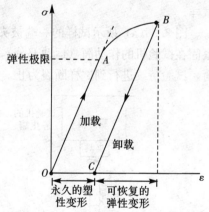

图 3.1 弹性与塑性载荷条件下加载与卸载过程中应力-应变关系曲线〔弹性区域（OA）中，如果载荷在达到弹性极限（A 点）之前卸载，试样将恢复到原始长度；另一方面，如果试样加载到点 B 之后再卸载，试样将沿 BC 卸载（即与弹性区平行），并产生永久变形 OC〕

进行加载。通过加载使位错移动，应力必须要增加到点 B 所对应的数值。因而，作为第一次加载产生塑性应变的结果，对应于使位错移动所必需的应力，材料的有效强度提高了。当我们将构件加工成所需形状时就可能发生应变硬化。在加工过程中，材料可能会变得很硬，使得我们必须进行中间热处理来使之软化，从而使其能够加工成最终形状。通过应变使分子取向这样的类似方法，能够改善聚合物的性能。

3.1.1 拉伸试验

拉伸试验用于定量测定结构材料的一些主要力学性能。历史上，这种试验是为金属材料建立起来并进行标准化的，同样的原则也适用于聚合物、陶瓷和复合材料。然而，对于不同类型的材料，其具体程序有些差别。我们从讨论金属材料的拉伸试验开始，然后再讨论陶瓷及聚合物的试验过程。

图 3.2 所示的两种试样几何尺寸是美国材料试验学会（ASTM）推荐用于进行金属材料拉伸试验的。试样的几何形状和尺寸选择往往取决于使用该材料所制造的产品形状，或者可以获得的材料的数量。当最终产品是薄板或薄片状时，优先选用平板试板。而对于挤压棒、锻造和铸造构件等产品，应优先选用圆形横截面的试样。

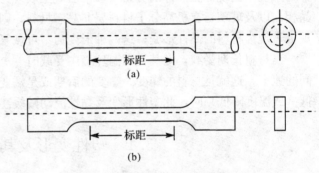

图 3.2　拉伸试样的几何形状
（a）圆柱试样；（b）扁平试样

图 3.3（a）所示试样的一端被夹紧在固定于拉伸试验机静止端上的卡具上，其另一端紧固在试验机的作动简（运动部分）上。作动简通常以固定不变的速率移动并给试样施加载荷，试验持续进行到试样断裂为止。

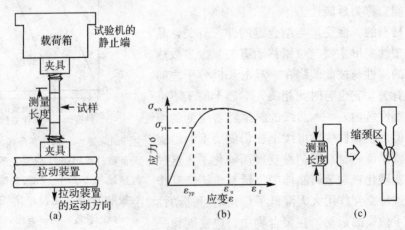

图 3.3　材料的拉伸试验
（a）金属拉伸试验的完整装置；
（b）由拉伸试验所获得的应力对应变的依赖关系；
（c）在试样标距内形成一个"缩颈"

34

在试验过程中，作用于试样上的载荷是用叫做"载荷箱"的测力传感器来测定的。应变是通过直接连接到试样标距上的伸长计（测量试样长度变化的仪器）来测量的。载荷和伸长量可以用计算机以数字形式或者 X-Y 记录仪以模拟信号形成记录下来。由载荷－伸长量的测定结果直接获得应力-应变关系曲线。

图 3.3（b）所示是由金属拉伸试验获得的典型 σ-ε 曲线图。对应于弹性极限的应力称为屈服应力 σ_{ys}，相应的应变称为屈服点应变 ε_{yp}。在试验中达到的最大工程应力称为极限抗拉强度 σ_u，或简称为抗拉强度；相对应的应变称为均匀应变 ε_u，因为直到这点之前，标距区域中发生的应变是均匀的，而自该点以后出现所谓的颈缩，即应变局限在试样的小区域内进行。在颈缩过程中，应变只在颈缩区域中增加并且是不均匀的，如图 3.3（c）所示。

工程断裂应变 ε_f 通常以伸长量的百分率表示（即 $\varepsilon_f \times 100$）。这个参量也称之为试件的伸长率。当我们报告材料伸长量百分率时，通常规定试样的原始标距，因为 ε_f 取决于试件的长径比。长径比越大，达到的工程断裂应变就越低。

此外，报告中通常还包括断面收缩率 φ。采用 φ 的优点是不依赖于试件的长径比。φ 的计算公式为：

$$\varphi = \left[(A_0 - A_f)/A_0\right] \times 100 \tag{3-1}$$

式中　　A_0——初始横截面面积；

　　　　A_f——颈缩区的最终横截面面积。

像铜和铝这样面心立方金属，其屈服点不易确定。这类材料屈服强度的实用定义是相应于塑性变形为 0.2% 时的应力。这个称为 0.2% 残留变形屈服强度的数值按照如图 3.4（a）所示的方法来确定。通过应变轴上的 0.002 点，画一条 σ-ε 曲线的起始直线段的平行直线，该平行线与 σ-ε 曲线相交点的应力坐标值就是 0.2% 残留变形屈服强度。

包括碳钢在内的一些材料呈现复杂的屈服行为，如图 3.4（b）所示。从弹性变形到塑性变形的转变是突然

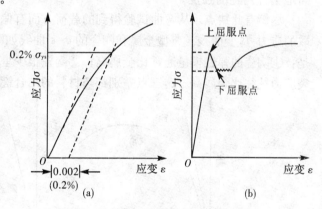

图 3.4　各种类型金属的应力-应变关系

（a）面心立方金属的 0.2% 残留变形屈服应力的定义；

（b）某些材料（如碳钢）呈现的上屈服点和下屈服点现象

发生的，并伴随着应力的降低。或继续变形，应力水平先保持恒定，然后才开始上升。应力下降的原因是位错摆脱与间隙原子（即钢中的碳）相关的应变场的钉扎作用而突然运动。材料的屈服强度定义为产生塑性变形时的最低应力，并标示为下屈服点。上屈服点所表征的是材料开始塑性变形时的应力。

σ-ε 曲线下方的面积可以度量使单位体积的材料断裂所需要的能量。这个参量（用符号 U 表示）就是度量材料韧性的量，其计算公式为：

$$U = \int_0^{\varepsilon_f} \sigma d\varepsilon \tag{3-2}$$

韧性的单位是（单位面积上的力）×（单位长度的伸长量）＝（力×长度）/单位体积＝能量/单位体积。

3.1.2 陶瓷试验

从试验观点来看，金属与陶瓷的主要差别在于陶瓷所固有的脆性。因此，难以将陶瓷试样机械加工成拉伸试验所要求的形状，特别是标距部分的横截面减小的成形，以及用来将试样连接到拉伸试验机上去的螺纹部分的加工。

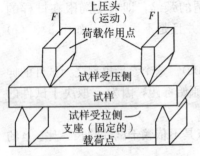

图 3.5　四点弯曲试验装置

这个难题通常的解决办法是对陶瓷进行弯曲试验，而不是拉伸试验，如图 3.5 所示。弯曲试验的优点是试样的几何形状简单（矩形或圆柱形试样）、试验程序简化，试验成本较低。与拉伸试验相比，四点弯曲试验的主要缺点是试样的应力分布不均匀，它不像拉伸试验那样在整个标距内的应力几乎呈均匀状态。弯曲试样的最大应力（即在试验中用仪器记录下来的最大作用力除以试样的横截面积）只能在试样的两个中间支撑点之间的区域中非表面上获得。这种应力不均匀状态的后果是，在某些情况下，特别是受载试样中的最大裂纹位于试样内部时，在四点弯曲试验中会过高地估计陶瓷的强度。

尽管有此缺点，从弯曲试验得到的载荷方面有偏差的数据可以得到类似于拉伸试验所获取的应力-应变曲线。典型金属和陶瓷的 σ-ε 曲线如图 3.6（a）所示。需要注意的主要特点是：①陶瓷的弹性模量通常比金属高；②陶瓷很少呈明显的塑性变形；③无裂纹的陶瓷的断裂应力往往比金属高。这三点差别都与材料的结合键类型不同有关。

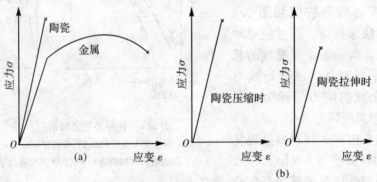

图 3.6　陶瓷的应力-应变曲线
（a）金属和陶瓷的 σ-ε 关系的比较；
（b）应力状态（拉伸应力还是压缩应力）对陶瓷相应特性曲线的影响

陶瓷与金属的另一个差别是，金属在拉伸和压缩试验中所得的 σ-ε 曲线几乎相同，而陶瓷的 σ-ε 曲线取决于试验时的应力状态（压缩还是拉伸）。如图 3.6（b）所示，拉伸和压缩试验模式下，陶瓷的 σ-ε 曲线具有相同的斜率，而拉伸试验中，陶瓷试样的断裂应力通常远低于相同试样在压缩试验条件下的断裂应力数值。这种现象与陶瓷中预先存在的裂纹有关，有关的详细论述请看材料的断裂一章。

3.1.3 聚合物试验

大多数的聚合物具有良好的塑性变形能力，由此，聚合物可采用拉伸的方法或者弯曲的方法进行测试。聚合物常见的两种典型的应力-应变曲线如图 3.7 所示 。呈现大致为直线关系的聚合物包括：热固性聚合物、处于 T_g 以下的热塑性聚合物和在进行实验之前分子链都已经沿拉伸轴线方向取向的热塑性聚合物。

与此相反，由未取向的分子链组成的半结晶态的热塑性聚合物表现出另一种形式的 σ-ε 行为。这些聚合物的曲线可以分成三个区段。首先是一段斜率（弹性模量）较小的近似直线区段，它反映出必须提高应力来克服分子之间的二次键的作用。当变形继续进行时，形成球粒晶片和颈缩区。此时，σ-ε 曲线近似保

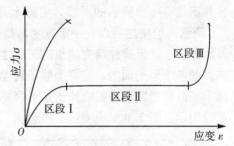

图 3.7 聚合物的两种典型的应力-应变曲线（高度非线性类型的曲线可以分为三个区段。有关显示各典型行为的聚合物在文中进行讨论）

持水平，表明在颈缩区域向聚合物试件整体范围扩展期间所需的力基本恒定。最后，一旦大多数的球粒晶片已经破裂，并且分子链部分地发生取向，增大应变导致均匀变形或进一步发生取向，于是曲线再次呈现正的斜率。在高应变区段斜率（即模量）比低应变区段中要高。因为这反映了取向的分子链中原始链的强度。

与金属和陶瓷相比，聚合物通常呈现较低的弹性模量（处于区段Ⅲ中的未取向热塑性聚合物除外）和较低的断裂强度，但有明显较高的延展性，正如从应变到失效这个区间所测得的那样。另外，高度取向的聚合物（像用于复合材料中的工业纤维）具有像金属或陶瓷那样高的刚度和强度。

3.2 单晶体塑性变形的基本方式

金属在应力超过屈服强度时，就要发生塑性变形。滑移和孪生是金属在常温下的两种主要塑性变形的方式。

3.2.1 滑移观察

滑移是晶体在切应力的作用下，晶体的一部分沿一定的晶面（滑移面）上的一定方向（滑移方向）相对于另一部分发生滑动，将预先经过抛光的纯铝或纯铁试样，在适当的变形之后，不需腐蚀，在光学显微镜下就能看到试样表面内有许多条平行的或几组交叉的细线，这些细线称为滑移带。它是相对滑动的晶体层和试样表面的交线。如用电子显微镜更仔细观察，可以知道光学显微镜下试样表面的一条黑线是由更多的一组平行线构成，因此我们通常把在光学显微镜下看到的条纹叫滑移带，在电镜下看到的称为滑移线。由于晶体各部分的相对滑动，造成试样表面有许多台阶。试样内的滑移带不是均匀分布的，滑移线构成的滑移台阶约 100 nm，已知滑移是晶体内位错运动的结果，当一个位错沿着一定的平面运动，移出晶体表面时所形成的台阶大小是一个柏氏矢量，如取 $b=0.25$ nm，从滑移台阶的高度可粗略估计约有 400 个位错移出了晶体表面。

3.2.2 滑移机制

我们知道，晶体中已滑移的部分和未滑移部分的分界线是以位错作为表征的。但这种分界并不是有一个鲜明的界线，实际上是一过渡区域，这个过渡区域就叫位错的宽度，如图3.8所示。位错之所以有一定宽度，是两种能量平衡的结果。从界面能来看，位错宽度越窄界面能越小，但弹性畸变能很高。反之，位错宽度增加，将集中的弹性畸变能分摊到较宽区域内的各个原子面上，使每个原子列偏离其平衡位置较小，这样，单位体积内的弹性畸变能减小了。位错宽度是影响位错是否容易运动的重要参数。位错宽度越大，位错就越易运动，可以用示意图3.9来说明这一概念。

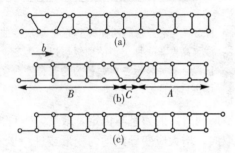

图3.8 滑移时存在一位错宽度　　　图3.9 位错在点阵周期场中运动时受到阻力

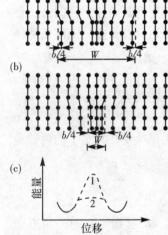

图3.10 位错宽度 W 大时位错易运动的示意图

图3.9中当位错中心由 A 移动到 B 位置时，假如 A 和 B 对于位错两侧的原子列是对称位置的话，位错并不受力。因为位错中心移动到 B 时，在位错前方的某一距离如 C 处，被推离开平衡位置（以空心圆圈表示），这一原子列对位错中心必有一作用力阻碍位错运动，但在位错后方的等距离处也有一原子列对位错施加一反向力正好抵消了前者，所以只要位错处于对称位置（如图中位移为 b 或 $1/2b$ 时），位错是不受力的。但假如位错中心 A 不是移动到 B 位置，而是移动了一很小的距离，此时位错两侧的原子列不再保持是等距离和对称的了，由于位错两侧原子列对位错的作用力不能抵消，于是位错运动时便产生了阻力。位错宽度大时，这种非对称性的影响较弱，因为每一原子列偏离其平衡位置较小，相应地对位错的作用力也较小，因此位错运动就变得容易些。从能量角度看，位错宽度大时位错运动所需克服的能量势垒小，而位错宽度窄时需克服的能量势垒大，见示意图3.10。位错宽度在计算中是这样界定的，在位错中心 A 处，它离左右两端的平衡位置是 $1/2b$，在位错中心附近的各原子列相对它们原来所处的平衡位置都有些偏离，只是离位错中心越远越偏离其自身的平衡位置越小，现规定：偏离自身平衡位置的位移为 $1/4b$ 位错两侧的宽度范围以 W 表示，为位错宽度，见图3.10。

在理想晶体中，位错在点阵周期场中运动时所需克服的阻力叫派—纳力。经过复杂的但仍不精确的计算，派—纳力可以用下式表达：

$$\tau_{P-N} = \frac{2\pi G}{1-\nu} e^{-2\pi W/b} \tag{3-3}$$

38

$$W = \frac{Gb}{2\pi(1-\nu)\sigma_{\mathrm{u}}} \qquad (3-4)$$

式中　σ_{u}——理论抗剪切强度，或者是一完善晶体产生一位错环所需的应力。

对金属：
$$\sigma_{\mathrm{u}} = \frac{Gb}{2\pi a} \qquad (3-5)$$

将（3-4）、（3-5）代入（3-3），可得：
$$\tau_{\mathrm{P-N}} = \frac{2\pi G}{1-\nu} \mathrm{e}^{\frac{2\pi a}{(1-\nu)b}} \qquad (3-6)$$

派—纳力的计算公式推导十分复杂而且也不精确，今天我们需要知道的是它的一些定性结果：

1）从本质上说，$\tau_{\mathrm{P-N}}$ 的大小主要取决于位错宽度 W，位错宽度越小，派—纳力越大，材料就难以变形，相应地屈服强度越高。

2）位错宽度（也就是派—纳力）主要决定于结合键的本性和晶体结构（通过式 3-4、3-5 反映出来）。对于方向性很强的共价键，其键角和键长都很难改变，位错宽度很窄，$W \approx b$，故派—纳力很高，因而其宏观表现是屈服强度很高但很脆；而金属键因为没有方向性，位错有较大的宽度，对面心立方金属如 Cu，其 $W \approx 6b$，由式（3-3）可知，其派—纳力是很低的。派—纳力的计算公式第一次定量地指出了金属晶体中由于位错的存在，实际的屈服强度（$\tau_{\mathrm{P-N}} \approx 10^{-4} G$）可远低于理论的屈服强度（$\approx 1/30G$）。

位错在不同的晶面和晶向上运动，其位错宽度是不一样的，式（3-4）、（3-5）指出，只有当 b 最小 a 最大时，位错宽度才最大，派—纳力最小。位错只有沿着原子排列紧密的面及原子密排方向上运动，派—纳力才最小。这就解释了为什么实验观察到金属中的滑移面和滑移方向都是原子排列最紧密的面和方向。

3）在金属中，由实验测得的材料屈服强度和派—纳力的概念联系起来，可知面心立方金属和沿基面（0001）滑移的密排六方金属，其派—纳力最低；对于不是沿基面滑移而是沿棱柱面（10$\bar{1}$1）或棱锥面（10$\bar{1}$1）滑移的密排六方金属，由于 b/a 比值较大，影响了位错宽度，派—纳力增高了；对于体心立方金属，派—纳力稍高于面心立方，但更主要的是派—纳力随温度降低而急剧增高，这可能是体心立方金属多数具有低温脆性的原因。

3.2.3　滑移系

滑移面和滑移方向的组合称为滑移系。滑移面和滑移方向往往是金属晶体中原子面密度最大的晶面（密排面）和其上线密度最大的晶向（密排方向）。这是由于密排面之间、密排方向之间的间距最大，结合力最弱。因此滑移往往沿晶体的密排面和该面上的密排方向进行。

一个滑移面与其上的一个滑移方向组成一个滑移系。如体心立方晶格中，（110）和 [111] 即组成一个滑移系。三种常见晶格的滑移系见表 3-1。一个滑移系表示金属晶体在滑移时可能选择的一个空间位向。在其他条件相同时，金属晶体中的滑移系愈多，滑移时可能选择的空间取向愈多，金属发生滑移的可能性越大，塑性就越好。滑移方向对滑移所起的作用比滑移面大，所以面心立方晶格金属比体心立方晶格金属的塑性更好，而密排六方晶格金属由于滑移系数目少，塑性较差。

表 3-1　金属三种常见晶格的滑移系

晶格	体心立方晶格		面心立方晶格		密排六方晶格	
滑移面	{110} ×6	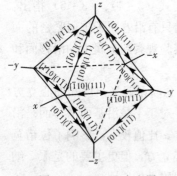	{111} ×4		{0001} ×1	
滑移方向	⟨111⟩ ×2		⟨110⟩ ×3		⟨11$\bar{2}$0⟩ ×3	
滑移系	6×2 =12		4×3=12		1×3=3	

对面心立方金属，原子排列最紧密的面是 {111}，原子最密集的方向为 [110]，因此其滑移面为 {111}，共有四个，滑移方向为 [110] 共有三个，若分别列出则为：

[$\bar{1}$10] (111)	[1$\bar{1}$0] (11$\bar{1}$)	[110] (1$\bar{1}$1)	[110] ($\bar{1}$11)
[10$\bar{1}$] (111)	[101] (1$\bar{1}$1)	[10$\bar{1}$] (1$\bar{1}$1)	[101] ($\bar{1}$11)
[0$\bar{1}$1] (111)	[011] (11$\bar{1}$)	[011] (1$\bar{1}$1)	[01$\bar{1}$] ($\bar{1}$11)

注：后面的面是与前面的面相平行的，因而它们的滑移系相同。
例如 [110] ($\bar{1}$11) 滑移系与 [110] (1$\bar{1}$1) 相同。

这些滑移面和滑移方向可清楚地表示在一锥形八面体中，如图 3.11 所示，滑移面和滑移方向的组合为 4×3=12，即构成 12 个滑移系。

图 3.11　面心立方金属
[110] {111} 的 12 个滑移系

对体心立方金属，原子排列最密集的平面和方向是 {110} {111} {110} 有 6 个，[111] 有 2 个，因此也有 12 个滑移系。但是，这只是最容易发生滑移的平面和方向。体心立方金属的滑移变形受合金元素、晶体位向、温度和应变速率的影响较大。因此也观察到它可在 {112} 和 {123} 上进行，但滑移方向是恒定的，还是 [111]。这样，体心立方金属就可能有 48 个滑移系。

对密排六方金属。当 c/a 较大 （c/a≥1.63） 如 Cd、Zn、Mg 等滑移面为 (0001)，滑移方向为 [11$\bar{2}$0]，组合的结果只有三个滑移系。当 c/a 较小时，在棱柱面原子排列的密度较基面上大，因此滑移面就变为 (10$\bar{1}$0)，如 Ti。有趣的是，Be 的 c/a 很小，但它有时滑移系为 (0001) [1120]，有时滑移系为 (10$\bar{1}$0) [11$\bar{2}$0]，现查明这主要是杂质的影响，Be 中含有氧或氮会改变其滑移系，Ti 也有这种情况。

3.2.4　滑移的临界分切应力

当单晶体受到拉伸，外力在某个滑称面的滑移方向上的分切应力达到某一临界值时，这一滑移系才能开始变形，当有许多滑移系时，就要看外力在哪个滑移系上的分切应力最大，分切应力最大的滑移系一般首先开始动作。

当晶体受外力作用时，不论外力的方向、大小与作用方式如何，在晶体内部均可分解为

40

垂直某一晶面的正应力与沿此晶面的切应力。

图 3.12 表示一单晶体的滑移面法线方向和外力的夹角为 ϕ，滑移方向和拉力轴的夹角为 λ。注意到滑移方向，拉力轴和滑移面的法线，这三者在一般情况下不在一平面内，即 $\phi+\lambda \doteq 90°$，由图可知，外力在滑移方向上的分切应力为：

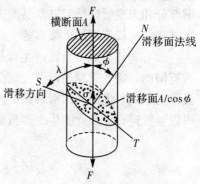

$$\tau = \frac{F}{A}\cos\phi\cos\lambda$$

当 $\tau=\tau_c$ 　　　　　　$\sigma=\sigma_s$

于是　　　　　 $\tau_c=\sigma_s\cos\phi\cos\lambda$ 　　　　　(3-7)

图 3.12　在单晶体某滑移系上的分切应力

式（3-7）称为施密特定律。即当在滑移面的滑移方向上，分切应力达到某一临界值 τ_c 时，晶体就开始屈服，$\sigma=\sigma_s$。τ_c 称为晶体的临界分切应力，施密特认为 τ_c 是一常数，对某种金属是一定值，其数值取决于金属的本性、纯度、试验温度与加载速度，而与加载的方向、方式及数值无关。但材料的屈服强度 σ_s 则随拉力轴相对于晶体的取向，即 ϕ 角和 λ 角而定，所以 $\cos\phi\cos\lambda$ 称为取向因子或施密特因子。$\cos\phi\cos\lambda$ 值大者称为软取向，此时材料的屈服强度较低。反之，$\cos\phi\cos\lambda$ 值小者称为硬取向，相应的材料屈服强度也较高。取向因子最大值在 $\phi+\lambda=90°$ 的情况下，这时 $\cos\phi\cos\lambda=\frac{1}{2}$。由公式（3-7）也可知道，当滑移面垂直于拉力轴或平行于拉力轴时，在滑移面上的分切应力为零，因此不能滑移。当 λ 和 ϕ 都等于或接近 $45°$ 时，金属的 σ_s 最低，即在外力作用下最易产生塑性变形并可表现出最大的塑性。

3.2.5　孪生

在切应力作用下晶体的一部分相对于另一部分沿一定晶面（孪生面）和晶向（孪生方向）发生切变的变形过程称为孪生。发生切变、位向改变的这一部分晶体称为孪晶。孪晶与未变形部分晶体原子分布形成对称。孪生所需的临界切应力比滑移的大得多。孪生只在滑移很难进行的情况下才发生。一些具有密排六方结构的金属，如锌、镁、铍等的塑性变形常常以孪生的方式进行；而铋、锑等金属的塑性变形几乎完全以孪生的方式进行，体心立方及面心立方结构金属，当形变在温度很低、速度极快等条件下，难以滑移时，也会通过孪生的方式进行塑性变形。

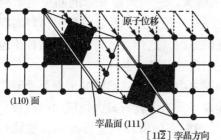

(110)面

孪晶面(111)

$[11\bar{2}]$ 孪晶方向

图 3.13　面心立方晶体的孪晶变形

如图 3.13，晶体在切应力作用下沿着一定的晶面（称作孪晶面）和晶向（称作孪晶方向），在一个区域内发生连续顺序的切变（图 3.13 中的虚线部分），变形的结果使这部分的晶体取向改变了（晶体结构和对称性并未改变），但是已变形的晶体部分和未变形的晶体部分保持着镜面对称关系，这个对称镜面就叫做孪晶面。孪晶变形和滑移变形的重要区别就在于前者使晶体取向改变了，而后者的晶体取向未改变。孪晶变形时的晶体取向为什么会改变呢？可以从面心立方晶体孪生切变过程看出。在孪生变形区域（称为孪晶带）的各晶面中，其切变位移都不是原子间距的整数倍，各晶面的原子位移量和到孪晶面的距离成正比。正是由于原子位移的这种特点，才使得孪晶变形部分和未变形区域互以孪晶面为镜面对称（见图 3.13 涂黑的区域），而如果孪晶带这部分区域是以滑移变形的，那么各个晶面的原子都移过等同的距离。

面心和体心立方金属，尤其是密排六方金属通过单纯的孪生过程所能得到的变形量是极为有限的。例如锌单晶，即使完全变为孪晶，伸长量也不过 7.2%，但是通过孪生可以改变晶体的取向，使晶体的滑移系由原来难以滑动的取向转到易于滑动的取向，从而使滑移过程得以继续进行。因此孪生变形虽然对金属形变能力的直接贡献很小，但间接的贡献却很大。

3.3 金属多晶体的塑体变形

工程上使用的金属通常都是多晶体。实验表明，虽然多晶体塑性变形主要也是以滑移和孪生的方式进行的，但多晶体是由许多形状、大小、位向都不相同的晶粒所组成；晶粒之间以晶界相毗连，晶界处原子排列又不规则，从而使多晶体的变形变得更为复杂，并具有一些新的特点。

3.3.1 多晶体塑性变形的特点

1. 多晶体变形的过程

多晶体在受到外力作用时，由于位向不同的各个晶粒所受的力不一样，而作用在各晶粒

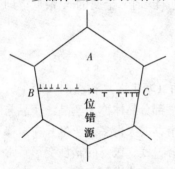

图 3.14 多晶体的滑移示意图

的滑移系上的分切应力更是相差很大，因此，各晶粒并非同时开始变形，而是首先在那些取向因子最大，即沿此滑移系的分切应力已优先达到其临界值的晶粒中开始滑移。而且由于不同位向晶粒的滑移系取向不同，滑移方向也不同，故滑移不可能从一个晶粒直接延续到另一晶粒中，这样就会使位错在晶界附近塞积起来，如图 3.14 所示，产生很大的应力集中，再加上外力作用，最终会使邻近的晶粒 B 和 C 中某些滑移系中的位错也可动起来而发生相应的滑移。由于 B 和 C 晶粒的滑移会使位错塞积群前端的应力松弛，所以 A 中的位错又重新开动，并进而使位错移出这个晶体，随着应力的加大，进入塑性变形的晶粒越来越多。因此，多晶体材料的塑性变形不可能在不同晶粒中同时开始，这也是连续屈服材料的应力—应变曲线上弹性变形与塑性变形之间没有严格界限的原因。这样变形是从一个晶粒传递到另一个晶粒。一批批晶粒如此逐一传递下去，即可使变形波及整个晶体。

另外，由于多晶体中每个晶粒都处于其他晶粒的包围之中，每个晶粒的变形都要受到邻近晶粒的制约和协调作用，所以邻近晶粒的变形不可能总是只沿着具有最大切应力的滑移系进行，而有可能也沿着切应力虽小，但却能与变形晶粒相协调的滑移系进行滑移。也就是说，每个晶粒内必须有几个滑移系同时动起来，才能协调地进行变形。理论上曾进行过推算，进行这样的变形，每个晶粒至少需要五个独立的滑移系启动，否则就难以进行变形，甚至不能保持晶粒之间变形的连续性而造成试样的开裂。

通过多晶体变形过程的分析可以看出，由于晶界的阻碍和邻近不同位向晶粒的相互制约

和协调作用，多晶体的塑性变形抗力通常比单晶体的要高，对具有密排六方结构的锌尤为显著。

实际的塑性变形是比较复杂的，只要滑移系统足够多，就可以保证变形中的协调性，适应宏观变形的要求。因此，滑移系统越多，变形协调越方便，越容易适应任意变形的要求，材料塑性越好，反之亦然。

2. 多晶体变形的不均匀性

一个晶粒的塑性变形必然受到相邻不同位向晶粒的限制，由于各晶粒的位向差异这种限制在变形晶粒的不同区域上是不同的，因此，在同一晶粒内的不同区域的变形量也是不同的。这种变形的不均匀性，不仅反映在同一晶粒内部，而且还体现在各晶粒之间和试样的不同区域之间。对于多相合金则变形首先在软相上开始，各相性质差异越大，组织越不均匀，变形的不同时性越明显，变形的不均匀性越严重。

3.3.2 晶粒大小对变形的影响

实验表明，晶粒越小，即试样单位横截面上的晶粒数目越多，则对塑性变形的抗力越大，屈服强度越高，而且塑性、韧性也好，称为细晶强化，这是一种十分重要的强韧化的手段。

晶粒平均直径 d 与屈服强度（σ_s）的关系可表示为：

$$\sigma_s = \sigma_0 + K \cdot d^{-\frac{1}{2}} \tag{3-8}$$

式中，σ_s 为材料屈服强度（对低碳钢，表示下屈服点），σ_0 和 K 皆为常数，前者表示晶内对变形的抗力，后者表示晶界对变形影响的程度，随晶界结构而定。作 $\sigma_s - d^{-1/2}$ 图可知 σ_0 为截距，K 为直线的斜率。这是个经验公式，但又表达了一个普遍规律。该公式常称为霍尔—佩奇（Hall-petch）关系。适用于大多数材料，见图 3.15。

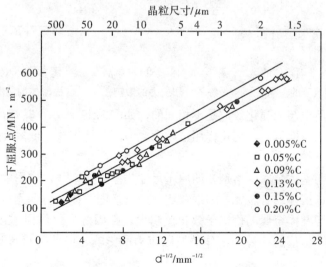

图 3.15 低碳钢的晶粒大小与屈服强度的关系

显然，σ_s 和 $d^{1/2}$ 成反比例关系，晶粒越小其屈服强度越高。这是由于多晶体屈服强度的高低与滑移由一个晶粒传递到另一个晶粒的难易程度有关，难者则 σ_s 高，易者则 σ_s 低。如前所述，这种传递能否进行，主要取决于一个晶粒边界附近的位错塞积群所产生的应力能否激发相邻晶粒中的位错源。分析表明，位错塞积群的应力 $\tau' = n\tau$（n：塞积的位错数目，τ：外加应力沿滑移方向的切应力）。晶粒越大，n 越大，应力集中也越大，越易激发相邻晶粒中的位错。因此，在同样外加应力作用下，大晶粒的变形容易由一个晶粒传递到相邻晶粒中，而小晶粒则相反，故晶粒越细，屈服强度越高。

另外，细晶粒金属不仅强度高，而且塑性、韧性也好。因为晶粒越细，在一定体积内的晶粒数目越多，则在同样的变形量下，变形分散在更多的晶粒内进行，变形的不均匀性便越小，相对来说引起应力集中也应越小，开裂的机会也就相应地减少了。此外，晶粒越细，晶界的曲折越多，越不利于裂纹的传播，从而使其在断裂前可以承受较大的塑性变形，即表现出较高的塑性。由于细晶粒金属中裂纹不易产生也不易传播，因而在断裂过程中吸收了更多的能量，即表现出较高的韧性。因此，在生产上通常总是设法使金属获得细晶粒组织。

3.3.3 合金的塑性变形

实际使用的合金材料，按其金相组织基本上可分为单相固溶体和多相混合物两类，其塑性变形各有特点。

1. 固溶体的塑性变形特点

当合金由单相固溶体构成时，其变形过程与纯金属多晶体相似。但随着溶质原子的加入，合金的塑性变形抗力大大提高，表现为强度、硬度的不断增加，塑性、韧性的不断下降，即产生了"固溶强化"作用，如图 3.16 所示。

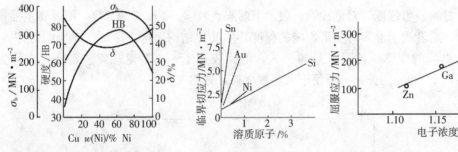

图 3.16　Cu-Ni 固溶体的　　图 3.17　溶质对 Cu 单晶　　图 3.18　电子浓度对 Cu
机械性能与成分的关系　　临界分切应力的影响　　固溶体的屈服应力的影响

不同溶质原子所引起的强化效应是不相同的，如图 3.17 所示，其规律如下：

（1）溶质原子的浓度越高，强化作用也越大，但不保持正比，低浓度时的强化效应更为显著。

（2）溶质原子与基体金属（溶剂）的原子尺寸相差很大，强化作用也越大。

（3）形成间隙固溶体的合金元素一般要比形成置换固溶体的合金元素的强化效果显著。

（4）溶质原子与基体金属的价电子数相差越大，则固溶强化作用越强，图 3.18 表示电子浓度对点阵常数为恒值的各种固溶体的屈服应力的影响，可见，其 σ_s 随合金中的电子浓度的增加而提高。

固溶强化的主要原因是溶质原子与位错的弹性交互作用阻碍了位错的运动。由于溶质原子的溶入造成了点阵畸变，其应力场将与位错场发生弹性交互作用。置换固溶体中比溶剂原子大的溶质原子往往扩散到刃型位错线下方受拉应力的部位，而比溶剂原子小的溶质原子，则扩散到位错线上方受压应力的部分，在间隙固溶体中溶质原子则总是扩散到刃型位错线下方受拉应力的部位。也就是说，溶质原子与位错弹性交互作用的结果，使溶质原子趋于聚集在位错的周围，好像形成了一个溶质原子"气团"，称为柯氏气团。柯氏气团的形成，减小了点阵畸变，降低了体系的畸变能，使其处于更稳定的状态。显然，柯氏气团对位错有"钉扎"作用，为使位错挣脱"气团"而运动就必须施加更大的外力，因此固溶体合金的塑性变形抗力要比纯金属大。

2. 多相合金的塑性变形特点

当合金由多相混合物构成时，其塑性变形不仅取决于基体相的性质，而且还取决于第二相的性质、形状、大小、数量和分布等状况。后者在塑性变形中往往起着决定性的作用。

若合金内两相的含量相差不大，且两相的变形性能（塑性、加工硬化率）相近，则合金的变形性能为两相的平均值。

若合金中两相变形性能相差很大，例如其中一相硬而脆，难以变形，另一基体相的塑性较好，则变形先在塑性较好的相内进行，而第二相在室温下无显著变形，它主要是对基体的变形起阻碍作用。第二相阻碍变形的作用，根据其形状和分布不同而有很大差别。如果硬而脆的第二相呈连续的网络状分布在塑性相的晶界上，因塑性相的晶粒被脆性相所包围分割，使其变形能力无从发挥，晶界区域的应力集中也难以松弛，合金的塑性将大大下降，经过少量变形后，即在脆性相网络处产生断裂，而且脆性相数量越多，网越连续，合金的塑性就越差，甚至强度也随之下降。若合金中的第二相以细小弥散的微粒均匀分布在基体上，则可显著提高合金的强度，称为弥散强化。这种强化的主要原因是细小弥散的微粒与位错的相互作用，阻碍了位错的运动，从而提高了塑性变形的抗力。

3.4 陶瓷的塑性变形

位错运动是晶体塑性形变的最重要机理，然而，从位错的基本性质结合陶瓷晶体的结构化学特征来看，陶瓷滑移系的激活受到了价键方向性和静电相互作用力的很大限制，以至于脆性成为陶瓷的基本属性。到目前为止，仅发现有一些陶瓷的单晶有塑性变形能力，如 20 世纪 50 年代发现 AgCl 离子晶体可以冷轧变薄。MgO、KCl、KBr 单晶也可以弯曲而不断裂，LiF 单晶的应力-应变曲线和金属类似，也有上、下屈服点，图 3.19 示出 KBr 和 MgO 晶体受力时的应力-应变曲线。

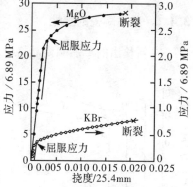

图 3.19　KBr 和 MgO 晶体弯曲
试验的应力-应变曲线

那么，陶瓷材料的晶体为何难以产生塑性变形，从而表现为脆性，而金属材料能够发生塑性变形，具有良好的延展性？其主要原因在于金属材料的晶体结构和化学键的类型与陶瓷材料的晶体结构和化学键的类型有较大的差异造成的。同样，对陶瓷材料来说，产生塑性变形的主要原因是位错在滑移面上的滑移造成的。晶体中滑移总是发生在主要的晶面和主要晶向上。这些晶面和晶向指数较小，原子密度大，也就是柏氏矢量 b 较小，只要滑动较小的距离就能使晶体结构复原，所以比较容易滑动。例如 NaCl 型结构的离子晶体，MgO，其滑称系通常是 $\{110\}$ 面族和 $[1\bar{1}0]$ 晶向，如图 3.20 所示。

由图 3.20 可见：（1）从几何因素考虑，在 $\{110\}$ 面，沿 $[1\bar{1}0]$ 方向滑移，同号离子间柏氏量较小，即 $b<b'$；（2）从静电作用因素考虑，在滑移过程中不会遇到同号离子的巨大斥力，因此，在 $\{110\}$ 面上，沿 $[1\bar{1}0]$ 方向滑移比较容易进行。

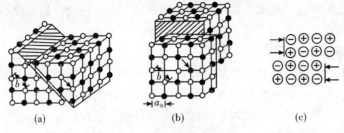

图 3.20　NaCl 型结构晶体

(a) 在 $\{110\}$ 面滑移；(b) 在 $\{100\}$ 面滑移；(c) 由于相同电荷排斥造成滑移困难

由上可知，晶体有无塑性变形的可能，是和晶体结构密切相关的。不同晶体结构具有不同的滑移系统，金属易于滑移而产生塑性形变，就是因为金属滑移系统很多，如体心立方金属滑移系统有 48 种之多（如铁、铜），而面心立方型的金属，也有 12 个滑移系统，而陶瓷材料的滑移系统都非常少。金属键没有方向性，而陶瓷材料的离子键或共价键具有明显的方向性。同号离子相遇，斥力极大，只有个别滑移系统才能满足几何条件与静电作用条件。晶体结构愈复杂，满足这些条件就愈困难。因此，只有为数不多的无机材料晶体在室温下具有延展性。这些晶体都属于一种称为 NaCl 型结构的最简单的离子晶体结构，如 AgCl、KCl、MgO、KBr、LiF 等，反之，如刚玉（$\alpha\text{-}Al_2O_3$），塑性变形受到严格限制，因为它只有一个滑移面（001）和两个滑移方向，滑移系统数目少，而且滑移时尚要跨过其他氧离子，矢量较长，约达 5Å 左右，这样相应要求位错移动的能量也大，因此它在 900℃ 以下不能塑性变形，呈脆性。只有在高温时才能发生。对 MgO 材料，在低温时只有 2 个滑移系统，高温时有 5 个或更多一些，故它在低温时呈脆性，高温时变成有延展性了。

3.4.1　单晶陶瓷的塑性

在新长出的单晶陶瓷晶格中本征位错密度较低，而且往往被杂质沉淀钉扎着，需要较高的应力才能激活起动，滑移位错可能增殖，结果形成一个位错带，这里具有较高的位错密度，当位错源的密度相当高时，往往导致不同滑移面上位错的相互作用，这样反而限制了晶体的塑性形变。然而，几个平行面上的位错运动却使宏观的塑性形变成为可能。图 3.21 是单晶 MgO 在室温条件下的应力-应变关系曲线，曲线（a）和（b）相比说明了单晶 MgO 的塑性程度随交切滑移带数量的增多而变大，曲线（c）却表明，形变来源于单个扩散滑移带的晶体具有最大的塑性，三者最终都表现为脆性断裂，为塑性形变导致新裂纹成核的观点提供了实据。

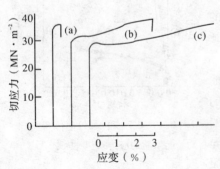

图 3.21　MgO 单晶的应力-应变曲线

(a) 少量相互交截的滑移带；

(b) 许多相互交截的滑移带；

(c) 单个扩展滑移带

由于解理的不完整，新解理的单晶往往在边角处包含许多小的表面微裂纹。在受力条件下，由于裂纹尖端的应力集中而出现位错成核。新生的位错倾向于从裂纹尖端滑移离去使滑移带变宽。其他平行面上的位错源却将异号位错送至裂纹尖端区域，相应提高了弹性应变能，促进了裂纹的亚临界扩展，并引起塑性形变。当裂纹扩展到临界尺寸，就发生微塑性形变后期的脆性断裂，如图 3.22 所示。仅含单个滑移带的晶体不具有裂纹成核问题，因而其塑性反而较大。陶瓷单晶的塑性对表面处理的敏感性亦是表面微裂纹作用的反映，图 3.23 示出火焰抛光和退火处理对单晶 Al_2O_3 屈服应力的影响。这里我们可以看到，未加处理的蓝宝石的屈服应力最小，实验室火焰抛光和空气中退火的蓝宝石的屈服应力因为其表面的微裂纹得到了愈合而大大提高。

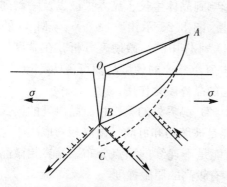

图 3.22　位错运动促进微裂纹生长的模型

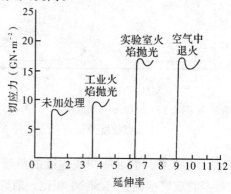

图 3.23　表面处理对蓝宝石塑性屈服的影响

3.4.2　多晶陶瓷的塑性

多晶陶瓷的塑性不仅取决于构成材料的晶体本身，而且在很大程度上还会受到晶界物质的控制。高温下，由于位错运动、晶界滑移的影响，陶瓷表现了一定程度的塑性，影响陶瓷塑性形变的因素大致分为本征和外来两个方面，下面以多晶 MgO 和 Al_2O_3 为实例，作进一步的阐述。

首先谈谈本征因素。

（1）晶粒内部的滑移系相互交截。一个单晶体欲通过滑移而达到均质的应变，需要有五个独立的滑移系。对于晶粒取向紊乱的多晶陶瓷来说，除了上述要求，还要求各滑移系之间能相互穿透，如前面已提到的，单晶 MgO 的滑移系 {110}[110]、在 1300～1700 ℃，其共轭滑移系才能交截，仅当温度越过 1700 ℃，才可能有互为

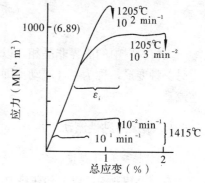

图 3.24　应变速率对 MgO 屈服应力的影响

60°的滑移系相互交截。对于多晶 MgO 陶瓷，尚存在着加载形式和应变速率的影响（图 3.24）。此外，由于压应力较张应力不易导致灾难性的破坏，因而试验可在较高的应力水平下进行，于是出现滑移系交截的温度可能下降。曾报道过，单晶 MgO 在 1200 ℃左右就出现了 {110}[110] 系的共轭滑移。

（2）晶界处的应力集中，晶界作为一种势垒，足以使滑移过程中的位错排塞积起来，从而引起高度的应力集中，并导致滑移系的激活。

（3）晶粒大小和分布。多晶体中晶粒的各向异性是晶界处形成内应力的重要因素。大晶

47

粒导致晶界处较大的应力集中，而细晶坯体的晶界面积则有利于晶界滑移机理控制的高温蠕变过程。因此，晶粒大小的分布比平均晶粒尺寸更能表征多晶体的塑性与晶粒大小的关系。

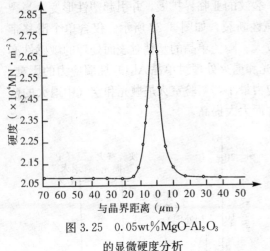

图 3.25 0.05wt％MgO-Al$_2$O$_3$
的显微硬度分析

其次是外来因素。

晶界作为点缺陷的源和阱，往往富集着杂质，沉淀有第二相，特别当含有低熔物质时，多晶陶瓷的高温塑性滑移首先发生在晶界。影响塑性的外来因素主要与晶界相关。

(1) 杂质在晶界的弥散。晶界处的杂质弥散影响到晶体生长、晶界扩散以及一系列晶界特性。图 3.25 示出含 0.05wt％MgO 的多晶 Al$_2$O$_3$ 坯体中的显微硬度分析。在晶界处超出晶体 7GN/m^2 的硬度峰似可说明 MgO 弥散相引起的晶界硬化作用。

(2) 晶界处的第二相。晶界处的第二相既可能是玻璃相亦可能是微晶相，取决于化学组分和热处理条件。它可能构成连续的薄膜层亦可能是不连续的质点分布。晶界相微晶化的 Si$_3$N$_4$ 与含玻璃相晶界的 Si$_3$N$_4$ 相比，前者显然具有较高的屈服强度。

(3) 晶界处的气孔。气孔在晶界处的存在势必减少相邻晶粒间的接触，加速了陶瓷材料的塑性形变。然而，由于热力学的原因，晶界上的气孔往往曲率半径较小。Copley 和 Pask 发现，含少量气孔于晶内的 MgO 比不含气孔或含气孔于晶界的 MgO 更能表现出低温塑性。

3.5 黏性流动

无机材料中的晶界非晶相，以及玻璃、有机高分子材料纯属非晶态材料，在高温下会产生另一种变形，称为黏性流动。即在高温下，黏度降低，同时又有剪应力的作用就会发生黏性流动。

3.5.1 玻璃的黏性流动

1. 黏性变形及黏度

在玻璃转变温度以上和在热力学熔化温度以下的非晶态材料的结构是过冷液体。因此，这些材料的很多性质与液体相似。这些性质不同于晶态固体的弹性性质。例如，在 T_g 以上，无定形材料对所加力的响应是与时间相关的，而在 T_g 以下相应的响应是与时间无关的。

回顾有关介绍的切应力概念，考虑一个长方形材料，如图 3.26 所示，其顶面面积为 A，高为 dx，承受 F 的切力。当这一块材料是固体时，切力正比于变形量 dy（即 $F \propto$ dy）。要使这一关系不依赖于试样尺寸，F 除以 A，位移 dy 除以高 dx，得如下关系：

$$\left(\frac{F}{A}\right) \propto \frac{dy}{dx} \tag{3-9}$$

已知 F/A 是定义为切应力的 τ。把 dy/dx 定义为切应变 γ，由上式导出更有用的等效式子：

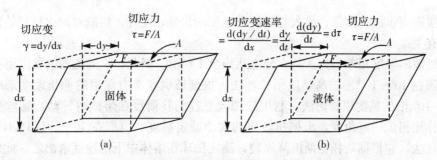

图 3.26　固体和液体对所加切应力的响应的比较

（a）固体，切应力 τ 产生常量的切应变 γ；（b）液体，切应力 τ 产生常量的切应变速率 $\mathrm{d}\gamma/\mathrm{d}t$

$$\tau \propto \gamma \tag{3-10}$$

在式子中插入一个称为切变模量 G 的常数使这一比例关系定量化，得：

$$\tau = G\gamma \tag{3-11}$$

当用液体取代固体时，如图 3.26（b）所示，切应力不再产生特有的位移（应变），相反，位移随时间连续发生，位移速率 $\mathrm{d}(\mathrm{d}y/\mathrm{d}t)$ 正比于切应力 [即 $F\propto\mathrm{d}(\mathrm{d}y/\mathrm{d}t)$]。力除以面积和位移除以高，经这样规范化后，得如下表达式：

$$\tau \propto \frac{\mathrm{d}(\mathrm{d}y/\mathrm{d}t)}{\mathrm{d}x} \tag{3-12}$$

由于 $\mathrm{d}x$ 是常数，我们可以重新排列上式，得：

$$\tau \propto \frac{\mathrm{d}(\mathrm{d}y/\mathrm{d}x)}{\mathrm{d}t} \tag{3-13}$$

已知 $\mathrm{d}y/\mathrm{d}x$ 是切应变，并把比例关系转换为等效形式：

$$\tau = \eta \frac{\mathrm{d}\gamma}{\mathrm{d}t} = \eta \cdot \dot{\gamma} \left(\dot{\gamma} = \frac{\mathrm{d}\gamma}{\mathrm{d}t} \text{ 为切应变速率}\right) \tag{3-14}$$

因 $\dfrac{\mathrm{d}y}{\mathrm{d}t} = \mathrm{d}v$，故上式还可写作：

$$\tau = \eta \cdot \frac{\mathrm{d}v}{\mathrm{d}x} \tag{3-15}$$

$\dfrac{\mathrm{d}v}{\mathrm{d}x}$ 为速度梯度，式（3-15）中，常数 η 称为黏度，其国际单位是 $\mathrm{Pa\cdot s}$，也可用泊作其单位，$1\mathrm{Pa\cdot s}=10$ 泊，因此，黏度是指单位接触面积单位速度梯度下两层液体间的摩擦力。黏度的倒数称为液体的流动度 $\varphi = \dfrac{1}{\eta}$，上式叫做牛顿定律，可以用充满黏性液体的圆筒内置活塞的力学模型来表示这一定律。符合这一定律的流体叫做牛顿液体。其特点为切应力与应变率之间呈直线比例关系。大多数情况下，氧化物流体可看成是牛顿液体。

黏度是液体的重要性质，对流体的研究称流变学。这个以及其他类似的关系广泛地应用于玻璃和聚合物用以诸如注射成型过程或玻璃的吹制过程等，室温下水的黏度约为 1 厘泊（0.01 泊），室温的糖浆的黏度约为 50 泊，窗玻璃约为 10^{25} 泊。以液态形成玻璃的过程是黏度增大的过程。

黏度在材料生产工艺上也很重要。例如熔制玻璃时，黏度小，熔体内气泡容易逸出，玻璃制品的加工范围和加工方法的选择也和熔体的黏度及其随温度变化速率密切相关；黏度的大小还直接影响水泥、陶瓷、耐火材料烧成速度的快慢；此外，熔渣对耐火材料的侵蚀也与渣的黏度有关。

由于熔体的黏度相差很大，从十分之几泊至 10^{16} 泊，因此，不同范围的黏度用不同方法测量。范围在 $10^{7}\sim10^{16}$ 泊的高黏度用拉丝法。根据玻璃丝受力作用的伸长速度来确定。范围在 $10^{2}\sim10^{8}$ 泊的黏度用转筒法，利用细铂丝悬挂的转筒浸在熔体内转动，悬丝受熔体黏度的阻力作用扭成一定角度，根据扭转角的大小确定黏度。范围在 $10^{1.5}\sim1.3\times10^{6}$ 泊的黏度可用落球法，它根据斯托克斯沉降原理，测定铂球在熔体中下落速度求出之。此外，很小的黏度（10^{-1} 泊）可用振荡阻滞法，利用铂摆在熔体中振荡时，振幅受阻滞逐渐衰减的原理测定。

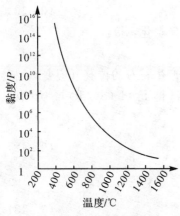

图 3.27　温度对钠钙硅玻璃黏度的影响

黏性流动是一个热激活过程，流动性与温度关系如扩散系数一样，是受阿累尼乌斯（Arrhenius）方程支配的。

$$\phi = \frac{1}{\eta} = \phi_0 \exp\left(-\frac{Q}{RT}\right) \qquad (3-16)$$

式中　ϕ——材料常数；

　　　Q——黏性变形的激活能。

这一关系也可写成：

$$\eta = \eta_0 \exp\left(+\frac{Q}{RT}\right) \qquad (3-17)$$

在 T_g 以上两个式子与数据符合很好。图 3.27 显示了温度对最广泛使用的玻璃质材料、普通窗或容器玻璃（即 Na_2O—CaO—SiO_2 或钠钙硅玻璃）的黏度的影响。

2. 与玻璃有关的概念及理论

在晶体中，原子的取向和位置均具有长程序，而在液体中，这两个长程序都消失了，原子的位置具有无序性和非定域性。如果再对液体进行快速冷却，就有可能获得一种特殊的非晶态，即玻璃态。因此，玻璃态实质上是一种过冷液体，其结构特征是短程有序，长程无序，玻璃一般是指从液态凝固下来，结构上与液态连续的非晶态固体（现在还包括用气相沉积法、水解法、高能射线辐照法、冲击波法、溅射法等非熔融法获得的玻璃态）。

当液体冷却到熔点 T_m 时，并不会立即凝固或结晶，而是先以过冷液体的形式存在于熔点之下。新的晶相形成，首先要经过成核阶段，即在局部形成小块晶核。由于晶核尺寸很小，表面能将占很大的比例，因而将形成能量的壁垒。因此，在熔点之上，成核是不可能实现的。只有当温度下降到熔点以下，即存在一定的过冷度 $\Delta T = T_m - T$ 时，成核的几率才大于零。晶核形成后，晶核的长大就主要依靠原子的扩散过程。因此，结晶的速率既和成核的几率有关，也和长大的速率有关。前者取决于过冷度的大小，后者则主要取决于温度的高低。

人类使用玻璃态已有几千年的历史了。我们通常所说的玻璃，一般是指以 SiO_2 为主要成分的氧化物玻璃。这些氧化物玻璃具有相当复杂的结构，在液态时有很强的黏滞性，造成原子的扩散相当困难，因此在冷却过程中晶核的形成和长大速率很低。所以一般的冷却速率（$10^{-4}\sim10^{-1}$ K/S）就足以使这些液态的氧化物避免结晶，而形成玻璃。

对于金属或合金，情况就完全不同了。由于原子的扩散速率很大，因此一般的冷却速率是无法形成玻璃的。1959 年，P. Duwez 在实验室发展了一种泼溅淬火（splat quenching）技术，将液滴泼溅在导热率极高的冷板上，使冷却速率高达 $10^6 K/S$，首次将 Au_3Si 合金制成了玻璃态，开创了金属玻璃的新纪元。后来人们又发展了熔态旋淬（melt spinning），将熔融的合金喷注在高速旋转的冷金属圆筒上，形成金属玻璃的薄带，以 1 000 m/min 的速率甩出，使金属玻璃的生产工业化。另外还发展了激光玻璃化的技术，以激光来产生快速熔化和淬火，冷却速率可高达 $10^{10} \sim 10^{12}$ K/S，甚至可以形成玻璃态的硅，而通常的非晶硅则可用气相沉积的方法来制备。

可以用比体积（单位质量的体积）温度曲线来说明从熔体冷却形成玻璃的过程。如图 3.28 所示，当液体冷却到凝固点 T_m 时，如果比体积发生不连续变化，那就是结晶过程，此 T_m 点就是凝固点，反之，以结晶加热至此温度固体熔融，T_m 为熔点。过凝固点温度后晶体比体积 V 随温度的变化不再维持原来关系，而在 V-T 曲线上出现了转折点，固体的热膨胀系数通常比液体要小，故曲线斜率变小了。可见，熔体冷却为晶体时整个曲线在 T_m 时出现不连续变化。

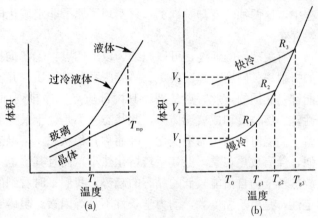

图 3.28　比体积和温度关系示意图
(a) 液体、玻璃和晶体的关系；
(b) 在不同冷却速率下形成的玻璃，$R_1 < R_2 < R_3$

但有的材料很难发生结晶。对于这些材料来说，在过 T_m 点后得到的是亚稳定的过冷液体。这时材料的比体积就没有不连续的变化，在上图中 V-T 关系基本上就是稳定液态关系在该温度区的继续外推。当此过冷液体继续冷却就会发生另一种情况，即达到玻璃转变温度 T_g 以后，V-T 曲线斜率变小了（基本上与晶体冷却曲线平行），T_g 温度表示了玻璃开始形成，称为玻璃的转变温度。

玻璃的转变温度有一定的范围，即有一定转变区域，当冷却速度较快时，转变温度较高，而冷却速度较慢时转变温度较低。如图 3.28（b）所示，这样，不同冷却速度可以得到不同密度的玻璃，冷却速度愈慢的玻璃的比体积愈小，即密度愈大，而冷却速度较快的则玻璃密度较小。这是因为冷却速度慢时，玻璃内部的原子有足够时间进行调整（此过程称为驰豫），其结果使玻璃的结构更趋稳定。

各种玻璃的转变区域是随成分而变化的，如 SiO_2（石英玻璃），在 1150 ℃左右，工业玻璃（钠硅酸盐玻璃）在 $500 \sim 550$ ℃左右。但不管是哪一种玻璃，T_g 大体上都是黏度为 10^{13} 泊左右，亦称 T_{13}，也称脆性温度。玻璃转变温度是玻璃一个重要参数，低于此温度范围玻璃是固体，玻璃中原子或离子排列将不随温度下降而变化，高于此温度范围，它就是熔体了，原子和离子在排列上将随温度变化而变化。

T_f 相当于黏度为 10^8 泊左右的温度，此温度时玻璃开始呈软化现象，故又称软化温度。玻璃的黏度随温度变化而快速变化，尤其在 T_g 到 T_f 附近更为激烈，也就是说随温度提高，玻璃的流动性愈来愈好。T_g-T_f 的温度范围称反常区间，或玻璃转变范围，它是玻璃转变特有的过渡范围，在这区间，玻璃除了黏度，其物化性质都急速变化。此现象对于存在玻璃相的烧结、控制液相生成的速度及其黏度的变化都很重要。

玻璃化转变的实质在于以下的原因，晶体在结构上是有序的，原子停留在晶格位置附近，具有定域性。而液体具有流动性，在结构上是无序的，原子是非定域的。原子的定域性是固体的特征。玻璃化转变对应于液体原子非定域性的丧失，原子被冻结在无序结构中，这就是玻璃化转变的实质，即结构无序的液体变成了结构无序的固体。这个过程和液态结晶过程是不同的。在液态结晶过程中，存在两种类型的转变：结构无序向结构有序的转变以及原子非定域化向原子定域化的转变，这两种转变是耦合在一起同时实现的。而在玻璃化转变过程中，这两种转变却脱耦了，只实现了原子非定域化向原子定域化的转变，而结构无序却仍然存在。

有关玻璃的通性，可以归纳为以下四点：①各向同性，均质玻璃体其各个方向的性质，如折射率、硬度、弹性模量、热膨胀系数等性质，并不随方向的改变而改变，各个方向的性能都是相同的，此特点是玻璃其内部质点无序排列而呈统计均质结构的外在表现。②介稳性，当熔体冷却成玻璃体时，此状态并不是处于最低的能量状态，它能较长时间在低温下保留了高温时的结构而不变化，因而称介稳状态。熔融态转变为玻璃态时，和它转变为晶态相似，伴有放热现象，但其量较熔化热小，而且其值也不固定，随冷却速率而异；它还有自发放热转变为自由能较低的晶态的趋势。我们平时看到的玻璃之所以长期不析晶，保持足够稳定性，是由于黏度大，动力学条件不足等因素，阻碍了转化的进行。所以玻璃态是处于介稳状态的。③玻璃无固定的熔点，由熔融态转变为玻璃态是渐变的，是在一定温度范围内完成的。④由熔融态向玻璃态转化的，玻璃的物理化学性质，如玻璃的电导、比容、黏度、热容、热膨胀系数、密度、折射率以及导热系数随温度变化而呈现连续性。

玻璃结构是指玻璃中质点在空间的几何配置，有序程度以及它们彼此间的结合状态。由于玻璃结构具有远程无序的特点，以及影响玻璃结构因素众多，与晶体结构相比，玻璃结构理论发展缓慢，目前人们还不能直接观察到玻璃的微观结构，关于玻璃结构的信息是通过特定条件下某种性质的测量而间接获得的。往往用一种研究方法根据一种性质只能从一个方面得到玻璃结构的局部认识，而且很难把这些局部认识相互联系起来。一般对晶体结构研究十分有效的研究方法在玻璃结构研究中则显得力不从心。由于玻璃结构的复杂性，人们虽然运用众多的研究方法试图揭示玻璃的结构本质，从而获得完整的结构信息，但至今尚未提出一个统一的完善的玻璃结构理论。下面主要介绍关于玻璃结构的两种较为有影响的理论，即晶子假说和无规则网络假说。

晶子假说最早于1921年由前苏联学者列别捷夫提出，他在研究硅酸盐玻璃时发现，无论从高温还是从低温当温度达573℃时，性质必然发生反常变化。而573℃正是石英由$\alpha \rightarrow \beta$型晶型转变的温度，他认为玻璃是高分散晶体（晶子）的集合体。

玻璃的X射线衍射图通常呈现宽阔的衍射峰，其定位于与该玻璃材料相应晶体的衍射图案中那些峰值所在的区域中。图3.29示出SiO_2的情况。诸如此类的实验结果导致如下的提法，即玻璃是由一些称为晶子的很小的晶体的集合体所组成，玻璃的衍射线变宽是由粒子尺寸的展宽效应所引起。在粒子或晶粒尺寸小于约$0.1~\mu m$时，X射线衍射峰要发生可测度的展宽，这是确立无疑的。衍射线的展宽随着粒子尺寸的减小而线性增加。这个模型曾经应用到单组分和多组分玻璃中（在后一种情况下，把玻璃的结构看成是由该系统中相应的化合物成分的晶子所组成)。

根据很多实验的研究得出晶子假说,其要点为:硅酸盐玻璃是由无数"晶子"组成,"晶子"的化学性质取决于玻璃的化学组成。所谓"晶子"不同于一般微晶,而是带有晶格变形的有序区域,在"晶子"中心质点排列较有规律,愈远离中心则变形程度愈大。"晶子"部分到无定形部分的过渡是逐步完成的,两者之间无明显界线。

随着 X 射线衍射,电子显微镜,核磁共振等研究手段的发展,人们对玻璃结构进行大量的更加实际的研究,把晶子看作是晶格极度变形的有序区域分散在无定形介质之中的初期看法,随着研究的深入有了新的认识,当设备的灵敏度能观察玻璃在热处理过程中的 X 射线衍射图像的连续变化时,晶子学说又提出了新的见解,特别在和无规则网络学说平行发展的过程中,晶子学说吸取了连续网络学说中可以和本身结合的内容,加以补充提高,并推向一个新的水平。现在对晶子的认识是晶格极不完整的、有序排列区域极微小的晶体。可以是 $[Si_8O_{20}]^{8-}$、$[Si_3O_9]^{6-}$ 等独立

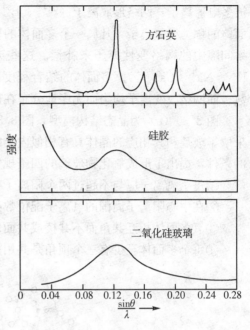

图 3.29　方石英、硅胶及
二氧化硅玻璃的 X 射线衍射图

原子团,或组成一定的化合物和固溶体等微观多相体,但还不具备真正晶体的固有特征。不同"晶子"的周围存在无序中间层,由晶子向无序区逐步过渡时,不规则逐步增加。可以设想,一种"晶子"可以通过中间层逐步过渡到另一种"晶子",这也就是近程有序和微观不均匀性的体现。

许多实验可以证实玻璃中"晶子"的存在,这些实验事实对玻璃结构的近程有序,以及晶子的组成、种类、大小、含量等有所明确。同时,玻璃某些物理性质变化规律运用晶子理论可以得到满意解释,例如,玻璃的折射率和温度的变化规律,反过来也可以从折射率的变化来验证玻璃中存在其他"晶子"的可能性。例如,含 $SiO_2>70\%$ 的 Na_2O-SiO_2 系统玻璃,在低温区(50~300 ℃)的 85~120 ℃,145~165 ℃,180~210 ℃温度范围内折射率有明显突变,正好和鳞石英、方石英的多晶转化温度符合。

$$\gamma\text{- 鳞石英}\xrightarrow{117\ ℃}\beta\text{- 鳞石英}\xrightarrow{163\ ℃}\alpha\text{- 鳞石英}$$

$$\beta\text{- 石英}\xrightarrow{180\sim230\ ℃}\alpha\text{- 方石英}$$

由此推得玻璃中可以同时存在几种微晶。而且折射率的变化幅度和玻璃中 SiO_2 含量有关。说明玻璃中微晶的数量将随着玻璃化学组成的变化而改变。

无规则网络假说是由德国学者扎哈里阿森(Zachariasen)在 1932 年提出的。以后逐渐发展成为玻璃结构理论的一种学派。他认为:凡是成为玻璃态的物质与相应的晶体结构一样,也是由一个三度空间网络所构成。这种网络是离子多面体(四面体或三角形)构筑起来的。晶体结构网是由多面体无数次有规律重复构成的,而玻璃中结构多面体重复没有规

律性。

在由无机氧化物所组成的玻璃中，网络是由氧离子多面体构筑起来的，多面体中心总是被多电荷离子——网络形成离子（Si^{4+}、B^{3+}、P^{5+}）所占有。氧离子有两种类型，凡属两个多面体的称为桥氧离子，凡属一个多面体的称为非桥氧离子。网络中过剩的负电荷则由处于网络间隙中的网络变性离子来补偿。这些离子一般都是低正电荷，半径大的金属离子（如K^+、Na^+、Ca^{2+}等）。多面体的结合程度甚至整个网络结合程度都取决于桥氧离子的百分数。而网络改变离子均匀而无序地分布在四面体骨架空隙中。

图 3.30（a）为晶态结构模型，图 3.30（b）为同一成分非晶态结构模型。查哈里阿森采取了玻璃和其相应的晶体具有相似内能的假设，考虑了形成如图 3.30 所示的无规则网络的条件，提出了形成氧化物玻璃的四条规则：

①每个氧离子应与不超过两个阳离子相连；

②在中心阳离子周围的氧离子配位数必须是小的，即为 4 或更小；

③氧多面体相互共角而不共棱或共面；

④每个多面体至少有三个顶角是共用的。

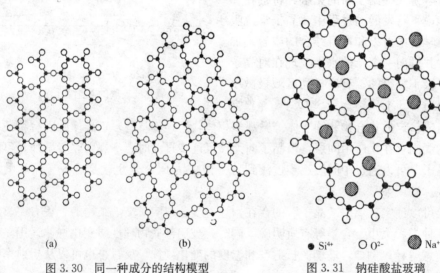

图 3.30 同一种成分的结构模型
(a) 有序结晶态构型；(b) 无规网络玻璃态构型

图 3.31 钠硅酸盐玻璃
结构示意图

● Si^{4+} ○ O^{2-} ▨ Na^+

实际上形成玻璃的氧多面体是三角形和四面体，能导致形成这样配位多面体的阳离子称为"网络形成体"。碱金属硅酸盐容易形成玻璃，碱金属离子被假定是分布在整个结构中无规则位置上，以保持局部地区的电中性，如图 3.31 所示。因为它们的主要作用是提供额外的氧离子从而改变网络结构，故它们称为"网络变形体"（或"网络改变体"）。比碱金属和碱土金属化合价高而配位数低的阳离子可以部分地参加网络结构，故称为"中间体"。

阳离子的作用通常取决于化合价、配位数以及单键强度的大小，如表 3-2 所示。

无规则网络模型当初提出来时是为了说明玻璃的形成是由于氧化物的结晶态与玻璃态在结构和内能方面的相似性。虽然这仍是一个应该考虑的因素，然而现在我们认为，在冷却过程中阻碍结晶的动力学因素却更为重要。但是这个模型仍然是许多硅酸盐玻璃的最好的通用图像，而且很容易作为无规阵列模型推广，在这个模型中结构元素是无规则堆积的，并且在

54

三维空间内结构单元也没有规则的周期重复性。这个模型可以用来描述各种不可能有三维空间网络存在的氧化物及非氧化物的液体和玻璃结构。

表 3-2　氧化物的配位数和键强度

在 MO_x 中的 M	价	单位 MO_x 的离价能 （4180 J/mol）	配位数	单键强度 （4180 J/mol）
玻璃形成体 B	3	356	3	119
Si	4	424	4	106
Ge	4	431	4	108
Al	3	402~317	4	101~79
B	3	356	4	89
P	5	442	4	111~88
V	5	449	4	112~90
As	5	349	4	87~70
Sb	5	339	4	85~68
Zr	4	485	6	81
中间体 Ti	4	485	6	73
Zn	2	144	2	72
Pb	2	145	2	73
Al	3	317~402	6	53~67
Th	4	516	8	64
Be	2	250	4	63
Zr	4	485	8	61
Cd	2	119	2	60
改变体 Sc	3	362	6	60
La	3	406	7	58
Y	3	399	8	50
Sn	4	278	6	46
Ga	3	267	6	45
In	3	259	6	43
Th	4	516	12	43
Pb	4	232	6	39
Mg	2	222	6	37
Li	1	144	4	36
Pb	2	145	4	36
Zn	2	144	4	36
Ba	2	260	8	33
Ca	2	257	8	32

在 MO_x 中的 M	价	单位 MO_x 的离价能 (4180 J/mol)	配位数	单键强度 (4180 J/mol)
Sr	2	256	8	32
Cd	2	119	4	30
Na	1	120	6	20
Cd	2	119	6	20
K	1	115	9	13
Rb	1	115	10	12
Hg	2	68	6	11
Cs	1	114	12	10

以上两种学说在各自提出的初期，都比较强调玻璃结构的某一方面。例如无规则网络学说着重于玻璃结构的无序、连续、均匀和统计性；晶子学说则强调玻璃结构的微不均匀和有序性，随着研究日趋深入，彼此都有进展。无规则网络学说将离子配位方式和相应的晶体比较，指出了近程范围离子堆积的有序性。晶子学说也注意了微晶之间中间过滤层在玻璃中的作用。两者比较统一的看法是：玻璃具有近程有序，远程无序的结构特点。但在有序无序的比例和结构上还有争议。应该看到玻璃处于热力学不稳定状态，因此玻璃的不同成分，熔体形成条件和冷却过程会对结构产生影响，不能以局部的特定条件下的结构来代表所有玻璃在任何条件下的结构状态。看来要把玻璃结构揭示清楚还须做深入研究，才能运用玻璃结构理论指导生产实践，合成预期性能的玻璃，并为这类非晶态固体材料的应用开拓更广泛的领域。

其他结构模型还提出了几种玻璃结构的模型。其中之一称为正五角十二面体模型，它把硅酸盐玻璃看成是由 [SiO_4] 四面体的正五边形组成的。从一个四面体出发，环向包括六条棱的六个方向扩展以形成有十二个界面的十二面体空隙。因为它们是五次对称的，故这样的十二面体笼状结构不可能既在三维空间扩展而又不伴生形变，这种形变最终将使硅-氧键难以保持。虽然 [SiO_4] 四面体的五边形环确实可能存在，像熔融石英中那样，但很难使人相信整个结构都是由这样的单元组成的。

按照另一种模型，玻璃是由许多胶态分子团或次晶（para-crystals）组成的，其特点是有序度介于完整晶体及无规阵列之间。这些仲晶晶粒本身可能以不同有序度排列。晶粒内的有序度应大到在电子显微镜下能分辨出它们相互之间的错乱取向，同时又要小到在 X 射线衍射图形中不发生尖锐的布拉格反射。这个模型似乎有道理，但这种结构存在的证据，至少在氧化物玻璃中，是有限的。

3. 硅酸盐熔体的结构

人们对物质各种状态的认识在气态和固态方面比较完善。例如，在理论上存在理想气体和理想晶体的概念，在此基础上来讨论真实气体和真实晶体的结构。而理想液体的定律是理论物理学家的一个研究对象。液态是介于气态和晶态之间的一种物质状态。硅酸盐熔体由于组成复杂、黏度大，研究其结构更为困难。近几十年来，由于手段的改进和聚合理论在硅酸盐熔体中的应用，人们对熔体的认识有了较大的发展。

根据 X 射线衍射分析，不同介质的 X 射线衍射强度和 $\sin\theta/2$ 的关系示于图 3.32 中。由图可见，当 θ 角小时，熔融体（曲线 3）散射强度分布曲线上并没有显著的散射现象；当 θ 角增大时，曲线上出现不是像晶体一样尖锐的峰，而是呈弥散状的散射强度最高值。这说明熔体结构中或多或少存在无规则的短程有序的原子团。而组成和熔体相同的玻璃散射强度曲线（曲线 2）的形状和熔体很相似，因而认为熔体和玻璃体的结构是相近的。图 3.32 中气体散射强度曲线（曲线 4）中，当 θ 角小时，气态的散射强度极大。这是由于同一气体分子中各原子散射线相互作用的结果。随着 θ 角的增大，强度减弱，氖系气体分子比较活泼，分布杂乱，没有规则之故。可见，过去长期将熔体或液体看作和气体相近的无序结构的观点是不符合 X 射线分析结果的。

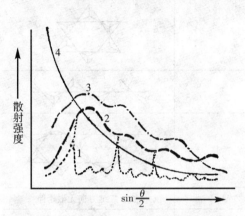

图 3.32　不同介质对 X 射线散射强度分布曲线
1—晶体；2—玻璃体；3—熔体；4—气体

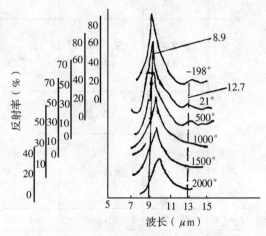

图 3.33　−190～2000 ℃温度
范围内玻璃态 SiO_2 的红外反射光谱

熔体和玻璃结构的相似也可用红外光谱分析证明。图 3.33 表示在−190～2000 ℃温度范围内 SiO_2 玻璃与熔体的红外反射光谱。在 21 ℃时观察到二个反射峰分别位于 8.9 μm（1120 cm^{-1}）与 12.7 μm（788 cm^{-1}）附近。当温度逐渐增加时，第一反射峰逐渐向较低频率段移动，到 2000 ℃时，这种移动可达 66 cm^{-1}，第二反射峰随着温度升高逐渐消失，这是由于温度升高，质点热运动加强，原子间距加大，Si-O 键的松弛与断裂所致。可见，石英玻璃中 SiO_2 的基本结构单元可一直保持在 2000 ℃时的熔融态。

硅酸盐熔体的结构主要取决于形成硅酸盐熔体的条件。和其他熔体不同的是，硅酸盐熔体倾向于形成相当大的，形状不规则的，短程有序的离子聚集体。这是由于 Si^{4+} 离子电荷高、半径小，使它具有被尽可能多的氧离子包围的能力；而且硅氧键的键性含有相当大成分的共价键性质，使硅氧键带有方向性。前者根据配位多面体的几何分析，硅离子要和四个氧离子配位，后者使硅氧键形成的键角和四面体的夹角（约 109°）相符。总之，这些条件造成了硅氧离子有强烈形成硅氧四面体的本能，因此熔体中氧硅比在 4∶1 时，它们就形成独立的硅氧四面体［SiO_4］；而当这个比例减小时，要达到硅氧四面体的形成，只有通过氧为两个硅离子共有的途径，即只有通过四面体的聚合，才能满足其要求。［SiO_4］$^{4-}$ 单体聚合为"二聚体"［Si_2O_7］$^{6-}$，"三聚体"［Si_3O_{10}］$^{8-}$……聚合反应如下：

$$[SiO_4]^{4-} + [SiO_4]^{4-} = [Si_2O_7]^{6-} + O^{2-}$$
$$[SiO_4]^{4-} + [Si_2O_7]^{6-} = [Si_3O_{10}]^{8-} + O^{2-}$$

$$[SiO_4]^{4-} + [Si_3O_{10}]^{8-} = [Si_4O_{13}]^{10-} + O^{2-}$$
$$[SiO_4]^{4-} + [Si_nO_{3n+1}]^{(2n+2)-} = [Si_{n+1}O_{3n+4}]^{(2n+4)-} + O^{2-}$$

表 3-3 示出不同氧硅比时相应的负离子的结构。

表 3-3　硅酸盐聚合结构

O : Si	名　称	负离子团类型	共氧离子数	每个硅负电荷数	负离子团结构
4 : 1	岛　状	$[SiO_4]^{4-}$	0	4	
3.5 : 1	组群状	$[Si_2O_7]^{6-}$	1	3	
3 : 1	六节环 （三节环）	$[Si_6O_{18}]^{12-}$ $[Si_3O_9]^{6-}$	2	2	
3 : 1	链　状	$[Si_2O_6]^{4-}$	2	2	
2.75 : 1	带　状	$1\,[Si_4O_{11}]^{6-\infty}$	$2\frac{1}{2}$	1.5	
2.5 : 1	层　状	$2\,[Si_4O_{10}]^{4-\infty}$	3	1	如上二维方向无限延伸
2 : 1	架　状	$3\,[SiO_2]\,\infty$	4	0	如上三维方向无限延伸

近来根据核磁共振光谱的研究，证实了硅酸盐熔体中有许多聚合程度不等的负离子团处于平衡共存。负离子团的种类、大小和复杂程度随熔体的组成和温度而变。换句话说，熔体在一定温度、一定组成时存在着相应的负离子团。

除了硅的氧化物能聚合成各种负离子团以外，熔体中含有硼、锗、磷、砷等氧化物时也会形成类似的聚合，聚合程度随 O/B、O/P、O/Ge、O/As 的比率和温度而变。总之，这类离子具有和氧形成网络的特性，故称为网络形成剂离子。

硅酸盐熔体中除了网络形成剂以外，也可能有其他离子，如 Al^{3+}。Al^{3+} 不能独立形成硅酸盐类型的网络，但能和 Si 置换。置换后的熔体和纯 SiO_2 熔体相比，Al^{3+} 并不明显地改变熔体结构。

当熔体中出现半径大、电荷小的碱金属正离子 Na^+、K^+ 时，情况就不同了。这些氧化物中氧离子和正离子 R^+ 的键强比氧和硅的键强弱得多，因此这些氧离子容易被 Si^{4+} 从 R^+ 拉出去。也就是说，在硅酸盐熔体中引入 K_2O、Na_2O 会导致 $[SiO_4]$ 四面体网络中和二个硅相连的所谓桥氧的断裂，如图 3.34 所示。当部分桥氧断开后，熔体中负离子团变小，黏度降低，熔体相对比较均匀。存在于熔体中的其他正离子或网络改变剂离子 R^+，以或多或少不规则的方式分布其间，由于这类离子改变了网络，在结构上处于

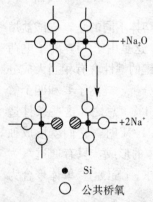

● Si
○ 公共桥氧
◐ 氧

图 3.34　Na_2O 和 Si-O
网络反应示意图

58

网络之外，故称为网络外体或网络改变剂离子。当硅酸盐熔体中引入 10％～30％ Na_2O 或 K_2O 时并不导致聚合的硅氧网络的总破裂。这时熔体的基本结构是六节环或八节环的聚合体。当熔体冷却固化时，仍能得到非晶态玻璃。这类典型的系统有 $Na_2O\text{-}SiO_2$ 和 $Na_2O\text{-}CaO\text{-}SiO_2$，其中 SiO_2 可达 70％。

在某些情况下，硅酸盐熔体可能分成两种或两种以上的不混溶液相，称为分相现象。多年来的研究表明，分相现象是普遍存在的，它可能和熔体中的 Si-O 聚合体和其他正离子的键性有关。现以"R"表示可形成正离子体的元素。如果外加正离子在熔体中和氧形成较强的键，以致氧难于被硅离子夺去，在熔体中表现为独立的 R-O 离子聚集体，其中含有少数 Si^{4+}。这样就会出现两种液相共存，其中一种含少量 Si 的富 R-O 液相，一种含 R^+ 少的富 Si-O 液相，从而使系统的自由焓降低。因而在熔体中可以观察到两种液相的分相现象。

正离子 R^+ 或 R^{2+} 和氧的键强与正离子电荷与半径之比有关，这个比值越大，熔体分相的倾向越明显。Sr^{2+}、Ca^{2+}、Mg^{2+} 等正离子的电荷与半径比最大，也最容易导致分相。K^+、Cs^+、Rb^+ 的电荷与半径比较小，不易导致熔体分相。但 Li^+ 的半径小，会使 Si-O 熔体中出现很小的第二液相的液滴，造成乳光现象。

4. 黏性流动模型

为了描述黏性流动的物理本质，曾提出许多模型来描述液体的流动性状。

（1）绝对速率理论模型

这种模型认为液体流动是一种速率过程，液体层相对于邻层液体流动时，液体分子就从开始的平衡状态过渡到另一平衡状态，就是说液体分子必须越过势垒 E，如图 3.35 所示。在没有剪应力 τ 作用下，势能曲线如图中实线所示，是对称的，在剪应力 τ 作用下，势能曲线变得不对称了，沿流动方向上的势垒减小了 ΔE。根据绝对反应速率理论，可以算出流动速度。

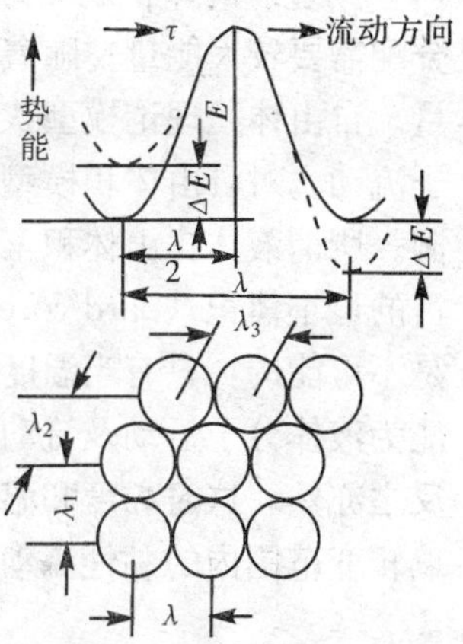

$$\Delta u = 2\lambda\nu_0 e^{-E/KT} \sinh\left(\frac{\tau\lambda_2\lambda_3\lambda}{2KT}\right) \qquad (3-18)$$

图 3.35　液体流动模型及势能曲线

根据牛顿定律 $\tau = \eta\dfrac{d\nu}{dx} = \eta\dfrac{\Delta u}{\lambda_1}$ 得：

$$\eta = \frac{\tau\lambda_1}{\Delta u} = \frac{\tau\lambda_1}{2\lambda\nu_0 e^{E/KT} \sinh\left(\frac{\tau\lambda_2\lambda_3\lambda}{2KT}\right)} \qquad (3-19)$$

可以认为 $\lambda = \lambda_1 = \lambda_2 = \lambda_3$，则：

$$\eta = \frac{\tau e^{E/KT}}{2\nu_0 \sinh\left(\frac{\tau V_0}{2KT}\right)} \qquad (3-20)$$

式中　E——没有剪应力时势垒高度；

　　ν_0——频率，即每秒越过势垒的次数；

　　K——波尔兹曼常数；

　　T——绝对温度。

$V_0 = \lambda^3$，为流动体积，与分子体积大小相当。

一般实验条件下，τ 很小，V_0 也很小，所以 $\tau V_0 << KT$ ，可以近似认为 $\sinh\dfrac{\tau V_0}{2KT} \approx \dfrac{\tau V_0}{2KT}$ ，上式为：

$$\eta \approx \frac{KT}{\nu_0 V_0}\mathrm{e}^{E/KT} = \eta_0\mathrm{e}\frac{E}{KT} \tag{3-21}$$

可见，当剪应力小时，根据此模型导出的黏度 η 和应力无关。而当应力大时，随着温度升高 η 下降。液体的黏性流动受到阻碍是与它的内部结构有关。由于熔体质点都处在相邻质点的键力作用之下，即每个质点均落在一定大小的势垒 ΔE 之间，因此要使这些质点移动，就得使它们具有克服此势垒的足够能量。若这种活化质点数愈多，则流动性愈大，反之，则流动性愈小。

（2）自由体积理论模型

热膨胀的存在导致液体分子的体积变大，即液体分子的体积比有效的分子"硬核"体积（hard-core volume）要大，设一定温度下液体分子体积为 V，有效的分子"硬核"的体积为 V_0，则过剩的体积定义为自由体积 $V_\mathrm{f} = V - V_0$。当温度低时，此部分自由体积很小，其再分配需要较大能量；随着温度升高，自由体积大到某一定值后，其再分配就不需要任何能量。自由体积理论模型认为自由体积大到某一临界值时就是流动的临界状态，此时才允许分子流动。对自由体积模型也可以这样理解，即认为液体中分布着不规则的，大小不等的空洞。所谓液体自由体积 V_f 是指温度 T 时液体分子体积 V 减去在 T_0 时液体分子紧密堆积所占的最小体积（hard-core-volume）V_0，即 $V_\mathrm{f} = V - V_0$，也就是说，在 T_0 时液体分子运动是不可能的，只有当温度升高，体积膨胀，在液体中形成了自由体积或额外体积 V_f 时，才能为液体分子运动及流动提供"空间"。显然，自由体积越大，液体越易流动，黏度就越小。反之亦然，这时黏度和温度的关系由杜里特（Doolittle）给出，该关系比较满意地描述了玻璃转变范围内的黏性流动行为：

$$\varphi = A\exp\left(-\frac{qV_0}{V_\mathrm{f}}\right) \tag{3-22}$$

式中　　φ——流动性；

　　A、q——常数，因 $\varphi = \dfrac{1}{\eta}$ ，故

$$\eta = B\exp\left(\frac{qV_0}{V_\mathrm{f}}\right) \tag{3-23}$$

式中　B——常数，温度的影响通过 V_f 体现出来。

（3）过剩熵理论

根据此模型，随着温度下降，液体的位形熵降低，使形变增加困难。考虑系统的最小区域的大小，此区域能变成一种新的组态而同时外部不发生组态变化，将此和位形熵联系起来，可得到黏度表达式：

$$\eta = C\exp\left(\frac{D}{TS_\mathrm{c}}\right) \tag{3-24}$$

式中，C 为常数，S_c 为试件的位形熵，D 与分子重新排列的势垒成比例，应接近于常数。在接近 T_g 的温度范围内，此式实际上与自由体积模型得出的结论没有区别。

自由体积和过剩熵模型的推算可用福格尔—弗尔希（Vogel-Fulcher）经验关系来表示：

$$\eta = E\exp\left(\frac{F}{T - T_0}\right) \qquad\qquad (3\text{-}25)$$

式中 E 和 F 为常数，根据相应常数的大小，此式可和自由体积模型的关系式等价。

3.5.2 聚合物的黏性流动

1. 聚合物的结构

聚合物是由长链大分子（又称高分子）所构成的。构造的高分子的结构单元是单体，高分子中单体的数目一般在 $10^2 \sim 10^5$ 之间。图 3.36 给出了若干高分子单体的结构式。图 3.37 (a) 给出了聚乙烯中的—CH_2—的空间结构，图 3.37 (b) 给出了聚乙烯中连串 C—C 链的连接情况。

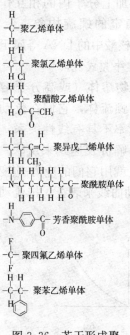

图 3.36　若干形成聚
合物的单体结构式

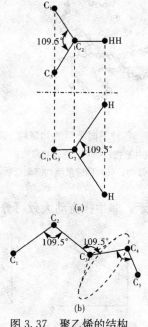

图 3.37　聚乙烯的结构

(a) 聚乙烯中的 CH_2（上部为俯视图，下部为
侧视图）；(b) 5 个碳原子的键链

单体可以简单地重复来构成高分子。例如：

$$X—A—A—A—A\cdots\cdots A—A—A—Y$$

其中 A 代表重复单元，X、Y 代表单体终端单元，在聚乙烯中，$X=Y=H$。

长链中单体的结构和类型不一定完全相同，往往会出现许多种不同的变型，单体的排列方式也可以千变万化。例如：

$$—A—B—B—A—B—A—A—A—B—A—$$

其中的单体 A 和 B 就是两种不同的单体。

共聚物（copolymer）是由两种或多种不同的单体按照一定的排列方式构成的。共聚物存在多种类型。按照单体的不同排列方式，共聚物一般可以分为无规则共聚物（random copolymer）、嵌段共聚物（block copolymer）等类型，如图 3.38 所示。

而在生物体聚合物中，各个单体几乎都不一样，是更加复杂的非周期聚合物。但不管高分子链的具体结构如何，长链的存在本身就意味着强的关联性和一定的有序性。

聚合物的构象是十分复杂的。高分子链大体上可以分为三类：柔性链、刚性链和螺旋

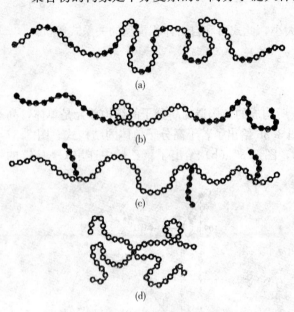

链。在主链中含有苯环或杂环的高分子一般是刚性链，呈棒状。而像聚乙烯这样的高分子主链是由 C—C 链所构成，由于存在能量相差不多的几种基本构象之间可以通过链内旋转来实现，从而使分子链看起来千姿百态，像一团团无规的线团，这就是柔性链。还有一种本质上是柔性链，即主链的链内旋转势垒并不太高，再加上分子内的相互作用，可以形成较稳定的螺旋构象。蛋白质中的 α-螺旋及核酸中的 DNA 等属于这一类。

图 3.38　各种不同类型的共聚物

(a) 无规共聚物；(b) 三嵌段共聚物；

(c) 接枝共聚物；(d) 四臂星型均链聚合物

2. 非牛顿式流动

高聚物熔体（或高分子溶液）一般均是非牛顿流体，它们在流动时，应力和应变速率不具有线性关系，很难用简易的数学解析表达式来反映。因此，人们习惯上就用它们的应力-应变速率关系曲线-流动曲线来表征。按流动曲线的不同，如图 3.39 所示，非牛顿流动大致可分为如下三种类型。

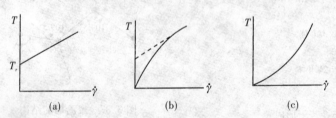

图 3.39　非牛顿流体的流动曲线

(a) 宾汉流动；(b) 假塑性流动；(c) 切变增稠的流动

① 宾汉流动。宾汉流动也叫塑性流动。图 3.39（a）所示即为宾汉流动的流动曲线，它是一有正截距的直线（牛顿流体的流动曲线是一根通过原点的直线）。宾汉流动的特点是只有在切应力大于某个临界值（屈服应力）时才产生牛顿流动，若切应力小于该临界值则根本不产生流动。这是一种最简单的非牛顿流动，可用下式来表示：

$$(\tau - \tau_y) = \eta \dot{\gamma} \quad (\dot{\gamma} = \frac{\mathrm{d}r}{\mathrm{d}t} \text{ 为切变速率})　（3 - 26）$$

符合宾汉流动的流体系就叫宾汉体。

② 假塑性流动。假塑性流动的流动曲线是一条过原点向下弯曲的曲线 [图 3.39（b）]，这说明它不存在实在的屈服应力，在切变速率很低时，该种流体可以表现出牛顿流体的性质来，起始斜率即为零切变速率黏度 η，如图 3.40 所示。但曲线偏离起始牛顿流动阶段部分的切线又确实在纵轴上有正截距，像有一个屈服值，因此称

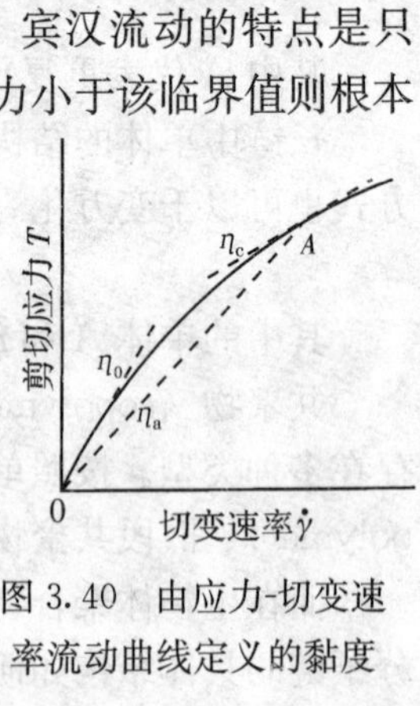

图 3.40　由应力-切变速率流动曲线定义的黏度

为假塑性体。

由于假塑性流动的流动曲线不是直线，因此用曲线斜率定义的黏度就不再是一个常数。与切变速率 A 对应的黏度可用图 3.40 所示的两种方法来定义。表现切变黏度 η 是连接原点和曲线上 A 点所作割线的斜率。即：

$$\eta_a = \tau / \dot{\gamma} \tag{3-27}$$

而通过 A 点对该流动曲线所作切线的斜率则定义了另一种黏度：稠度 η_c。

$$\eta_c = d\tau / d\dot{\gamma} \tag{3-28}$$

显然表观黏度大于稠度。高聚物熔体（除分子量很小外）、溶液（极稀溶液除外），分散体系都是非牛顿流体，其流动行为接近假塑性体。假塑性体的切变黏度随切变速率的增大而减小，表现为切变变稀，这主要是由于流动过程中流体在切变力作用下结构发生了某种改变。因此这种具有切变速率依赖性的黏度有时也称为结构黏度。

③切变增稠流动。切变增稠流动的特点是随切变速率的增加，黏度的增加变快，流动曲线向上弯曲，没有屈服应力，如图 3.39（c）所示。一般悬浮体系、高聚物分散体系如胶乳、高聚物熔体—填料体系、油漆颜料体系的流变特性都具有这种现象。

一般来说，高聚物在较大的切变速率范围内的流动曲线可以分为三个区域：在较高的及较低的切变速率区，高聚物的流动均符合牛顿流动定律。这时的黏度就分别是零切变速率黏度 η_0 和极限黏度 η_∞。在这两个区域之间的切变速率区，高聚物的流动不符合牛顿流动定律，称为非牛顿流动区。在该区域内，流动规律可以用指数方程来近似的描述：

$$\tau = c\dot{\gamma}^n \tag{3-29}$$

从表观黏度的定义可得：

$$\eta = c'\dot{\gamma}^{n-1} \tag{3-30}$$

n 叫做非牛顿指数，是表征高聚物熔体流动非牛顿性的参数。n 值越低，熔体越呈假塑性。当 $n=1$ 时，即是牛顿液体。

引起高聚物熔体非牛顿性的根本原因在于流动场中大分子链段的取向。当切变速率或切向应力极低时，大分子构象分布不改变，流动对结构没有影响，高聚物熔体是切向黏度为常数的牛顿流体。当切变速率或切向应力较大时，在力场作用下，大分子构象发生变化，长链分子偏离构象而沿链段方向取向，使高聚物解缠结并使分子链彼此分离，让大分子的相对运动更加容易，这时切变黏度随切应力或切变速率的增加而下降。而当切变速率很高时，大分子的取向达到极限状态，取向度不再随应力和切变速率改变，缠结也不再存在，高聚物熔体的流动行为将再一次呈现牛顿性。在实际的应用中，高聚物熔体切变黏度主要是用毛细管挤出流变化，同轴圆筒黏度计和锥板黏度计等仪器来进行测量。

影响高聚物熔体切变黏度的因素有很多，主要有以下几种。

①黏度的温度依赖性。高聚物熔体黏度具有很大的温度依赖性，黏度随着温度的增加而降低。在流动温度以上到分解温度的区间内，熔体黏度近似符合 Arrhenius 方程：

$$\eta = A\exp(\Delta E_\eta / RT) \tag{3-31}$$

这里 ΔE_η 是流动活化能，是一个与聚合物分子量大小有关的物理量。

②黏度的压力依赖性。流体的黏度与其自由体积成反比，自由体积越大，流体黏度越小。因此增加流体静压力将会减小其自由体积，引起高聚物熔体黏度的增加。

③黏度的切变速率依赖性。高聚物熔体的黏度与切变速率有着明显的依赖关系，会随着

切变速率的增加而减小，高切变速率下的黏度可比低切变速率下的黏度小好几个数量级。这个依赖性来源于高聚物的大分子量所引起的缠结作用对不同的切变速率有不同的响应。

④黏度的分子量依赖性。高聚物的分子量是影响高聚物熔体黏度的最重要的结构因素。若高聚物分子量大，则流动性差，黏度高，熔体指数小。高聚物熔体的零切变速率黏度 η 与分子重 M_w 有如下关系：

$$\eta \propto \begin{cases} \overline{M}_w^{3.4} & \overline{M}_w \geqslant M_c \\ \overline{M}_w & \overline{M}_w \leqslant M_c \end{cases} \tag{3-32}$$

式中，M_c 是出现分子链缠结的临界分子量。一旦高聚物熔体的分子量大于 M_c，就会产生缠结，流动就变得困难得多。因此，M_c 可视为一个材料常数。

⑤分子量分布的影响。分子量一定时，分子量分布宽的熔体出现非牛顿流动的切变速率要低得多；分子量分布宽的高聚物熔体在低应力时比分布窄的呈现出假塑性。但在高应力时，分子量分布宽的高聚物假塑性反而不明显。

⑥支化对高聚物熔体黏度的影响。支化对高聚物熔体黏度的影响主要来自支链的缠结作用，因此对高聚物熔体的黏度影响大的是长支链。在分子量相当的条件下，支化高聚物的黏度 η_b 与线性高聚物的黏度 η_L 的关系可以用下式表示：

$$\eta_b/\eta_L = gE(g) \tag{3-33}$$

和 $E(g) = \begin{cases} g^{5/2} & \text{有链缠结} \\ L & \text{无链缠结} \end{cases}$

式中　g——支化和线性高聚物的均方半径比；

　　　$E(g)$——高聚物分子之间相互作用的一个因子。

3.6　材料的高温蠕变

材料在高温和恒定应力作用下，即使应力低于弹性极限，也会发生缓慢的塑性变形，这种现象称为蠕变。

故蠕变是在恒定应力条件下，随着时间的增长而持续发展的材料形变过程。在常温条件下，脆性陶瓷的断裂应变很小，仅有 10^{-3} 个数量级，在受到临界应力的瞬间，紧接着弹性形变之后，往往就是快速断裂，几乎不存在蠕变问题，到了高温，借助于外力和热激活的作用，形变的一些障碍得以克服，材料内部质点发生了不可逆的微观位移。至此，陶瓷已转化为半塑性材料，并出现了高温蠕变。高温蠕变是陶瓷力学性能中的重要内容之一，正是由于它具有远非金属所及的抗高温蠕变性能，陶瓷才成为众所关注的一种新型工程材料。形变意味着材料内部质点的微观位移，它不仅取决于物质结构，还受到缺陷的影响。从热力学观点来看，高温蠕变是一种热激活的速率过程。典型的蠕变曲线可分为三个阶段，如图 3.41 所示；紧接着瞬时应变之后的减速蠕变阶段 Ⅰ；稳态的恒速蠕变阶段 Ⅱ；增速蠕变以及最终导致断裂的阶段 Ⅲ。随着应力、温度、环境条件的变化，蠕变曲线的形状将有所不同，Ⅰ阶段的减速蠕变过

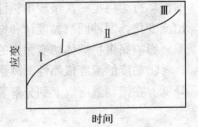

图 3.41　典型的陶瓷蠕变曲线

程往往伴有晶内亚结构的形成，而Ⅱ阶段的稳态蠕变过程中不再有结构上的变化。在低温和低应力条件下，恒速蠕变阶段往往很短，甚至趋近于零，一旦提高温度和应力，固体中存在着的点、线、面缺陷受到了激活，其结果将促进稳态蠕变过程。Ⅲ阶段的增速蠕变往往与陶瓷坯体内空穴的成核、生长和合并过程相联系。空穴先是合并成为裂纹核，然后发展为宏观裂纹，最终导致材料的断裂。蠕变与时间的关系式表示如下：

$$\varepsilon = \varepsilon_i + f(t) + Dt + \phi(t) \tag{3-34}$$

式中　ε_i——瞬时应变；

　　$f(t)$——减速蠕变项；

　　Dt——稳态蠕变项；

　　$\phi(t)$——增速蠕变项。

关于减速蠕变，曾提出如下关系式：

$$f(t) = \alpha\lg(\nu t + 1) + \beta t^{1/3} \tag{3-35}$$

低温条件下的减速蠕变以 $\alpha\lg(\nu t + 1)$ 项为主，高温的减速蠕变以 $\beta t^{1/3}$ 项占主要地位。其中的 α、ν 和 β 皆为与温度、应力和物质结构有关的经验常数。陶瓷的高温减速蠕变一般地可用下式来描述：

$$f(t) = \beta t^{1/3} \tag{3-36}$$

恒速蠕变是控制工程构件寿命的主要过程，关于陶瓷高温蠕变问题的研究，着重于对恒速蠕变行为的分析和稳态蠕变机理的探讨。近年来，借助于扫描电镜、俄歇电镜以及高分辨率的透射电镜等分析技术，对陶瓷增速蠕变阶段的研究取得了一些进展，下面将对这两个蠕变阶段分别加以讨论，蠕变过程中各个阶段的微观过程虽各不相同，但后一阶段的蠕变行为多半与前阶段的末尾相关。

3.6.1　蠕变机理

控制蠕变的机理分为两大类：晶界机理和晶格机理。晶界机理，仅关系到多晶体的蠕变过程；晶格机理，不仅控制着单晶体的蠕变行为，亦可能支配着多晶体的蠕变过程。由于工程陶瓷属于多晶材料，而且，位错在陶瓷晶体的运动需要克服较高的 Peierls - Nabarro 应力，所以晶界机理显得更为重要。

1. 晶界机理

晶界机理所控制的是晶界形变，即多晶基体中晶粒相对运动的过程。陶瓷坯体的晶界可能含有高温出现液相的第二相物质，亦可能是不含第二相的微晶态晶界。随着晶界相的不同，蠕变的微观过程亦各有差异。

(1) 含第二相物质的晶界蠕变机理

当晶界处含有牛顿液态或似液态的第二相物质，沿晶界面的切变速率以式（3-37）表示：

$$\dot{\gamma} = \frac{A\tau D_{ph}}{KT} \tag{3-37}$$

液相晶界的扩散系数 D_{ph} 与第二相物质的热激活性有关，若该液相层具有适当的厚度，而且晶界两侧晶粒的不规则程度对切变过程不至于起阻抗作用，蠕变速率就具有牛顿黏滞流动的特征，并受到处于张应力作用下的晶界分离速率的控制。如果晶界的不规则程度相当严重，而且晶界层的厚度又极其有限，蠕变速率就受到几何学方面的障碍所控制，不再具有牛顿黏滞流动的特征。

（2）单相陶瓷的晶界蠕变机理

传统的耐火材料和陶瓷制品含有黏滞性的晶界相。而新型无机非金属工程材料，诸如纯氧化物或氮化物和碳化物，却不含或几乎不含第二相晶界物质，这里，晶粒移动是下面将提到的某一微观过程所导致的结果：

1）晶粒纯弹性畸变。在这种情况下，内应力随着晶粒移动程度的加大而提高。但由于晶粒弹性位移的总量极小，对于陶瓷更是小到难于测出的程度，因此其在蠕变机理的研究方面不具有重要意义。

2）空位扩散流动，或称为扩散蠕变过程。以 MgO、Al_2O_3 和 UO_2 等氧化物为对象所进行的蠕变性能研究，都证明了空位扩散是控制陶瓷高温蠕变的重要机理。这一机理把蠕变看作在外应力作用下的空位定向扩散过程，如图 3.42 所示。当多晶体中一个孤立的四方晶粒受到切变应力，处于受张状态的晶界 AB 和 CD 就拥有比平衡值高的空位浓度，

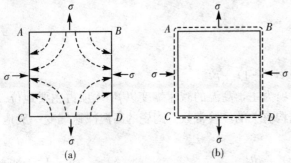

图 3.42　承受切变应力引起的空位流
(a) 穿过晶粒空位流；(b) 沿晶界空位流

而处于受压状态的晶界 AC 和 BD 处的空位浓度却低于平衡值。于是，所建立起的空位浓度差引起了穿越晶体〔图 3.42 (a)〕或沿晶界〔图 3.42 (b)〕的空位流动。由于定向的空位流动相当于反方向的物质流动，因而导致该晶粒沿受张力的方向伸长。与此同时，AC 和 BD 边界产生了空位，而 AB 和 CD 两侧却空位消减。以图 3.42 (a) 所示的模型为例；当一个空位在 AC 边界处形成，由于空位体积 V 相当于原子体积 b^3，因而边界处 b^2 面积上的力 σb^3，于是，增加了 AC 边界处的空位浓度。

受张力侧的空位浓度：

$$n_t = N\exp\left(\frac{\sigma b^3}{KT}\right) \tag{3-38}$$

受压力侧的空位浓度：

$$n_c = N\exp\left(-\frac{\sigma b^3}{KT}\right) \tag{3-39}$$

其中　N——一个单位晶胞所能包含的空位数：

$$V = \frac{1}{V} = \frac{1}{b^3} \tag{3-40}$$

式中　V——一个空位体积

于是，空位浓度差 Δn 是：

$$\Delta n = N\left[\exp\left(\frac{\sigma b^3}{KT}\right) - \exp\left(\frac{-\sigma b^3}{KT}\right)\right] \tag{3-41}$$

空位浓度梯度：

$$\frac{\partial n}{\partial x} = \frac{1}{G_g V}\left[\exp\left(\frac{\sigma b^3}{KT}\right) - \exp\left(\frac{-\sigma b^3}{KT}\right)\right] \tag{3-42}$$

结果，空位从 AB 和 CD 两侧向 AC 和 BD 侧流去。单位时间内通过单位面积的空位数：

$$n_0 = D_g \frac{\partial n}{\partial x} \qquad (3-43)$$

式中　　D_g——晶格扩散系数；

　　　　G_g——晶粒直径。

根据双曲线函数关系：

$$\sinh x = \frac{e^x - e^{-x}}{2}$$

由式（3-42）和（3-43）得：

$$n_0 = \frac{2D_g}{G_g V} \sinh\left(\frac{\sigma b^3}{KT}\right) \qquad (3-44)$$

由于一个空位离去或一个原子进入晶粒边界所引起的变形，即从晶界 AC 和 BD 两侧每单位面积有一个原子扩散到 AB 和 CD 侧所产生的应变 $\left(\dfrac{V}{G_g}\right)$，于是扩散蠕变速率的表示式为：

$$\dot{\varepsilon} = \frac{V}{G_g} \cdot n_0 = \frac{2D_g}{G_g^2} \sinh\left(\frac{\sigma b^3}{KT}\right) \qquad (3-45)$$

或

$$\dot{\varepsilon} = \frac{B_1 \sigma D_g V}{G_g^2 KT} \qquad (3-46)$$

其中，B_1 是取决于晶粒形状和应力状态的系数，$B_1 = 12 \sim 40$。对于受均匀张力并完全松弛的晶界，$B_1 \approx 13$。重整式（3-46），得到与应力 σ 和晶粒 G_g 成指数关系的 Nabarro-Herring 晶粒扩散蠕变速率表示式：

$$\dot{\varepsilon} = B_1 \frac{D_g \mu b}{KT}\left(\frac{\sigma}{\mu}\right)\left(\frac{b}{G_g}\right)^2 \qquad (3-47)$$

若考虑图 3.42（b）所示的沿晶界空位扩散模型，就得到 Coble 扩散蠕变速率表示式：

$$\dot{\varepsilon} = \frac{B_2 \sigma D_{gb} d_{gb} V}{G_g^3 KT} \qquad (3-48)$$

或

$$\dot{\varepsilon} = B_2 \frac{D_{gb} \mu b}{KT}\left(\frac{d_{gb}}{b}\right)\left(\frac{\sigma}{\mu}\right)\left(\frac{b}{G_g}\right)^3 \qquad (3-49)$$

式中　　μ——切变模量，

　　　　d_{gb}——晶界厚度，

　　　　B_2——取决于晶粒形状和应力状态的系数。

Nabarro-Herring 和 Coble 蠕变是两个无关的速率过程。因此，总蠕变率可以用两过程的加和式表示：

$$\dot{\varepsilon} = B_1 \frac{D_g \mu b}{KT}\left(\frac{\sigma}{\mu}\right)\left(\frac{b}{G_g}\right)^2 \left\{1 + \left(\frac{B_2}{B_1}\right)\left(\frac{D_{gb}}{D_g}\right)\left(\frac{d_{gb}}{G_g}\right)\right\} \qquad (3-50)$$

对比式（3-47）和（3-49）可以看出，Coble 蠕变比 Nabarro-Herring 蠕变对晶粒尺寸的依赖性更大。而且，晶界扩散激活能 Q_{gb} 亦比晶粒扩散激活能 Q_g 低，一般 $Q_{gb} \approx 0.6 Q_g$。因此，在较低温度条件下（$T \leqslant 0.6 T_m$），细晶陶瓷坯体的蠕变主要由 Coble 机理控制。

以离子键化合物 $A_\alpha B_\beta$ 的稳态扩散蠕变为例，并设阳离子 $A^{\beta+}$ 和阴离子 $B^{\alpha-}$ 都参与了扩散过程，而且沿着同一个扩散途径。其中：

原子体积：

$$V_a = \frac{V_M}{(\alpha + \beta)} \qquad (3-51)$$

实际晶格扩散系数：

$$D_{ef \cdot g} = \frac{(\alpha + \beta) D_{A(g)} D_{B(g)}}{\beta D_{A(g)} + \alpha D_{B(g)}} \qquad (3-52)$$

实际晶界扩散系数：

$$D_{ef \cdot gb} = \frac{(\alpha + \beta) D_{A(gb)} D_{B(gb)}}{\beta D_{A(gb)} + \alpha D_{B(gb)}} \qquad (3-53)$$

其中，$D_{A(g)}$ 和 $D_{B(g)}$ 分别为离子 $A^{\beta+}$ 和 $B^{\alpha-}$ 的晶格扩散系数，$D_{A(gb)}$ 和 $D_{B(gb)}$ 分别为离子 $A^{\beta+}$ 和 $B^{\alpha-}$ 的晶界扩散系数。

当 $D_A \geqslant D_B$，蠕变速率由扩散较慢的 $B^{\alpha-}$ 离子控制，于是，其蠕变速率方程就是式 (3-47)，其中

$$V_a = V_M / \beta, D_g = D_{B(g)}, D_{gb} = D_{B(gb)} \qquad (3-54)$$

如果阳离子 $A^{\beta+}$ 和阴离子 $B^{\alpha-}$ 沿着不同途径扩散，就引用由式 (3-50) 加以扩展的蠕变速率方程式：

$$\varepsilon = B_1 \frac{D_{comp} \mu b}{KT} \left(\frac{\sigma}{\mu} \right) \left(\frac{b}{G_g} \right)^2 \qquad (3-55)$$

其中：

$$D_{comp} = \frac{\left(\frac{1}{\alpha} \right) \left[D_{A(g)} + \left(\frac{B_2}{B_1} \right) D_{A(gb)} \left(\frac{d_{A(gb)}}{G_g} \right) \right]}{1 + \left(\frac{\beta}{\alpha} \right) \dfrac{\left[D_{A(g)} + \left(\frac{B_2}{B_1} \right) D_{A(gb)} \left(\frac{d_{A(gb)}}{G_g} \right) \right]}{\left[D_{B(g)} + \left(\frac{B_2}{B_1} \right) D_{B(gb)} \left(\frac{d_{B(gb)}}{G_g} \right) \right]}} \qquad (3-56)$$

式中，$d_{A(gb)}$ 和 $d_{B(gb)}$ 分别为离子 $A^{\beta+}$ 和 $B^{\alpha-}$ 的实际晶界宽度，取决于阴、阳离子的晶格、晶界扩散的相对量度，根据式 (3-55) 和 (3-56) 可能导致四种不同的蠕变行为，总结于表 3-4 中。可见，蠕变速率受到沿最短的扩散途径以较慢速度扩散者的控制。

由于空位扩散流的存在，在及相应出现的物质流动，导致陶瓷坯体内晶粒沿受张力的方向伸长。为了维持晶粒间界的紧密结合，就要求相邻晶粒作相对滑移，如图 3.43 (a) 所示。这里有四个相邻的六方晶粒，晶粒内的圆圈表示空位浓度梯度为零的扩散中心。就晶粒 (3) 而言，当物质沿边界 BC 聚集起来，就在其扩散中心引起扩散速度矢量 v_1。同样，若物质沿边界 AB 聚集就引起扩散速度矢量 v_2。结果，晶粒 (3) 的扩散中心以速度 $\bar{v}$ 沿着与张应力轴平行的方向，移至离三交点 B 更远处。其他晶粒亦发生同样的移动。于是，如果相邻晶粒不沿晶界作相对滑移，就将如图 3.43 (b) 所示：沿着与张力轴平行的晶界形成裂纹。实际上，在扩散蠕变过程中晶粒间界仍保持良好的结合，只可能是如图 3.43 (c) 所示：相邻晶粒沿边界滑移了 $y'y''$ 间距。蠕变速率方程式 (3-47) 和 (3-49) 表明了应变率 ε 和恒定晶粒 G_g 之间的相互关系，图 3.43 说明了蠕变过程中原子移动引起的晶粒伸长。结果，实际扩散途径将有所增长，蠕变速率亦相应减缓了。事实上，最终的晶粒尺寸取决于扩散蠕变引起的晶粒伸长，以及通过

晶界迁移和重结晶使晶粒尽可能保持的等轴晶的形态。这两种趋势之间的平衡，显然与外应力相关。在应变量较小的低应力条件下，采用原始晶粒尺寸，并把蠕变过程看作牛顿黏滞流动，式（3-47）和（3-49）具有足够的精确性。然而，在应力很大的条件下，Nabarro-Horring 蠕变就不再具有牛顿黏滞流动的特征。

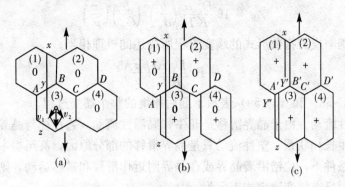

图 3.43　扩散导致晶胶相对滑移的模型

表 3-4　陶瓷材料扩散蠕变的本性

试验条件	扩散关系	扩散系数 D_{comp}	蠕变机理
Ⅰ：细晶或中等晶粒 G_g；低温或中等温度 T	$D_{A(g)} \ll \left(\dfrac{B_2}{B_1}\right)D_{A(gb)}\left(\dfrac{d_{A(gb)}}{G_g}\right)$ $D_{B(g)} \ll \left(\dfrac{B_2}{B_1}\right)D_{B(gb)}\left(\dfrac{d_{B(gb)}}{G_g}\right)$	$\dfrac{\left(\dfrac{1}{\alpha}\right)\left(\dfrac{B_2}{B_1}\right)D_{A(gb)}\left(\dfrac{d_{A(gb)}}{G_g}\right)}{1+\left(\dfrac{\beta}{\alpha}\right)\dfrac{d_{A(gb)}}{d_{B(gb)}}\dfrac{D_{A(gb)}}{D_{B(gb)}}}$	阳离子扩散的 Coble 蠕变
Ⅱ：大晶或中等晶粒 G_g；高温或中等温度 T	$D_{A(g)} \gg \left(\dfrac{B_2}{B_1}\right)D_{A(gb)}\left(\dfrac{d_{A(gb)}}{G_g}\right)$ $D_{B(g)} \gg \left(\dfrac{B_2}{B_1}\right)D_{B(gb)}\left(\dfrac{d_{B(gb)}}{G_g}\right)$	$\dfrac{\left(\dfrac{1}{\alpha}\right)D_{A(g)}}{1+\left(\dfrac{\beta}{\alpha}\right)\dfrac{d_{A(gb)}}{d_{B(gb)}}\dfrac{D_{A(gb)}}{D_{B(gb)}}}$	阴离子扩散的 Nabarro-Herring 蠕变
Ⅲ：中等晶粒 G_g；中等温度 T	$D_{A(g)} \gg \left(\dfrac{B_2}{B_1}\right)D_{A(gb)}\left(\dfrac{d_{A(gb)}}{G_g}\right)$ $D_{B(g)} < \left(\dfrac{B_2}{B_1}\right)D_{B(gb)}\left(\dfrac{d_{B(gb)}}{G_g}\right)$	$\dfrac{\left(\dfrac{1}{\alpha}\right)D_{A(gb)}}{1+\left(\dfrac{\beta}{\alpha}\right)\dfrac{D_{A(g)}}{\left(\dfrac{B_2}{B_1}\right)D_{B(gb)}\left(\dfrac{d_{B(gb)}}{G_g}\right)}}$	(a) 阳离子扩散的 Nabarro-Herring 蠕变或 (b) 阴离子扩散的 Coble 蠕变
Ⅳ：中等晶胶 G_g；中等温度 T	$D_{A(g)} < \left(\dfrac{B_2}{B_1}\right)D_{A(gb)}\left(\dfrac{d_{A(gb)}}{G_g}\right)$ $D_{B(g)} \gg \left(\dfrac{B_2}{B_1}\right)D_{B(gb)}\left(\dfrac{d_{B(gb)}}{G_g}\right)$	$\dfrac{\left(\dfrac{1}{\alpha}\right)\left(\dfrac{B_2}{B_1}\right)D_{A(gb)}\left(\dfrac{d_{A(gb)}}{G_g}\right)}{1+\left(\dfrac{\beta}{\alpha}\right)\dfrac{\left(\dfrac{B_2}{B_1}\right)D_{A(gb)}\left(\dfrac{d_{A(gb)}}{G_g}\right)}{D_{B(g)}}}$	(a) 阴离子扩散的 Nabarro-Herring 蠕变或 (b) 阳离子扩散的 Coble 蠕变

3）晶界滑移。多晶陶瓷晶界是晶格点阵的畸变区，起着缺陷源和阱的作用，它亦是物质化学组分的微不均带，易于富集掺杂物，形成玻璃相或微晶相。晶界是内应力集中之处，所以，相邻晶粒间的滑移是陶瓷高温蠕变的一种重要微观过程。塑性的不同有两种不同机理。

牛顿黏滞性流动。设晶界厚度 $d_{gb}=2b$，晶界面上的牛顿黏滞性滑移速率表示为：

$$\dot{\gamma}_{gb} = 16 \frac{D_{gb}\mu b}{KT}\left(\frac{b}{G_g}\right)\left(\frac{\tau}{\mu}\right) \tag{3-57}$$

若晶界的平滑度是非原子级的，偏离晶界平面而突出的幅度为 d_g，式（3-57）就应以式（3-58）代之：

$$\dot{\gamma}_{gb} = 16 \frac{D_{gb}\mu b}{KT}\left(\frac{b}{d_g}\right)^2\left(\frac{b}{G_g}\right)\left(\frac{\tau}{\mu}\right) \tag{3-58}$$

而晶界滑移过程则与应力指数形式的蠕变方程所描述的机理相当。

$$\dot{\varepsilon} = B_2 \frac{D_{gb}\mu b}{KT}\left(\frac{\sigma}{\mu}\right)^n \tag{3-59}$$

可以认为，式（3-58）和（3-59）表示了前后相继的整个蠕变过程。

非牛顿黏滞性流动。由于晶界滑移是非牛顿黏滞性流动，它往往与晶界处空穴的形成和三交点处裂纹的生长相联系。塑性流动只是晶界滑移的部分原因，甚至根本没有起塑性流动的作用。在高温条件下，位错沿着晶界或在晶界附近作滑移和攀移运动，则可能是这类晶界滑移的机理。这时稳态蠕变速率式表示为：

$$\dot{\varepsilon} = B_3 \frac{D\mu b}{KT}\left(\frac{b}{G_g}\right)\left(\frac{\sigma}{\mu}\right)^2 \tag{3-60}$$

2. 晶格机理——位错运动

晶格机理控制的蠕变是与原子或空位扩散以及位错运动相关的过程。

无机材料中晶相的位错在低温下受到障碍难以发生运动，在高温下原子热运动加剧，可以使位错从障碍中解放出来，引起蠕变。当温度增加时，位错运动的速度加快。除位错运动产生滑移外，位错攀移也能产生宏观的形变，攀移是位错运动的另一种形式。通过吸收空位，位错可攀移到滑移面以外，绕过障碍物，使滑移面移位。攀移是通过扩散进行的。由于晶体中存在过饱和的空位，多余的半片原子可以向空位扩散。如果整个半片原子扩散走了，位错就移出晶体之外。热运动有助于使位错从障碍中解放出来，并使位错运动加速。当受阻较小，容易运动的位错解放出来完成蠕变后，蠕变速率就会降低。这就解释了蠕变减速阶段的特点。如果继续增加温度或延长时间，受阻较大的位错也能进一步解放出来，引起最后的加速蠕变阶段。常温高应力下的金属蠕变，多半由于位错运动所致。

3. 各种蠕变机理的作用和相互关系

将基于不同机理的各种蠕变速率方程加以分析和归纳，就得到普遍适用的稳态蠕变速率关系式：

表 3-5　蠕变机理及相应的 m_g、η 值和扩散途径

蠕 变 机 理	m_g	η	D
（1）晶界机理			
①含第二相晶界	1	1	D_{ph}
②不含第二相晶界：			
Nabarro-Herring 蠕变	2	1	D_g
Coble 蠕变	3	1	D_{gb}
具有塑性流动的晶界滑移：			
全部			

蠕 变 机 理	m_g	η	D
无	1	2	D_g/D_{gb}
(2) 晶格机理			
攀移控制的位错滑移和攀移	0	4.5 3	D_g
滑移控制的位错滑移和攀移	0	3	D_l
位错环的分解	0	4	D_g
出自 Bardeen-Herring 源的位错攀移	0 0	3 5	D_g D_c
割阶螺位错的非守恒运动	0	3	D_g
亚晶界的 Nabarro-Herring 蠕变	0	3 1	D_g
亚晶界的位错攀移	0	3 4	D_g

$$\dot{\varepsilon} = H \frac{D_g \mu b}{KT} \left(\frac{b}{G_g} \right)^{m_g} \left(\frac{\sigma}{\mu} \right)^{\eta} \tag{3-61}$$

其中，应力指数为 $\eta = -(\partial \ln\varepsilon / \partial \ln\sigma)_{G_g \cdot T}$，晶粒反比指数为 $m_g = -(\partial \ln\varepsilon / \partial \ln G_g)_{\sigma \cdot T}$，机理常数为 H。

蠕变速率的微观机理不仅与陶瓷材料的结构和显微结构相关，而且随温度和应力条件的不同而变化。本构方程（3-61）中 H、m_g 和 η 三个常数的具体值表明了某种相应的控制蠕变机理。表 3-5 总结了蠕变机理和相应的常数值，可以看出：

1）晶格机理是描述晶粒内部的微观过程，与晶粒尺寸无关，因而 $m_g = 0$。晶界机理取决于晶界的特性和数量，因而 m_g 不等于零。

2）一般地说，晶格机理的 $\eta \geqslant 3$，而晶界机理的 $\eta < 3$。当有两种过程同时起作用，蠕变速率取决于两种机理间的相互关系。并应区别两种不同的关系：

相互无关的独立过程。在这种情况下：

$$\dot{\varepsilon} = \sum_j \dot{\varepsilon}_j \tag{3-62}$$

其中，$\dot{\varepsilon}_j$ ——j 过程的蠕变速率，蠕变行为受最快的机理控制。

相互继承的过程。当一个蠕变过程依赖于另一个过程，后者就成为前者的必要条件。此时的蠕变速率是：

$$\dot{\varepsilon} = \frac{1}{\sum\limits_j (1/\dot{\varepsilon}_j)} \tag{3-63}$$

如果仅有两个相继的过程，上式可化为：

$$\dot{\varepsilon} = \frac{\dot{\varepsilon}_1 \dot{\varepsilon}_2}{\dot{\varepsilon}_1 + \dot{\varepsilon}_2} \tag{3-64}$$

其中 $\dot{\varepsilon}_1$ 和 $\dot{\varepsilon}_2$ 为两个过程速率。蠕变行为由较慢的速率控制。

3.6.2 蠕变速率控制机理的判别

较高的温度、较低的应力和较小的应变是结构陶瓷高温蠕变测试的特点，因此对测试精度有更高的要求。应用试验测得的实际数据与按各种机理的本构方程算出的理论结果进行比较，再结合试样的微观分析，可对蠕变速率的控制机理作出初步判断。

1. 实测蠕变速率与理论的对比

图 3.44 示出晶粒尺寸分别为 11.8、33 和 52 μm 的三种多晶 MgO 材料的蠕变曲线。实线是实测的实验数据点连线。其他虚线是按各不同机理的本构方程估算出来的理论线条。这里的 D_g 是 O^{2-} 的本征扩散系数。通过比较表明，该 MgO 材料的蠕变可能是受晶格位错运动的机理所控制。因为，实线已说明这里的蠕变对晶粒尺寸没明显的依赖性，而且按 Nabarro-Herring 机理方程得到的两条线所表示出的斜率亦显得太小了。尽管如此，欲进一步确定究竟是那一种位错运动的微观过程起作用还是困难的。

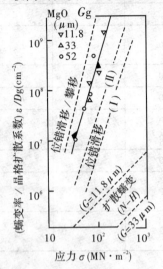

图 3.44 多晶 MgO 的蠕变速率与应力关系曲线

2. m_g、η 和 D 的 三个判据

速率控制过程最有效的判别方法是，对应力指数 η、晶粒指数 m_g 和包括在扩散系数项中的激活能 Q 进行直接测定，然后再与表 3-5 总结出来的判据作相对比较。

（1）与晶粒尺寸的关系。在同等温度、应力条件下，对同种材料而晶粒尺寸不同的几种试样进行蠕变试验，应注意排除高温实验条件下的晶粒生长因素。如表 3-5 所示，若稳态蠕变速率与晶粒尺寸无关，m_g 值就应等于零，蠕变过程应受晶格机理控制。反之，若 m_g 是非零值，晶界机理应起主导作用。

（2）与应力的关系。在同一温度条件下，对晶粒尺寸相似的试样，分别进行不同应力条件下的蠕变试验，或者在等温条件下，以同种试样进行不同应力情况下的蠕变率测定。如果式 (3-61) 中的常数 H 与应力无关，当以 $\dot{\varepsilon}_2/\dot{\varepsilon}_1$ 对 σ_2/σ_1 作图，则所有数据点应落在一条直线上，其中 $\dot{\varepsilon}_1$、$\dot{\varepsilon}_2$ 和 σ_1、σ_2 分别表示每一次应力改变前后的应变率和应力。图 3.45 示出多晶 LiF 在 300～550℃ 温度范围内蠕变速率随应力变化曲线。可以看出，除了附有星号的数据点与直线偏离较大外，所有数据都落在斜率 $\eta = 7.6$ 的直线近旁，即蠕变率对应力的依赖关系不受晶粒尺寸的影响。而且，与 Nabarro-Herring 或 Coble 机理相比，$\eta =$

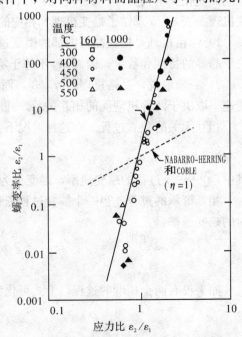

图 3.45 多晶 LiF 在 300～550℃ 范围内的蠕变的速率随应力变化关系曲线

7.6 显然大得多。因此，只可能是位错攀移的晶格蠕变机理起控制作用。

（3）与温度的关系。由于陶瓷高温蠕变是一种热激活过程，测定蠕变激活能亦是判断蠕变机理的合理途径。但需要提出两个问题。首先是许多陶瓷系统的扩散系数不具有足够的精度。而且，扩散途径包括本征、外来、沿晶界或晶格内部多种方式。扩散质点可能是空位、原子、阳离子或阴离子等，难于确定何者起主导作用。一般认为，移动速率较慢者起控制作用。第二个问题是实际激活能 Q_c 和蠕变激活能 Q'_c 之间的差别。

实际激活能：

$$Q_c = -\frac{R \, \partial \ln D}{\partial (1/T)} \tag{3-65}$$

蠕变激活能：

$$Q'_c = -\frac{R \, \partial \ln \dot{\varepsilon}}{\partial (1/T)} \tag{3-66}$$

由于蠕变方程式（3-61）中有 $(\mu^{\eta-1} T)^{-1}$ 项，所以 Q_c 与 Q'_c 略有差别。有时甚至差别很大。若取恒应力条件，并设式（3-61）中的常数 H 与温度无关，即：

$$Q'_c = \frac{-R \, \partial \ln \mu}{\partial (1/T)} + \frac{R \, \partial \ln T}{\partial (1/T)} + \frac{R\eta \, \partial \ln \mu}{\partial (1/T)} - \frac{R \, \partial \ln D}{\partial (1/T)} \tag{3-67}$$

于是，Q_c 和 Q'_c 之间的关系可以下式表示：

$$Q_c = Q'_c + RT \left\{ 1 + \frac{(\eta-1)T}{\mu} \left(\frac{\partial \mu}{\partial T} \right)_\sigma \right\} \tag{3-68}$$

因为 $(\partial \mu / \partial T)_\sigma$ 总是负值，对于 $\eta = 1$ 的晶界蠕变机理，$Q'_c < Q_c$；当 $\eta > 1.5$（处于高温条件下），$Q'_c > Q_c$。

在某一给定应力条件下，以晶粒相当的试样进行不同温度下的蠕变试验，从 $\dot{\varepsilon} \sim 1/T$ 的对数坐标图求得斜率 $-Q'_c/2.3R$，就得到蠕变激活能值。但应注意到，试验温度范围内不应有两种机理的转化。同样，以 $\dot{\varepsilon}^{\eta-1} T \sim 1/T$ 作图，就可从斜率算出 Q_c。若以 $\dot{\varepsilon} T/\mu b$ 对 σ/μ 作图（如图 3.46 所示），就得到相应于各温度的一组线。如果常数 H 与应力和温度无关，这些线就彼此平行。于是，从式（3-68）可求得 Q_c 值为：

$$Q_c = \frac{R \ln \left(\dfrac{\dot{\varepsilon} T_2/\mu_2 b}{\dot{\varepsilon} T_1/\mu_1 b} \right)}{(T_2 - T_1)/T_1 T_2} \tag{3-69}$$

其中，μ_1 和 μ_2 分别为温度 T_1 和 T_2 条件下的切变模量。

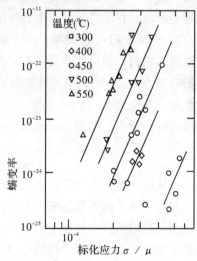

图 3.46 多晶 LiF 的 $\varepsilon T/\mu b$-σ/μ 曲线

另一种求激活能的简便方法是，在恒定应力蠕变试验中，每达到 0～0.02 的应变增量，快速升温 15～25℃。在升温前后没出现材料结构变化的前提下，激活能 Q'_c 可从增量前后的应变速率 $\dot{\varepsilon}$ 和 $\dot{\varepsilon}_2$，以及突变前后的温度 T_1 和 T_2 计算如下：

$$Q'_c = \frac{\partial \ln \dot{\varepsilon}}{\partial (-1/RT)} \simeq \frac{\Delta \ln \dot{\varepsilon}}{\Delta (-1/RT)} = \frac{R \ln (\dot{\varepsilon}_2/\dot{\varepsilon}_1)}{(T_2 - T_1)/T_1 T_2} \tag{3-70}$$

在得知 $\partial \mu / \partial T$ 和 η 值的情况下，按下式求得 Q_c 值：

$$Q_c \simeq \frac{R\ln(\dot{\varepsilon}_2 \mu_2^{\eta-1} T_2 / \dot{\varepsilon}_1 \mu_1^{\eta-1} T_1)}{(T_2 - T_1)/T_1 T_2} \qquad (3-71)$$

这一方法的优点在于能求得很小温度范围内的激活能值。特别当有两种激活能不同的机理在不同蠕变阶段分别起主导作用时，这一优点特别重要。

3.6.3 陶瓷高温蠕变的影响因素

高温蠕变是在一定应力条件下，固体材料的热激发微观过程的宏观表现。它不仅取决于材料的结构和显微结构，亦受到应力、温度和环境介质等外界条件的强烈影响。由于共价键陶瓷结构中价键的方向性，使之拥有较高的抵抗晶格畸变、阻碍位错运动的 Peierls-Habarro 力。由于离子键陶瓷结构中的静电作用力，晶格滑移不仅遵循晶体几何学的准则，尚受到静电吸力和斥力的制约。离子半径较大的 O^{2-} 扩散，必然在扩散途径和速度方面受到限制。这些，都反映在激发陶瓷蠕变的难度上，这正是陶瓷具有较好的抗高温蠕变性的本征因素。因此，外界因素在激发蠕变方面的作用就显得特别重要，尤其是温度，因为蠕变激活能是温度的敏感减值函数。

1. 外界因素

（1）应力。应力指数 η 是蠕变机理的判据之一。η 值不仅与应力相关，且取决于起控制作用的诸机理之间是相互无关还是相继承的。大量陶瓷材料蠕变试验的结果表明，$\eta \approx 1$ 所表示的扩散蠕变机理控制阶段处于低应力范围；$\eta \gg 1$ 的晶格位错运动机理控制过程处于中、高应力范围。

（2）温度。蠕变激活能 Q_c 和扩散激活能都是温度的减值函数，两者之间的关系受到蠕变机理的影响。在晶界机理起主要作用的情况下，如表 3-4 所示，有多种控制速率的扩散形式。当 Nabarro-Herring 和 Coble 蠕变同时控制着速率时，蠕变激活能值处于晶格和晶界扩散激活能之间。如果有杂质存在，扩散速率将有所变化，蠕变速率受到影响。以 Al_2O_3 材料的蠕变为例。Al_2O_3 单晶的扩散试验表明，Al^{3+} 的晶格扩散速率比 O^{2-} 的晶格扩散大两个数量级。晶粒为 3~13 μm 的细晶 Al_2O_3 材料，具有速率 $\dot{\varepsilon}$ 与晶粒尺寸的平方 G_g^2 成线性反比关系的蠕变行为，即 Nabarro-Herring 起控制作用机理。对式（3-41）进行重排，可得：

$$D_g = \frac{\dot{\varepsilon} G^2 KT}{B_1 V \sigma} \qquad (3-72)$$

根据上式从蠕变速率算得的扩散系数与铝离子的晶格扩散系数 $D_{g(Al)}$ 很一致。于是认为，由于在晶界处阴离子的扩散速率大大提高，以致在细晶坯体中由扩散较慢的阳离子控制着蠕变速率。当晶粒增长到一定程度（$G_g \geqslant 20$ μm），亦即晶界扩散的途径相应减短，蠕变速率转而由扩散速率较慢的阴离子控制，而阳离子的扩散速率始终与晶界的存在与否无关。考虑到晶界对离子扩散速率的影响得出：

$$d_{gb(o)} D_{gb(o)} > d_{gb(Al)} D_{gb(Al)} \qquad (3-73)$$

于是

$$d_{gb(o)} D_{gb(o)} > D_{g(o)} \qquad (3-74)$$

正如表 3-4 所指出，随着晶粒的增长和温度的提高，控制蠕变的机理可从 $D_{gb(Al)}$ 控制的 Coble 机理（Ⅰ型）转为 $D_{g(Al)}$ 控制的 Nabarro-Herring 机理［Ⅲ（a）型］，再进而转为 $D_{gb(o)}$ 控制的 Coble 机理［Ⅲ（b）型］。

在较高温度的条件下，当晶界机理不再起重要作用，而且晶格扩散比沿位错线扩散快得多时，晶格扩散 D_g 等于移动较慢离子的扩散系数。图3.47是一些陶瓷材料的蠕变激活能与移动最慢离子的晶格扩散激活能的对比关系曲线。大部分都落在斜率为1的直线上的数据点表明，蠕变激活能 Q_c 与晶格扩散激活能 Q_d 相当。即晶格扩散是这些材料的相应蠕变过程中的控制机理。

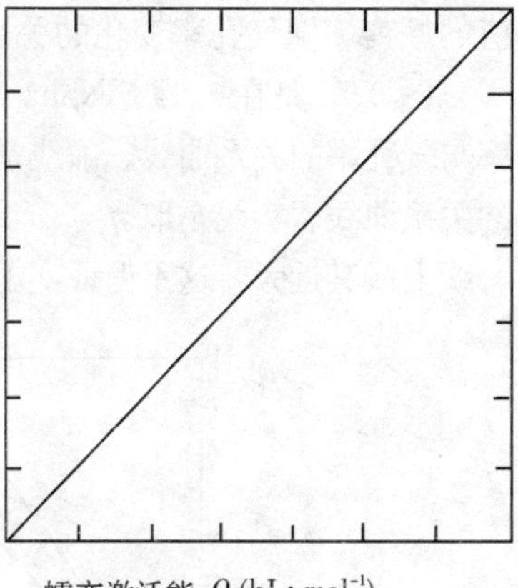

大量实验结果证明，在应力较低、晶粒较小的条件下，多晶陶瓷蠕变机理属于穿过晶体或沿晶界的扩散；到了较高应力范围，蠕变行为转为受晶格机理控制。这里如图3.47所示，蠕变激活能与移动较慢离子的晶格扩散一致。

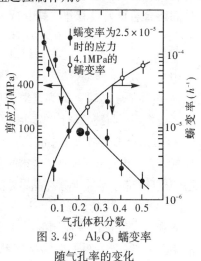

蠕变激活能 $Q(\text{kJ}\cdot\text{mol}^{-1})$

图 3.47 蠕变激活能与移动最慢离子晶格扩散激活能的对比关系曲线

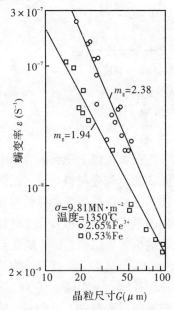

图 3.48 多晶 MgO 的蠕变速率 ε 与晶粒尺寸 G_g 的关系

2. 本征因素
(1) 晶粒尺寸

从表3-4已经看到，不同的晶粒尺寸范围决定了不同的蠕变机理起着控制速率的作用。当晶粒很大，蠕变速率 ε 受到晶格机理的控制，晶粒反比指数 $m_g=0$。如图3.44所示，其中三种晶粒尺寸（$G_g=11.8$、33 和 52 μm）的变化并不影响 MgO 的蠕变速率与应力之间的关系。当晶粒较小，情况就较为复杂，这里晶界机理起重要作用，于是 $m_g \geqslant 1$ 如果有两种晶界机理同时对蠕变作出贡献，或者有另一种晶格机理参与作用，则 m_g 值于 0~3。图3.48 示出掺杂 Fe 的多晶 MgO 的蠕变速率和晶粒尺寸之间的关系。可见，含 0.53% 和 2.65% Fe 的 MgO 分别具有的晶粒反比指数 $m_g=$ 1.94 和 2.38。前者属于阳离子晶格扩散的 Nabarro-Herring 蠕变，后者有 Coble 蠕变机理作出的部分贡献，并且逐步过渡到由阴离子晶界扩散机理起控制作用。

(2) 气孔率

蠕变速率随着气孔率的增大而提高的原因之一，是气孔减小了抵抗蠕变的有效截面积。这是显而易见的，如图3.49所示。从蠕变方程式（3-61）来看，有三个参数：应力 σ、切变模量 μ 和常数 H 与气孔率有关。因为晶内气孔往往起着吸收或发射位错的作用，而晶界气孔将影响沿晶滑移过程。H 值可能与气孔的大小和分布有关，但有待进一步探讨。若仅考虑气孔率对蠕变率的影响，式（3-61）可修正如下：

$$\dot{\varepsilon} = H \frac{D_g \mu b}{KT} \left(\frac{b}{G_g}\right)^{m_g} \left(\frac{\sigma}{\mu}\right)^{\eta}$$
$$\times \left\{ \frac{\left[1 + (w V_p / 1 - (w+1) V_p\right]^{1-\eta}}{(1 - V_p^{2/3})} \right\} \quad (3-75)$$

图 3.49 Al_2O_3 蠕变率随气孔率的变化

其中，w 为常数，V_p 为气孔体积分数。图 3.50 是在略去 H 值影响的情况下，相对于不同 η 值的蠕变率随气孔率变化的关系曲线。

图 3.51 是在 4.14 MN/m² 应力和 1275℃ 温度条件下，晶粒大小为 23 μm 的 Al_2O_3 蠕变速率与气孔率的关系曲线。虚线是取 $\eta = 1$、气孔率自 0.08 至 0.5 的变化，按式（3-75）算得的关系曲线。实线是取 $\eta = 2.4$，同法算出的关系曲线。可以看到，实验得到的数据点都落在实线上或其近旁。这不但证实了式（3-75）的实用意义，并取得蠕变机理判据 η 的旁证。

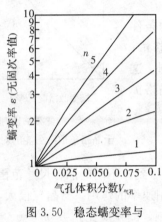

图 3.50 稳态蠕变率与
气孔率的关系曲线

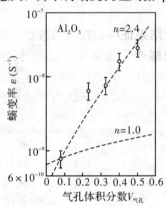

图 3.51 Al_2O_3 的蠕变率与
气孔率关系曲线

（3）固溶合金原子

固溶合金对蠕变行为的影响首先取决于控制蠕变的机理，亦在很大程度上受到固溶原子分布状态的影响。正如金属中加入合金元素可能提高晶界驰豫激活能，陶瓷材料可通过固溶途径提高抗高温蠕变性。但是，当晶界滑移起源于位错运动，加入足以提高晶界黏滞性和促进晶界滑移的溶质原子，则可能加速材料的高温蠕变。根据不同的蠕变机理，可将合金材料的蠕变行为分成两类。Ⅰ类是应力指数 $\eta = 5$，蠕变过程中有亚结构的生成和重排、蠕变与时间关系曲线上有瞬时应变阶段；Ⅱ类是应力指数 $\eta = 3$，蠕变过程中基本上没有亚结构的形成，蠕变曲线上没有瞬时蠕变阶段。Ⅰ类蠕变属于位错攀移机理控制；Ⅱ类蠕变属于位错滑移机理控制。两者是彼此继承的机理，因而稳态蠕变速率受较慢的过程控制。式（3-76）是固溶合金材料具有Ⅱ类蠕变行为的判据：

$$\frac{B_{11}\sigma^2}{k^2(1-\nu)}\left(\frac{U_{sf}}{\mu b}\right)^3\left(\frac{D_{01}}{D_g}\right) > \frac{T^2}{(\Delta d_s)C_{so}b^6} \tag{3-76}$$

其中，常数 $B_{11} \approx 8 \times 10^2$，$D_{01}$ 为供位错攀移的扩散系数，Δd_s 为溶质与溶剂原子的尺寸之差，C_{so} 为溶质原子浓度，T 为绝对温度，k 为波尔兹曼常数，U_{sf} 为位错堆垛层错能。

曾发现，与纯 Al_2O_3 单晶相比，由于引入了 Cr_2O_3，红宝石的蠕变率有所下降。而 La_2O_3 和 Cr_2O_3 的加入却略提高了多晶 Al_2O_3 的蠕变率，这是因为单晶 Al_2O_3 的蠕变属于位错滑移的机理控制，合金化的结果提高了位错的激活能和抑制了滑移带的增殖。而多晶 Al_2O_3 的蠕变受空位扩散的机理控制。合金元素在晶界处的分布可能加速了晶界驰豫。

（4）亚结构的形成

在位错攀移机理控制的蠕变过程中，位错可能排列成低能组态的小角晶界，构成亚结构晶胞。图 3.52 表明了在 1700℃ 和 60.8 MN/m² 试验条件下，MgO 单晶蠕变过程中的亚晶界形成和其中的位错密度增长趋势，以及相应的蠕变速率变化的对应关系。从图 3.52（b）和（c）看到，在蠕变初始阶段，亚晶界内的位错密度 ρ_s 逐步减小，而单位体积内的亚晶界面积 A_v 逐步增加。到了稳态蠕变阶段，ρ_s 和 A_v 都保持恒定。这种亚结构的形成得到了 TEM 透射电镜分析的证实。至于蠕应变的早期（$\dot\varepsilon \sim 0.2$）测得的位错密度比原有的位错密度 ρ_0 高得多，这显然是由于位错快速增殖的缘故。从图 3.52（a）可以看到，随着亚结构的增长，蠕应变率相应减缓。当亚晶界处位错的产生和湮灭之间建立了平衡，就进入稳态蠕变阶段，亚结构的形成起着阻止位错运动的作用。

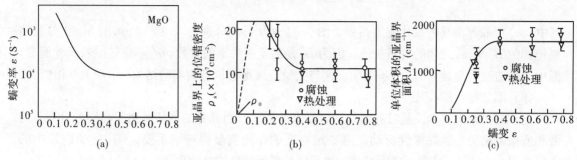

图 3.52　MgO 单晶蠕变率与亚结构形成的相互关系

（5）晶界剪切

陶瓷的高温形变可能与滑移过程相关。借助于宏观和显微分析方法对滑移进行过不少研究和观察，其中包括，晶界处标线的位移、空穴和裂纹的形成、试样表面的滑移台阶、择优取向的明显变化、晶界处的空穴和位错 TEM 观察等。从晶界滑移的蠕变机理关系式（3-60）来看，应力指数 $\eta \approx 2$ 是晶界机理控制滑移的判据。MgO 的 $\eta = 1.8$，热压 Si_3N_4 的 $\eta = 1.8 \sim 2.3$，部分 Al_2O_3 蠕变试验亦得到 $\eta = 2$ 的结果，都表明晶界滑移过程的存在。表 3-6 总结了在一定应力、温度、晶粒等试验条件下，一些典型陶瓷材料的晶界滑移应变 ε_{gbs} 与宏观总应变 ε_t 之间的比例关系。特别提供了 Al_2O_3 和 MgO 两个典型的 $\varepsilon_{gbs}/\varepsilon_t$ 值。图 3.53 列出 MgO 的 $\varepsilon_{gbs}/\varepsilon_t - \sigma/\mu$ 的对数关系曲线以及 Al_2O_3 的试验结果。可以发现如下的规律：

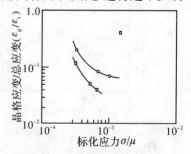

图 3.53　晶界滑移对总应变的贡献随标化应力的变化规律

表 3-6　某些陶瓷材料的晶界形变与总形变比值，$\varepsilon_{gbs}/\varepsilon_t$

材料类型	$\sigma(MPa)$	$T(K)$	$G_g(\mu m)$	$\varepsilon_{gbs}/\varepsilon_t$	测试法	作　者
Al_2O_3	8.2.7	1923	25~65	40~56%	表面解剖法	Cannon
$CaCO_3$		773~1073	200	10~20%	标线法	Heard 等
Fe_2O_3	3.0~30.0	1263	1.5	60%	晶粒造型法	Crouch
MgO	6.9~41.4	1478~1773	13~68	100%	晶粒造型法	Hensler 等
MgO	34.4~103.3	1473	33~52	4~20%	干涉测量法	Langdon
$U_{0.79}$ $Pu_{0.21}$ $C_{1.02}$	27.6~14.3	1673~14.3	25	80~100%	晶粒造型法	Tokar

①在恒定晶粒条件下，晶界滑移的作用随着应力的减低而增大。

②在恒定应力条件下，晶界滑移的作用随着晶粒的减小而提高。至于 Al_2O_3 测得数据较高，则是由试验条件所决定的。值得提出的是，随着应力和晶粒的继续减小，晶界扩散机理将成为蠕变的主要控制机理。所以，到了低应力和小晶粒范围，晶界滑移的作用反而不重要了。

如果在给定的 H、D、m_g' 和 η 条件下，$\dot{\varepsilon}_g$ 和 $\dot{\varepsilon}_{gbs}$ 可从式（6.40）算出，在恒定温度和应力条件下，存在着如下关系：

$$\frac{\dot{\varepsilon}_{gbs}}{\dot{\varepsilon}_t} = \frac{\varepsilon_{gbs}}{\varepsilon_t} = (1 + B_3' G_g^{m_g'})^{-1} \tag{3-77}$$

其中，m_g' 为晶界滑移的反比应力指数。图 3.54 是从晶粒分别为 33 和 52 μm 的 MgO 实验结果得到的 B_3' 与 m_g' 之间的关系曲线。因为 B_3' 是给定条件下的常数，m_g' 不应随晶粒尺寸而变，图中两条曲线的交截给出 $m_g' \approx 1.3$。这与大量金属滑移机理的实验结果 $m_g' \approx 1.0$ 相似。

（6）第二相物质

上节的讨论主要涉及晶粒界面处于微晶态的情况。当晶界的剪切是由于晶界处分布着的液相或似液相的牛顿黏滞性流动，第二相物质的作用就显得特别重要。例如，Al_2O_3 中的 CaO—Al_2O_3—SiO_3 玻璃、热压 Si_3N_4 和 SiC 晶界处的硅酸盐物质等。

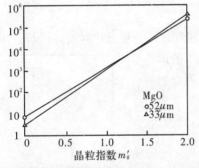

图 3.54　MgO 的蠕变常数 B_3' 与晶界滑移的晶粒指数 m_g' 之间的关系

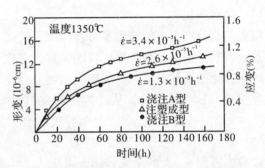

图 3.55　杂质对 Si_3N_4 蠕变行为的影响

图 3.55 比较了杂质种类和含量不同的 A、B、C 三种 Si_3N_4 的蠕变速率。其所含杂质和蠕变参数相应列于表 3-7。

表 3-7　反应烧结 Si_3N_4 材料的杂质含量和蠕变参数

Si_3N_4 类型	晶相含量	杂质含量 wt%	蠕变激活能 Q_c（4 180J/mol）		应力指数 η	
		Ca, Al, Fe, Ni, Co, V	Arrhenius 斜率	温度变化试验	等压试验	压力变化试验
A	α 75% β 25%	0.1　0.5　0.7	125	135	1.45	1.40
B	α 75% β 25%	0.04　0.5　0.7	130	134	1.30	1.30
C	α 65% β 35%	0.06　0.5　0.65　0.02　0.01　0.01	121	137	1.33	1.40

可以看到，当 CaO 在 Si_3N_4 中的含量由材料 A 中的 0.1wt% 减至材料 B 中的 0.04wt%，

则稳态蠕变速率相应地减小了一半，这与钙硅酸盐耐火度的提高、以及相应的黏度增大是一致的。以含 Ca 量相当的材料 B 和 C 相比，由于前者 α 相的含量较后者高 10％，结果其抗高温蠕变性亦较好。这可能由于非等轴 α 晶相边界上的突出幅度较大，更不利于液相晶界滑移的缘故。

3.6.4　耐火材料的蠕变

　　大多数耐火材料中存在的玻璃相在决定形变性状中起着极重要的作用。其影响决定于其润湿晶相的程度。如果玻璃不润湿晶粒，则晶粒发生高度自结合作用；而玻璃穿入晶界越深，自结合的程度就越小。当玻璃完全穿入晶界，就没有自结合作用，这时玻璃完全润湿晶相，形成最弱的结构。对于高强耐火材料，要完全消除玻璃相，这通常是行不通的，第二种办法就是降低润湿特性。可能的办法是在只有很少润湿发生的温度进行烧成或改进玻璃组成使其不润湿晶相。这是不易做到的，因为也就是这些晶界相使陶瓷能在较低温度烧结到高密度。强化耐火材料的另一方法是通过控制温度和改变组成来改变玻璃相的黏度。镁质耐火材料，加入 Cr_2O_3 更能抵抗形变，这是由于降低了硅酸盐相对晶粒的润湿，增加了晶态结合。Fe_2O_3 外加剂则提高润湿性，因而降低强度。

　　不同相之间的反应程度对形变性状也是重要的。不同的烧成温度导致不同相的形成。在许多情况下，使用温度超过制造温度，引起一些能显著影响形变性状的变化。例如，高温（1～1200℃）保温的铝硅酸盐形成细长的莫来石（$3Al_2O_3 \cdot 2SiO_2$）晶体，它形成高强的互锁网络。少量氧化钠（0～0.5％）的存在会增加莫来石形成的速率，也会导致较高的蠕变强度。由于陶瓷中的不完全反应，因此组成不是完全可靠的强度指示。高铝耐火材料（0～60％Al_2O_3）通常随氧化铝含量的增加而强度增加，但试验过程中的反应可能改变这种性状，这已由氧化铝-氧化硅耐火材料的蠕变速率得到证明，在1300℃，蠕变速率随 Al_2O_3 含量的提高而下降；在较高温度下，消耗 SiO_2 和 Al_2O_3 而形成的莫来石使抵抗形变的性能发生变化。另一方面，镁砖随着提高烧成温度而表现出较高的强度，这是由于玻璃质结合的数量减少。

　　当玻璃相结合大量存在时，玻璃相在很大程度上控制着形变性状。晶态材料的存在降低了形变速率，但对温度和应力的依赖关系类似于黏性介质：形变速率线性地随应力而变化并具有一个类似于玻璃黏度的激活能。较高的纯度有时导致较好表现。耐火黏土砖的蠕变抵抗性比莫来石和氧化铝差。随着纯度增加，除玻璃相剪切以外的机理将对蠕变起作用。对高铝耐火材料提出了晶界滑动机理，而对高镁（0～95％MgO）耐火材料提出了位错塑性流动机理。

　　随着晶体结构的共价性增加，扩散和位错迁移率就下降。因此对于碳化物和氮化物，纯的材料抗蠕变性能很强；但是，为了提高烧结性能而引入的晶界上第二相又会增加蠕变速率或降低屈服强度。图 3.56 表示温度对几种碳化物的屈服强度的影响。图 3.57 示出赛龙（SiAlON，一种 Si_3N_4-Al_2O_3 合金）和 Si_3N_4 的蠕变数据。

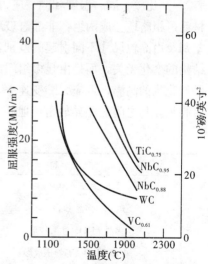

图 3.56　许多过渡金属碳化物的屈服应力对温度的依赖关系。塑性形变要求高温度，化学配比对强度的影响大

SiC 在很高温度下（1900～2200℃）的扩散蠕变已由法恩思沃斯（P. L. Farnsworth）和柯伯尔证明。但是，对许多氧化物陶瓷和多相耐火材料的细致研究尚未完成。试件存在着很大差异而且确定其微观结构有很大困难。

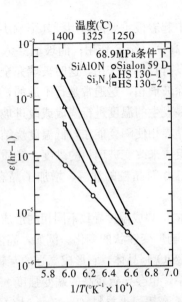

图 3.57　稳定态蠕变速率和绝对温度倒数的关系，对 SiAlON59D 和 Si_3N_4 HS130-1，试验在空气中进行 HS130-2，在氩气中试验。

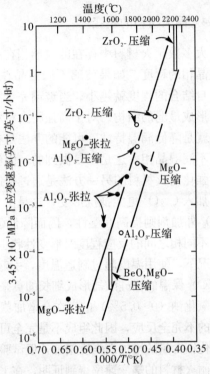

图 3.58　作用应力 3.45×10^{-1} MPa 下，一些多晶氧化物的蠕变速率

表3-8 比较了同一温度和同一应力下许多晶态和非晶态材料的蠕变速率。从表可见，这些材料可粗略地分成两组：非晶态玻璃比晶态氧化物材料更易变形。如果考虑由气孔率引起的差别及由晶粒尺寸不同引起的差别，结果发现不同材料之间的大部分差异可能和组成或晶体结构的变化无关，而是由显微组织的变化所引起。图 3.58 说明这一结论，该图表示许多多晶氧化物的高温，低应力蠕变速率。不同材料之间的差异都可包括在这一数值范围内，各个多晶氧化物之间的差异最密切地联系着显微组织的差异。

表 3-8　一些材料的扭转蠕变

材　　料	1300℃，5.512MPa 下蠕变速率
多晶 Al_2O_3	0.13×10^{-5}
多晶 BeO	30×10^{-5}
多晶 MgO（注浆成形）	33×10^{-5}
多晶 MgO（等静压成形）	3.3×10^{-5}
多晶 $MgAl_2O_4$（2～5 μm）	26.3×10^{-5}
多晶 $MgAl_2O_4$（1～3 μm）	0.1×10^{-5}
多晶 ThO_2	100×10^{-5}

材　　料	1300℃，5.512MPa 下蠕变速率
多晶 ZrO_2（稳定化）	3×10^{-5}
石英玻璃	$20,000 \times 10^{-5}$
软玻璃	$1.9 \times 10^9 \times 10^{-5}$
隔热耐火砖	$100,000 \times 10^{-5}$
	1300℃，6.89×10^{-2}MPa 下蠕变速率
石英玻璃	0.001
软玻璃	8
隔热耐火砖	0.005
铬镁砖	0.0005
镁　砖	0.00002

第4章 材料的断裂

4.1 概　　述

　　断裂是构件或试样分裂成两段或更多段的现象，是工程构件最危险的一种失效方式，尤其是脆性断裂，它是突然发生破坏，断裂前没有明显的先兆，这就常常引起灾难性的破坏事故。第二次世界大战以来，就有不少有名的例子。例如，20 世纪 40 年代后期美国曾建造了大约2500艘自由号型的万吨轮，在服役期间有 145 艘断成两截，700 艘左右受到严重的损坏。发生破坏的自由轮，其断裂源多半是在焊接缺陷处。到五十年代，美国发射的北极星导弹，其固体燃料发动机壳体，采用了超高强度钢 D6AC，屈服强度为1400MPa，按照传统的强度设计与验收时，其各项性能指标包括强度与韧性都符合要求，设计时的工作应力远低于材料的屈服强度，但发射不久，就发生了爆炸。这两起重大破坏事故引起了世界各国研究材料强度学者的震惊，因为这是传统力学设计无法解释的。按照传统的工程设计选材原则，只要求工作应力小于许用应力，就认为构件是安全的，而许用应力，对塑性材料来说为屈服强度除以安全系数，对脆性材料来说，为材料的断裂强度除以安全系数。显然，传统的设计理论无法解释为什么工作应力远低于材料屈服强度时会发生低应力脆性断裂的现象。原来，传统的材料力学选材观点是把材料看成均匀的，没有缺陷的，没有裂纹的理想固体，但是实际的工程材料，在制备加工及使用过程中，都或多或少地存在和产生微观缺陷乃至宏观裂纹，低应力脆性断裂总是和材料内部会有一定尺寸的裂纹相联系的，断裂现象的发生是材料内部裂纹扩展的结果，当裂纹在给定的作用力下扩展到一临界尺寸时，就会突然断裂。这就促使人们着手进行带裂纹构件的力学性能和断裂微观进程的研究。断裂力学就是在这样的背景下产生的。可以说断裂力学就是研究带裂纹体的力学，它给出裂纹体的断裂判据，并提出一个材料固有性能的指标，即断裂韧性，用它来比较各种材料的抗断能力。用断裂力学建立起的断裂判据，能真正用于设计上，它能告诉我们，在给定裂纹尺寸和形状时，究竟允许多大的工作应力才不致发生脆断；反之，当工作应力确定后，可根据断裂判据确定物件内部在不发生脆断的前提下所允许的最大裂纹尺寸。

　　关于断裂力学的分类，按研究的结构层次来分，断裂力学可分为宏观断裂力学和微观断裂力学，宏观断裂力学着眼于裂纹尖端应力集中区域的应力场和应变场分布，研究裂纹生长、扩展、最终导致断裂的过程和规律性，以及抑制裂纹扩展，防止断裂的条件。它为工程设计、合理选材以及质量评价提供了有力判据，然而宏观断裂力学把材料当作各向同性的均质弹性体或弹塑性体，用连续介质力学方法，从单一结构层次处理问题，有一定局限性。微观断裂力学，更关心材料显微结构与断裂之间的关系，实际上裂纹的生长和扩展与材料显微结构（位错，晶界，第二相物质）密切相关，尤其是陶瓷，由于显微结构的复杂性与不均匀性，对断裂影响更突出，一种特征参数往往伴随其他参数的变化。为此，应从不同层次结构进行断裂微观过程及能量分析，找出材料断裂韧性与传统力学性能及微观结构间的关系，从而探讨提高韧性和克服脆性的途径。

按照裂纹扩展速度来分，断裂力学可根据静止的裂纹、亚临界裂纹扩展以及失稳扩展和止裂这三个领域来研究。亚临界裂纹扩展和断裂后失稳扩展的主要区别，在于前者不但扩展速度较慢，而且如果除去裂纹扩展的因素（如卸载），则裂纹扩展可以立即停止，因而零构件仍然是安全的；失稳扩展则不同，扩展速度往往高达每秒数百米以上，就是立即卸载也不一定来得及防止最后的破坏。在静止的裂纹方面，可以对裂纹问题作应力分析，即计算表征裂纹尖端应力场强度的参量，例如计算象应力强度因子，能量释放率这一类的力学参量等。

按裂纹尖端塑性区域范围来分，可分为线弹性断裂力学和弹塑性断裂力学，线弹性断裂力学的研究内容为：当裂纹尖端塑性区的尺度远小于裂纹长度，可根据线弹性理论来分析裂纹扩展的行为，脆性陶瓷材料的断裂基本上属于这个领域。弹塑性断裂力学的研究内容为：当裂纹尖端塑性区域的尺度不限于上述"小范围屈服"，而是呈现适量的塑性，就应以弹塑性理论来处理问题。

4.2 材料的断裂形式

材料的断裂一般可分为脆性和韧性断裂两类，两者的主要区别在于断裂发生前所产生的应变大小。如果一试样断裂后，测得它的残余应变量和形状变化都是极小的，那么，这一试样的断裂称为脆性断裂，该试样材料称为脆性材料。例如，玻璃和铸铁。一般地说，脆性材料制成的零件发生断裂，经修复零件能恢复断裂前的形式。如果一试样在断裂后测得它的残余应变量和形状变化都是很大的，那么，这一试样的断裂称为韧性断裂，该试样材料称为韧性材料。例如，钢和有色金属。韧性材料制成的零件发生断裂，经修复的零件不能恢复断裂前的形式，对于大多数真实断裂情况，一般同时包括脆性和韧性断裂，但是其中一种断裂形式必定起着主要作用。

从结晶学角度来讲，脆性断裂是通过解理方式出现的。拉伸应力将晶体中相邻晶面拉开而引起晶体的断裂。韧性断裂是由切应力引起的晶体沿晶面相对滑移而发生的断裂。

标准试件拉伸应力—应变曲线是鉴别材料断裂形式的一种简单实用的方法。典型的脆性材料拉伸试件通常选用灰口铸铁或玻璃制成，试验测得的拉伸应力—应变曲线，如图 4.1 所示。σ-ε

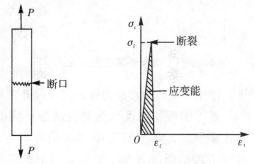

图 4.1 脆性材料拉伸应力-应变曲线

曲线下的面积代表了断裂出现前试件内贮存的应变能，从曲线看出脆性材料的断裂应力值较高，而断裂应变量极小，意味着试样断裂前吸收很少能量。因此，脆性断裂是一种低能量失效。试件断裂后留下的试件残体无明显形状变化，断口基本上垂直于拉伸应力。

典型的韧性材料拉伸试件通常选用铅或铝制成。试验测得的拉伸应力-应变曲线，如图 4.2 所示。σ-ε 曲线下的面积代表了断裂出现前试件内贮

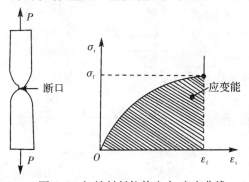

图 4.2 韧性材料拉伸应力-应变曲线

存的应变能，很明显，韧性材料断裂前吸收的能量比脆性材料大得多。因此，韧性断裂是一种高能量失效。韧性材料试件断裂前出现颈缩，最后断裂发生在颈缩区。试件断裂后，留下的试件残体的形状发生明显变化。

为什么金属通常比陶瓷有更好的延展性？最简单的回答是，金属具有自然的能量吸收机制—多个滑移系中的位错运动。而在陶瓷中受到约束的位错运动不具备吸收大量能量的能力，所以，陶瓷通常呈现脆性断裂。故韧性是指材料在断裂前的塑性变形中吸收能量的能力。它是个能量的概念，高韧性材料比较不容易断裂，在断裂前往往有大量的塑性变形。例如，低强度钢，在断裂前必定伸长并颈缩，是塑性大、韧性高的金属。陶瓷是典型的脆性材料，为了增进陶瓷抵抗脆性断裂的能力，提高它的韧性，必须找出某种吸收能量的机制。例如，可将纤维掺入陶瓷基复合材料中，就是要通过将纤维从周围材料中拔出来的过程来吸收能量。

4.3 理论断裂强度

两个自由原子间同时受到斥力和引力的作用，斥力和引力随原子间距的变化而改变，如图4.3所示。

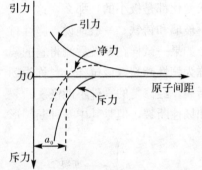

图 4.3 原子间力-距离变化曲线

斥力和引力的变化值不相等，抵消的结果可得净力随原子间距变化的曲线，如图4.3虚线所示。曲线上 a_0 点净力等于零，a_0 距离为两原子间平衡距离。如果减小 a_0 距离，必克服斥力而对两原子施加压力；相反，增大 a_0 距离，必须克服引力而对两原子施加拉力。但是从净力变化曲线上可看出，增大 a_0 时，曲线到达最高点后逐渐下降，这一点对我们研究固体的理论结合强度很有启发。设想外界作用力达到净力变化曲线上的峰值，那么两原子之间的距离可以无限增大。按此推理，如果以相邻两原子列替代相邻两原子，作用一临界力或应力就能完全拉开两相邻原子列而产生两个新表面。

要求的理论强度，当然应从原子间的结合力入手，只有克服了原子间的结合力，材料才能断裂。如果知道原子间结合力的细节，即知道应力—应变曲线的精确形式，就可算出理论断裂强度。这在原则上是可行的，就是说固体的强度都可以从化学组成、晶体结构与强度之间的关系来计算。但不同的材料有不同的组成、不同的结构及不同的键合方式，因此这种理论计算是十分复杂的，而且对各种材料都不一样。

为了能简单、粗略地估计各种情况都适用的理论强度，奥罗万（Orowan）提出了一种办法，他以正弦曲线这种简单形式来近似原子间约束力随距离变化的曲线图（4.4）得出：

$$\sigma = \sigma_{th}\sin\frac{2\pi x}{\lambda} \qquad (4-1)$$

式（4-1）中 σ_{th}——理论断裂强度；

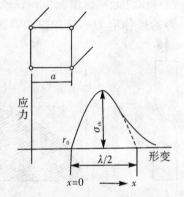

图 4.4 原子间约束力合力曲线

84

λ——正弦曲线的波长。

　　将材料拉断时就产生两个新表面，使单位面积的原子平面分开所做的功等于产生两个单位面积的新表面所需的表面能时，材料才能断裂。设分开单位面积原子平面所做的功为 U，则：

$$U = \int_0^{\frac{\lambda}{2}} \sigma_{th} \sin \frac{2\pi x}{\lambda} dx = \frac{\lambda}{2} \cdot \frac{\sigma_{th}}{\pi} \left[-\cos \frac{2\pi x}{\lambda} \right]_0^{\frac{\lambda}{2}} = \frac{\lambda \sigma_{th}}{\pi} \qquad (4-2)$$

　　设材料形成新表面的表面能为 γ（这里是断裂表面能，不是自由表面能），则 $U = 2\gamma$ 即：

$$\frac{\lambda \sigma_{th}}{\pi} = 2\gamma \qquad (4-3)$$

接近平衡距离的区域，曲线可以用直线代替，服从胡克定律：

$$\sigma = E\varepsilon = \frac{x}{a} E \qquad (4-4)$$

$$\sin \frac{2\pi x}{\lambda} \approx \frac{2\pi x}{\lambda} \qquad (4-5)$$

将式 4-3、4-4 和 4-5 代入式（4-1），得：

$$\sigma_{th} = \sqrt{\frac{E\gamma}{a}} \qquad (4-6)$$

式中，a 为晶格常数，可见理论断裂强度只与弹性模量、表面能、晶格间距等材料常数有关。式（4-6）虽然是粗略的估计，但对所有固体均能应用而不问原子间具体结合力详情如何。通常 γ 约为 $\frac{aE}{100}$，这样式（4-6）可写成：

$$\sigma_{th} = \frac{E}{10} \qquad (4-7)$$

更精确的计算说明式（4-6）的估计稍偏高。

　　一般材料常数的典型数值为：$E = 3 \times 10^{11}$ N/m^2，$\gamma = 1$ J/m^2，$a = 3 \times 10^{-10}$ m，则根据式（4-6）算出：

$$\sigma_{th} = 3 \times 10^{10} \text{ N/m}^2$$

　　实际材料中只有一些极细的纤维和晶须接近理论强度值。例如，石英玻璃纤维强度可达 24.1×10^9 牛顿/米^2，约为 $E/4$；碳化硅晶须强度为 6.47×10^9 牛顿/米^2，约为 $E/23$；氧化铝晶须强度为 15.2×10^9 牛顿/米^2，约为 $E/33$。但尺寸较大的材料的实际强度比理论值低得多，约为 $E/100 \sim E/1000$，而且实际材料的强度总在一定范围内波动，即使是同样材料在同样条件下制成的试件，强度值也有波动。试件尺寸大，强度就偏低。

　　1920 年，格里菲斯（Griffith）为了解释玻璃的理论强度与实际强度的差异，提出了一个微裂纹理论，后来经过许多发展和补充，逐渐成为脆性断裂的主要理论基础。

4.4　Griffith 断裂理论

　　格里菲斯认为实际材料中总存在许多细小的裂纹或缺陷。在外力作用下，这些裂纹和缺陷附近就产生应力集中现象，当应力达到一定程度时，裂纹就开始扩展而导致断裂。所以断裂并不是晶体两部分同时沿整个横截面被拉断，而是裂纹扩展的结果。

英格里斯（Inglis）曾研究了具有孔洞的板的应力集中问题，他研究的一个重要结果是：孔洞端部的应力几乎只取决于孔洞的长度和端部的曲率半径而不管孔洞的形状如何。如图 4.5 所示，在一大而薄的平板上，有一穿透孔洞，不管孔洞是椭圆还是菱形（虚线），只要孔洞的长度（2C）和端部曲率半径 ρ 相同，则 A 点的应力差别不大。英格里斯根据弹性理论求得 A 点的应力 σ_A 为：

$$\sigma_A = \sigma\left(1 + 2\sqrt{\frac{c}{\rho}}\right) \tag{4-8}$$

式（4-8）中 σ 为外加应力。如果 $c \gg \rho$，即为扁平的锐裂纹，则 c/ρ 将很大，这时可略去式中括号内的 1，得：

$$\sigma_A = 2\sigma\sqrt{\frac{c}{\rho}} \tag{4-9}$$

奥罗万注意到 ρ 是很小的，可近似认为与原子间距 a 同数量级，如图 4.6 所示，这样可将式（4-9）写成：

$$\sigma_A = 2\sigma\sqrt{\frac{c}{a}} \tag{4-10}$$

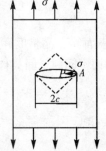
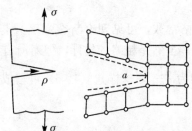

图 4.5　有孔薄板的应力　　　　图 4.6　微裂纹端的曲率对应于原子间距

当 σ_A 等于式（4-6）中的理论强度 σ_{th} 时，裂纹就被拉开而迅速扩展，裂纹扩展，c 就增大，c 增大，σ_A 又进一步增加，如此恶性循环，材料很快就断裂。裂纹扩展的临界条件就是：

$$2\sigma\sqrt{\frac{c}{a}} = \sqrt{\frac{E\gamma}{a}} \tag{4-11}$$

临界情况 $\sigma = \sigma_c$，故

$$\sigma_c = \sqrt{\frac{E\gamma}{4c}} \tag{4-12}$$

英格里斯只考虑了端部一点的应力，实际上裂纹端部的应力状态是很复杂的。格里菲斯从能量的观点来研究裂纹扩展的临界条件。这一条件就是：

物体内储存的弹性应变能的降低大于或等于形成两个新表面所需的表面能。在求理论强度时曾将此概念用于理想的完整晶体，而格里菲斯将此概念用于有缺陷的裂纹体。他认为物体内储存的弹性应变能的降低（或释放）就是裂纹扩展的动力。

Criffith 理论的最初形式仅仅能用于脆性固体（如玻璃），然而，经过修正和发展，Griffith 的理论对于金属材料也是适用的。

早在 1920 年 Griffith 提出，在脆性固体（例如玻璃）中有微裂纹存在，在受力时引起

86

应力集中，使得断裂强度大为降低。对应于一定尺寸的裂口有一个临界应力值 σ_c，当外加压力低于 σ_c 时，裂口不能扩大；而当应力超过 σ_c 时，裂口迅速扩大而导致断裂。Griffith 使用了能量分析法，认为，裂纹扩张的条件是，这一扩张应当引起系统的总能量降低或者裂纹扩张所需要的表面功能够为系统所释放出来的应变所充分供应。

设试样为一相当大的宽板，具有单位厚度，两端受均匀的拉伸应力 σ 作用，那么

（1）板在应力 σ 的作用下，板中储存的初始弹性应变能为：

$$u_0 = \frac{\sigma^2}{2E} \cdot V \tag{4-13}$$

式中　E——正弹性模量，

　　　V——板的体积。

（2）设想在板上割开一个垂直拉伸方向的穿透裂纹（图 4.7），裂纹的长度为 $2c$（若为边缘裂纹时，长度为 c），这时板将释出能量 u_1，

$$u_1 = \frac{-\pi c^2 \sigma^2}{E} \quad \text{（平面应力）} \tag{4-14}$$

$$u_1 = \frac{-\pi(1-\nu^2)c^2\sigma^2}{E} \quad \text{（平面应变）} \tag{4-15}$$

负号表示能量减少。

对割开裂纹所引起的能量减少可以这样来理解：出现裂纹后，在裂纹的上、下表面不存在应力，靠近裂纹表面地区的应力、应变被松弛。

（3）割开长 $2c$ 裂纹后，形成了裂纹表面，使系统的能量增加。所增加的表面能 u_2 可用下式表示：

$$u_2 = 4c\gamma \tag{4-16}$$

式中　γ——每单位面积的表面能。

由此可见，系统的总能量（平面应力）为：

$$u = u_0 + u_1 + u_2 = \frac{\sigma^2}{2E}V - \frac{\pi\sigma^2 c^2}{E} + 4\gamma c \tag{4-17}$$

即 u 是 σ 和 c 的函数。现在让我们在 σ 恒定的情况下来考察 u 随着 c 的变化（图 4.8），讨论 c 取什么数值时 u 具有极值。为此，令

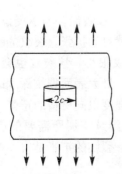

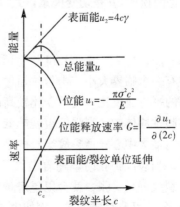

图 4.7　含有穿透裂纹的宽板在垂直于
裂纹的正应力的作用下断裂

图 4.8　系统能量及其变化速率
与裂纹半长的关系

$$\frac{\partial u}{\partial c} = -\frac{2\pi\sigma^2 c}{E} + 4\gamma = 0$$

这样就求出 u 取极值时

$$c_c = \frac{2E\gamma}{\pi\sigma^2} \tag{4-18}$$

或者

$$\sigma_c = \left(\frac{2E\gamma}{\pi c}\right)^{1/2} \approx \left(\frac{E\gamma}{c}\right)^{1/2} \tag{4-19}$$

在这里，临界的裂纹半长度和应力分别记作 C_c 和 σ_c，同时 $\dfrac{\partial^2 u}{\partial c^2} = -\dfrac{2\pi\sigma^2}{E} < 0$，这表明 u 具有极大值，相当于不稳定的平衡状态。这意味着当 $\sigma > \sigma_c$ 或 $c > c_c$ 时，裂纹将失稳扩张，导致断裂。

或者认为，如果裂纹扩张 dc，则此时所释放出的应变能 du_1，必须能够满足表面能 du_2 的需要，于是：

$$du_1 + du_2 = \frac{\partial u_1}{\partial c} dc + \frac{\partial u_2}{\partial c} dc = \left(\frac{\partial u_1}{\partial c} + \frac{\partial u_2}{\partial c}\right)dc = 0 \tag{4-20}$$

由于 $dc \neq 0$

$$\therefore \qquad \frac{\partial u_1}{\partial c} + \frac{\partial u_2}{\partial c} = \frac{\partial}{\partial c}(u_1 + u_2)$$

$$= \frac{\partial}{\partial c}\left(-\frac{\pi\sigma^2 c^2}{E} + 4c\gamma\right) = 0 \tag{4-21}$$

当 $\dfrac{\partial u_1}{\partial c} \geqslant \dfrac{\partial u_2}{2c}$，$du_1 + du_2 < 0$，即弹性应变能的释放速率大于或等于表面能的增长速率时，系统的自由能降低，裂纹会自动扩展。对应此值的裂纹尺寸，便为临界裂纹尺寸 c_c，小于此临界尺寸，裂纹不扩展，大于此临界尺寸裂纹便会失稳扩张。

于是得到与式（4-18、4-19）相同的结果。在平面应变情况下，则

$$c_c = \frac{2E\gamma}{\pi(1-\nu^2)\sigma^2} \tag{4-22}$$

$$\sigma_c = \left[\frac{2E\gamma}{\pi(1-\nu^2)c}\right]^{1/2} \tag{4-23}$$

利用关系式 $E = 2(1+\nu)\mu$

这里 ν 是泊松比，μ 是切变模量，式（4-23）可改写为：

$$\sigma_c = \left[\frac{4\mu\gamma}{\pi(1-\nu^2)c}\right]^{1/2} \tag{4-24}$$

式 4-18、4-19、4-20、4-21 和 4-22 称为 Griffith 公式。可以看出，当承受拉伸应力时，板材中裂纹有一个临界大小，当裂纹超过这个临界尺寸时，就自动扩张。裂纹的临界值与所承受的应力的平方成反比，当承受比较高的应力时，即使裂纹很小，这裂纹也会自动扩张，导致断裂。脆性固体的断裂强度也就越低。材料的断裂强度与最大表面裂纹深度的平方根成反比，或者与最大中心穿透裂纹半长的平方根成反比。断裂强度也同材料的正弹性模量和比表面能有关。当裂纹扩张时，随着裂纹尺寸变大，推动断裂继续扩展所需的应力相应降低。所以，裂纹一旦扩张，就会以越来越大的速度扩张下去，裂纹的扩张是失稳的。

Griffith 公式可改写成下式，例如由式（4-23）得到：

$$\sigma_c(c)^{1/2} = \left(\frac{2E\gamma}{\pi(1-\nu^2)}\right)^{1/2} \tag{4-25}$$

式（4-25）的右端只包含材料常数。这表明，材料的断裂既不单纯地取决于所承受的应力，也不单纯地取决于材料中所实际存在的最大裂纹的尺寸，而是取决于应力同裂纹半长平方根的乘积。不管应力同裂纹尺寸如何配合，只要应力同裂纹半长的平方根的乘积达到并超过某个常数，材料就会发生断裂。这个常数反映了材料抵抗断裂的能力，这一概念在断裂力学中得到了进一步的发展。

为了检验他自己提出的理论，Griffith 把薄的玻璃片拉断，在这些玻璃片上含有已知长度的裂纹。Griffith 指出，如所期望的，拉伸断裂强度随 $c^{-1/2}$ 直线变化，比例系数也同理论所推测的相符。为求比例系数的理论值，需要知道玻璃的正弹性模量和表面张力。Griffith 测定了熔融玻璃在不同温度的表面张力，并假定玻璃的表面张力随温度作线性变化，然后，借外推法求得玻璃在室温时的表面张力。普通玻璃的断裂强度约为 10^2MPa，这意味着存在有深度约为 10^{-4} cm 的裂纹。根据 Petch 的计算，若将玻璃的正弹性模量、表面张力和断裂强度的数值（表 4-1）代入 Griffith 公式，可求得临界裂纹尺寸为 2.6×10^{-5} cm。这样大小的裂纹用钠蒸气缀饰技术能在玻璃表面上显示出来。玻璃表面的裂纹可以因擦伤、化学侵蚀以及玻璃的结晶化等原因引起。如果用氢氟酸将含有裂纹的玻璃表面层蚀去，玻璃的断裂强度就大为提高，可达到 $3 \times 10^3 \text{MPa}$。在玻璃纤维（例如直径 $0.33 \mu m$）上测得的断裂强度比从粗大玻璃试样上测出的数值大 20 倍，对此可以运用纤维上没有裂纹来解释。有人将岩盐晶体浸在温水中溶掉其表面层后进行试验，也发现断裂强度从 5MPa 提高到 1600MPa，后者同理论断裂强度 2000MPa 相差不大。

表 4-1 Griffith 裂纹的尺寸

材料	断裂强度 σ (MPa)	比表面能 γ (J/m²)	杨氏模量 E (MPa)	计算的 Griffith 裂纹半长度 c (cm)
玻璃	180	0.21	6.2×10^4	2.6×10^{-5}
铁	700	1.22	20.5×10^4	7.8×10^{-5}
锌	1.8	0.80	3.5×10^4	0.55
食盐	2.2	0.15	4.9×10^4	0.10

有大量证据表明，大多数的材料断裂强度同发生断裂的环境有关。在进行石英纤维的拉伸试验时，如果样品事先进行烘烤并在真空中做试验而不是在大气中做试验，这样，石英纤维的断裂强度要高四倍。Orowan 指出，从大气中吸附的分子将降低表面能，因而会降低断裂强度。例如，云母的有效比表面能在真空中约为 4.5J/m^2，而在空气中约为 0.347J/m^2，这将使断裂强度产生三倍的变化。有一些表面活性介质可以降低固体的表面能从而使固体的断裂强度降低，这个效应已在生产中得到应用，即利用表面活性剂来提高对岩石钻孔的效率，例如，在钻硬石英时，常往凿岩用的水中加入少量的氯化铝。

Griffith 成功地解释了材料的实际断裂强度远低于其理论强度的原因，定量地说明了裂纹尺寸对断裂强度的影响，但他研究的对象主要是玻璃这类脆性材料，因此这一实验结果在当时并未引起重视。直到 20 世纪 40 年代之后，金属的脆性断裂事故不断发生，人们又重新开始审视 Griffith 的断裂理论了。

对于大多数金属材料，虽然裂纹尖端由于应力集中作用，局部应力很高，但是一旦超过材料的屈服强度，就会发生塑性变形。在裂纹尖端有一塑性区，材料的塑性越好强度越低，产生的塑性区尺寸就越大。裂纹扩展必须首先通过塑性区，裂纹扩展功主要耗费在塑性变形上，金属材料和陶瓷材料的断裂过程的主要区别也在这里。塑性变形功 γ_p 大约是表面能的 1000 倍，因此，Orowan 修正了 Griffith 断裂公式，得出：

$$\sigma_f = \left[2E\frac{(\gamma_s + \gamma_p)}{\pi c}\right]^{1/2} = \left[\frac{2E\gamma_s}{\pi c}\left(1 + \frac{\gamma_p}{\gamma_s}\right)\right]^{1/2} \tag{4-26}$$

因为 $\gamma_p \gg \gamma_s$，修正公式可变为：

$$\sigma_f = \left(\frac{2E\gamma_p}{\pi c}\right)^{1/2} \tag{4-27}$$

4.5 裂纹扩展的能量判据

在 Griffith 或 Orowan 的断裂理论中，裂纹扩展的阻力为 $2\gamma_s$，或者为 $2(\gamma_s + \gamma_p)$。裂纹扩展单位面积所耗费的能量为 R，则 $R = 2(\gamma_s + \gamma_p)$。而裂纹扩展的动力，对于上述的 Griffith 试验情况来说，只来自系统弹性应变能的释放。我们定义

$$G = \frac{\partial u}{\partial(2c)} = -\frac{\partial}{\partial(2c)}\left(\frac{\pi\sigma^2 c^2}{E}\right) = \frac{\sigma^2\pi c}{E} \tag{4-28}$$

亦即 G 表示弹性应变能的释放率或者为裂纹扩展力。应注意到 Griffith 的试验条件是一无限大的薄板，中心开一穿透裂纹，当加载到 P 后两端就固定，位移就保持不变，这种试验情况通常称为恒位移条件。如以图解法表示，则如图 4.9（a）所示。当载荷加到 A 点，位移为 OB，此后板的两端固定，平板中贮存的弹性能以面积 OAB 表示，如裂纹扩展 dc，引起平板刚度下降，平板内贮存的弹性能下降到面积 OCB，三角形 OAC 相当于由于裂纹扩展释放出来的弹性能。

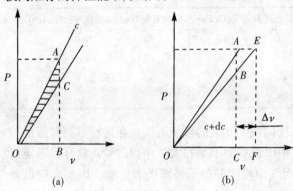

图 4.9 固定边界和恒载荷的 Griffith 准则能量关系
(a) 对于固定边界的 Griffith 准则能量关系；
(b) 恒载荷的 Griffith 准则能量关系

可是更为普遍的情形是载荷恒定外力做功，这时 G 的定义会不会改变呢？如图 4.9（b），OA 线为裂纹尺寸为 c 时试样的载荷位移线，在恒定载荷为 P_1 时，试样的位移由 C 点增加到 F 点，这时外载荷做功相当于面积 $AEFC$，平板内贮存的弹性能从 OAC 增量到 OEF，由于面积 $AEFC$ 为 OAE 的两倍，当略去三角形 AEB（这是一个二阶无穷小量），可知在外力做功的情况下，其做功的一半用于增加平板的弹性能，一半用于裂纹的扩展，扩展所需的能量为 OAB 面积。比较图 4.9（a）和图 4.9（b），可知不管是恒位移的情况还是恒载荷的情况，裂纹扩展可利用能是相同的。只不过恒位移情况，$G = -\dfrac{\partial U}{\partial(2c)}$，而恒载荷的情况 $G = +\dfrac{\partial U}{\partial(2c)}$，也就是说，对于前者裂纹扩展造成系统弹性能的下降，对于后者由于外力做功，系统的弹性能并不下降，裂纹扩展所需能量来自外力做功，两者的数值仍旧相同。

因此，我们仍可定义 G 为裂纹扩展的能量释放率或裂纹扩展力。因为 G 是裂纹扩展的动力，当 G 达到怎样的数值时，裂纹就开始失稳扩展呢？

按照 Griffith 断裂条件 $G \geqslant R$，$R = 2\gamma_S$。

按照 Orowan 修正公式 $G \geqslant R$，$R = 2(\gamma_S + \gamma_P)$。

因为表面能 γ_S 和塑性变形功 γ_P 都是材料常数，它们是材料固有的性能，令 $G_{IC} = 2\gamma_S$ 或 $G_{IC} = 2(\gamma_S + \gamma_P)$，则有：

$$G_I = G_{IC} \tag{4-28}$$

这就是断裂的能量判据。原则上讲，对不同形状的裂纹，其 G_I 是可以计算的，而材料的性能 G_{IC} 是可以测定的。因此可以从能量平衡的角度研究材料的断裂是否发生。

4.6　应力强度因子 K_I 和平应变断裂韧性 K_{IC}

线弹性断裂力学是断裂力学中比较成熟的一部分。在线弹性断裂力学中，假定包围裂纹的材料仍然是连续介质，忽略真实裂纹表面的显微不规则性，假定裂纹表面是平滑的，还假定材料在断裂前基本服从胡克定律。

根据裂纹体的受载和变形情况，可将裂纹分为三种类型，如图 4.10 所示。

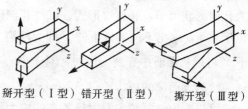

（1）张开型（或称拉伸型）裂纹

外加正应力垂直于裂纹面，在应力 σ 作用下裂纹顶端张开，扩展方向和正应力垂直，这种张开型裂纹通常简称 I 型裂纹。

瓣开型（I 型）错开型（II 型）　撕开型（III 型）

图 4.10　裂纹的三种类型

（2）滑开型（或称剪切型）裂纹

剪切应力平行于裂纹面，裂纹滑开扩展，通常简称为 II 型裂纹。如轮齿或花键根部沿切线方向的裂纹，或者受扭转的薄壁圆筒上的环形裂纹都属于这种情形。

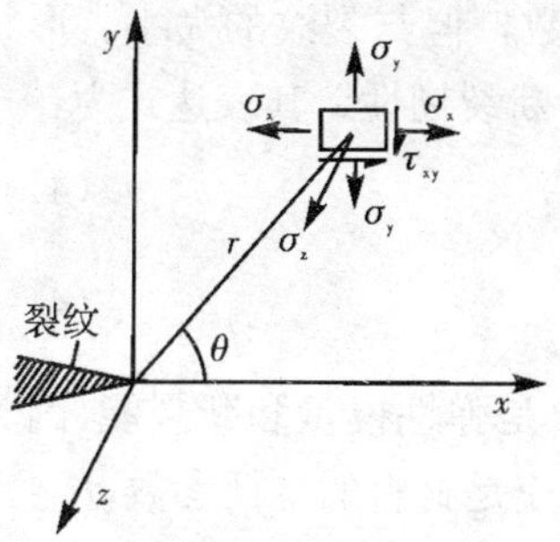

（3）撕开型裂纹

在切应力作用下，一个裂纹面在另一裂纹面上滑动脱开，裂纹前缘平行于滑动方向，如同撕布一样，这称为撕开型裂纹，也简称 III 型裂纹。例如，圆轴上有一环形切槽，受到扭转作用引起的断裂。

实际工程构件中裂纹形式大多属于 I 型裂纹，也是最危险的一种裂纹形式，最容易引起低应力脆断，所以我们重点讨论 I 型裂纹。

图 4.11　裂纹尖端附近的应力分析

张开型裂纹尖端（I 型裂纹）附近应力场的情况如图 4.11 所示，1957 年欧文（Irwin）应用弹性力学的应力场理论对裂纹端部的应力场做了较深入的分析，得到如下结果：

$$\left.\begin{aligned}
\sigma_{xx} &= \frac{K_I}{\sqrt{2\pi r}} \cos\frac{\theta}{2}\left(1 - \sin\frac{\theta}{2}\sin\frac{3\theta}{2}\right) \\
\sigma_{yy} &= \frac{K_I}{\sqrt{2\pi r}} \cos\frac{\theta}{2}\left(1 + \sin\frac{\theta}{2}\sin\frac{3\theta}{2}\right) \\
\tau_{xy} &= \frac{K_I}{\sqrt{2\pi r}} \cos\frac{\theta}{2}\sin\frac{\theta}{2}\cos\frac{3\theta}{2}
\end{aligned}\right\} \tag{4-29}$$

将上式也可写成
$$\sigma_{ij} = \frac{K_{\mathrm{I}}}{\sqrt{2\pi r}} f_{ij}(\theta) \tag{4-30}$$

式中　r——半径矢量；

　　　θ——角坐标。

当 $r \ll c$；$\theta \to 0$，即为裂纹尖端处一点，此时：

$$\sigma_{xx} = \sigma_{yy} = \frac{K_{\mathrm{I}}}{\sqrt{2\pi r}} \tag{4-31}$$

从上面分析可知，裂纹尖端附近一点的应力分量都和 K_{I} 这一因子有关。由于 $\sigma_{ij} = f(\sigma, c, r, \theta)$，而 $\frac{1}{\sqrt{2\pi r}} f_{ij}(\theta)$ 是和位置有关的项，所以 K_{I} 是 σ 和 c 的函数，此函数关系已由实验规律得出，即：

$$K_{\mathrm{I}} = Y\sigma\sqrt{C} \tag{4-32}$$

式中 K_{I} 称为应力强度因子，单位为 $Pa \cdot m^{\frac{1}{2}}$，它是反映裂纹尖端应力场强度的一个量。Y 为几何形状因子，和裂纹形式、试件几何形状有关，它是一个无量纲的系数，求 K_{I} 的关键在于求 Y，求出不同条件下的 Y 即为断裂力学的内容，也可通过大量实验得到 Y。各种情况下 Y 可以从手册中查到。例如，对于中心有穿透裂纹的大而薄的板，$Y = \sqrt{\pi}$，对于边缘有穿透裂纹的大而薄的板，$Y = 1.12\sqrt{\pi}$。

可以看出，裂纹尖端附近各点的应力随着 K_{I} 值的增大而提高。当 K_{I} 值随着外应力而增大到某一临界值，则足以使原子结合键分离，裂纹就快速扩展并导致试样断裂。这一临界状态下所对应的应力强度因子称为临界应力强度因子 K_{IC}。

$$K_{\mathrm{IC}} = Y\sigma_{\mathrm{f}}\sqrt{c} \tag{4-33}$$

此时对应的临界外应力 σ_{f} 即材料的强度。

K_{IC} 是材料固有的性能，亦是材料的结构和显微结构的函数，但与裂纹的大小、形状以及外力无关，它实际上是材料抵抗裂纹扩展的阻力因素，称为断裂韧性，其表达式为：

$$K_{\mathrm{IC}} = \sqrt{2E\gamma} \quad （平面应力状态） \tag{4-34}$$

$$K_{\mathrm{IC}} = \sqrt{\frac{2E\gamma}{1-\nu^2}} \quad （平面应变状态） \tag{4-35}$$

可见，K_{IC} 就是我们熟知的由 E、γ、ν 所决定的物理量（主要是弹性模量和断裂能，因为一般材料的 ν 在 $0.2 \sim 0.3$ 之间，对上式的影响不大）。因而 K_{IC} 也应是材料的本征参数，K_{IC} 反映了具有裂纹的材料对外界作用的一种抵抗能力，也可以说是阻止裂纹扩展的能力，因此是材料固有的性质。

按照经典强度理论，在设计构件时，断裂准则是 $\sigma \leqslant [\sigma]$，即使用应力应小于或等于许用应力，而许用应力 $[\sigma] = \frac{\sigma_{\mathrm{f}}}{n}$ 或 $\frac{\sigma_y}{n}$，σ_{f} 为断裂应力，σ_y 为屈服强度，n 为安全系数。σ_{f} 与 σ_y 都是材料常数。上面已经谈到这种设计方法和选材准则没有抓住断裂的本质，不能防止低应力下的脆性断裂。按照断裂力学的观点，必须打破传统观点，提出新的选材准则，应该用一个新的表征材料特征的参数断裂韧性 K_{IC} 来做判据，当 $K_{\mathrm{I}} \leqslant K_{\mathrm{IC}}$ 时，材料是安全的，当 $K_{\mathrm{I}} > K_{\mathrm{IC}}$ 时，材料就要发生断裂。就是说应力强度因子应小于或等于材料的平面应变断裂韧性，所设计的构件是安全的。

下面举一例子来说明两种设计选材方法的差异。有一构件，实际使用应力 σ 为 $1.30 \times 10^9 \mathrm{Pa}$，有下列两种钢待选：

甲钢： $\qquad \sigma_y = 1.95 \times 10^9 \mathrm{Pa}$，$K_{IC} = 45 \mathrm{MPa} \cdot \mathrm{m}^{\frac{1}{2}}$

乙钢： $\qquad \sigma_y = 1.56 \times 10^9 \mathrm{Pa}$，$K_{IC} = 75 \mathrm{MPa} \cdot \mathrm{m}^{\frac{1}{2}}$

根据传统设计，$\sigma \times$ 安全系数 $\leqslant$ 屈服强度

甲钢的安全系数：$\qquad n = \dfrac{\sigma_y}{\sigma} = \dfrac{1.95 \times 10^9 \mathrm{Pa}}{1.30 \times 10^9 \mathrm{Pa}} = 1.5$

乙钢的安全系数：$\qquad n = \dfrac{\sigma_y}{\sigma} = \dfrac{1.56 \times 10^9 \mathrm{Pa}}{1.30 \times 10^9 \mathrm{Pa}} = 1.2$

可见选择甲钢比选乙钢安全。

但是根据断裂力学观点，构件的脆性断裂是裂纹扩展的结果，所以应该计算 K_I 是否超过 K_{IC}。据计算，$Y = 1.5$，设最大裂纹尺寸为 $1 \mathrm{mm}$，则由 $\sigma_c = \dfrac{K_{IC}}{Y \sqrt{c}}$ 算出：

甲钢的断裂应力：$\qquad \sigma_c = \dfrac{45 \times 10^6}{1.5 \sqrt{0.001}} = 1.0 \times 10^9 \mathrm{Pa}$

乙钢的断裂应力：$\qquad \sigma_c = \dfrac{75 \times 10^6}{1.5 \sqrt{0.001}} = 1.67 \times 10^9 \mathrm{Pa}$

因为甲钢的 σ_c 小于 $1.30 \times 10^9 \mathrm{Pa}$，因此是不安全的，会导致低应力脆性断裂，乙钢的 σ_c 大于 $1.30 \times 10^9 \mathrm{Pa}$，因而是安全可靠的，可见，两种设计方法得出截然相反的结果。按照断裂力学观点设计，既安全可靠，又能充分发挥材料的强度，合理使用材料。而按传统观点，片面追求高强度，其结果不但不安全，而且还埋没乙钢这种非常实用的材料。

弹性应变能的释放率，G_I 与应力强度因为 K_I 都是裂纹扩展的动力，临界应变能释放率 G_{IC} 与断裂韧性 K_{IC} 都是裂纹扩展的阻力，两者的关系为：

$$G_I = \frac{\pi c \sigma^2}{E} \tag{4-36}$$

如为临界状态，则加脚标 c 表示，即

$$G_{IC} = \frac{\pi c \sigma_c^2}{E}$$

对于有内裂的薄板，$Y = \sqrt{\pi}$，则 $K_I = \sqrt{\pi} \sigma \sqrt{c}$，将 $K_{IC}^2 = \pi c \sigma_c^2$ 代入上式得：

$$\left.\begin{aligned} G_{IC} &= \frac{K_{IC}^2}{E} \qquad \text{（平面应力状态）} \\ G_{IC} &= \frac{(1-\nu^2)K_{IC}^2}{E} \qquad \text{（平面应变状态）} \end{aligned}\right\} \tag{4-37}$$

对于脆性材料，$G_{IC} = 2\gamma$，由此可得：

$$\left.\begin{aligned} K_{IC} &= \sqrt{2E\gamma} \qquad \text{（平面应力状态）} \\ K_{IC} &= \sqrt{\frac{2E\gamma}{1-\nu^2}} \qquad \text{（平面应变状变）} \end{aligned}\right\} \tag{4-38}$$

4.7　裂纹尖端的塑性区及应力强度因子的修正

前面我们从线弹性理论分析了 K_I 的临界值 K_{IC}。然而纯弹性是没有的，实际的金属材料即使是高强度钢，都有不同程度的塑性，在裂纹尖端总难免要发生塑性形变。在这种情况下，上面所讨论的应力强度因子 K_I，断裂判据 $K_I > K_{IC}$ 等还能否适用？实验证明，只要在脆性断裂前，裂纹尖端的屈服区较小（小范围屈服），同时对应力强度因子作适当的修正，线弹性理论仍然适用。

4.7.1　裂纹尖端附近塑性区的形状和尺寸

根据弹性理论计算的结果，平面应力时裂纹前端屈服区的边界方程式为：

$$r = \frac{K_I^2}{2\pi\sigma_y} \cos^2 \frac{\theta}{2} \left(1 + 3\sin^2 \frac{\theta}{2}\right) \tag{4-39}$$

同样，平面应变时裂纹前端屈服区边界方程式为：

$$r = \frac{K_I^2}{2\pi\sigma_y^2} \cos^2 \frac{\theta}{2} \left[(1-2\nu)^2 + 3\sin^2 \frac{\theta}{2}\right] \tag{4-40}$$

式中　r——极半径；

$\quad\quad\theta$——极角；

$\quad\quad\sigma_y$——屈服强度。

将上两式绘出如图 4.12 所示的曲线，在 X 轴上：

$$r_0 = \frac{K_I^2}{2\pi\sigma_y^2} \quad\quad \text{（平面应力）} \tag{4-41}$$

上述对屈服区域的估计并未考虑塑性区的应力松弛效应。裂纹尖端应力松弛的结果使塑性范围扩大。扩大的程度可以根据裂纹平面上（$\theta=0$）积分应力和外加应力平衡的要求进行估计。未发生应力松弛时，裂纹平面上 y 方向的应力 $\sigma_{yy} = \dfrac{K_I}{\sqrt{2\pi r}}$，如图 4.13 中 FBD 线所示，松弛后的应力分布如 $ABCE$ 所示。根据计算结果，得到塑性区的尺寸为：

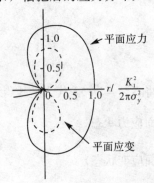

图 4.12　I型裂纹尖端塑性区形状示意图

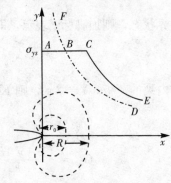

图 4.13　塑性区应力松弛的结果

$$R = \frac{K_I^2}{\pi\sigma_y^2} = 2r_0 \tag{4-42}$$

由此可见，考虑到应力松弛以后，平面应力状态下塑性区的尺寸比未考虑松弛时塑性区

的尺寸 r_0 大一倍。

至于平面应变状态下的塑性区尺寸则按下式计算：

$$r_0 = \frac{K_I^2}{4\sqrt{2}\,\pi\sigma_y^2} \qquad (4-43)$$

求之，和平面应力的情况相比，塑性区约只有它的1/3，考虑应力松弛以后，平面应变的塑性区尺寸也扩大了一倍，与平面应力的结果相似，即

$$R = \frac{K_I^2}{2\sqrt{2}\,\pi\sigma_y^2} \qquad (4-44)$$

上面讨论的仅是纯平面应力和纯平面应变条件下的塑性区形状，这是两种极限情况。实际物体往往处于这两者之间。例如，带裂纹板材的表面处于平面应力状态，而其中间部分则处于平面应变状态，沿厚度方向 σ_3 由表面的零值增加到内部平面应变状态的 $\sigma_3 = \nu(\sigma_1 + \sigma_2)$ 值。因此塑性区也由表面的典型平面应力塑性区的形状逐渐变化到内部的平面应变塑性区的形状。这是一种两头大、中间小的类似哑铃状的塑性区，如图 4.14（a）所示，然而实际观察到的三维塑性区形状部如图 4.14（b）所示，与理论分析的结果有一些差别。这是因为平

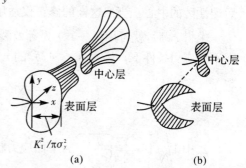

图 4.14　厚板中的穿透裂纹尖端塑性区的形状和相对尺寸
（a）理论分析结果；（b）实际观察结果

面应力状态和平面应变状态同时存在而相互影响的结果，表面层由于受内层向平面应变区过渡的影响而具有混合塑性区形状，而中心区则为"铰链式"的典型平面应变塑性区，但双叶略向小角方向偏斜。

4.7.2　裂纹的有效尺寸

应力强度因子 K_I 反映了裂纹尖端应力分布的情况，它完全建立在理想的弹性体的基础上。由于裂纹尖端塑性区的应力松弛，使得按弹性理论计算出来的应力分布发生了变化，这样 K_I 也相应地有了变化，故应对按弹性理论计算的结果作适当的修正。最简单和最实用的修正方法是用弹性理论公式计算 K_I 时采用有效裂纹尺寸，其基本原理如图4.15所示。当裂纹尖端有了塑性区以后，可以假定裂纹的长度有所增加，这样裂纹的尖端将由原来的位置移到塑性区中的某一点 O，移动的距离为 r_y，此时裂纹的总长度($c + r_y$) 称为有效裂纹长度。r_y 是在如下的假设条件下计算出来的，即假定在广大的弹性区内，按 Irwin 的弹性理论公式所给出的应力分布（图 4.15 虚线）与实际应力分布曲线（图 4.15 实线）基本吻合。为此，裂纹的计算边界必定向右移动 r_y 才能使理论分布曲线的塑性区边界和应力松弛后塑性区边界 B 点的应力相等并正好等于屈服应力 σ_y，也即在 $r = R - r_y$ 时，$\sigma_{yy} = \sigma_y$，故有：

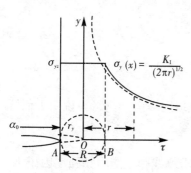

图 4.15　塑性区修正方法示意图

$$\sigma_{yy} = \frac{K_I}{\sqrt{2\pi(R - r_y)}} = \sigma_y \qquad (4-45)$$

$$r_y = R - \frac{K_I^2}{2\pi\sigma_y^2} \qquad\qquad (4-46)$$

在平面应力和平面应变的情况下，R 和 σ_y 均已知，将它们分别代入上式，得到：

$$r_y = \frac{K_I^2}{2\pi\sigma_y^2} \qquad \text{（平面应力）} \qquad (4-47)$$

$$r_y = \frac{K_I^2}{4\sqrt{2}\,\pi\sigma_y^2} \qquad \text{（平面应变）} \qquad (4-48)$$

这个结果表明，在这两种情况下，按裂纹有效长度计算的裂纹尖端都是移动应力松弛以后塑性区的中心。当然这样的修正仅适用于小范围屈服的情况。

求得 r_y 后，就可用 $(c+r_y)$ 为等效裂纹长度计算应力强度因子 K_I 值，$K_I = Y\sigma\sqrt{c+r_y}$，在平面应力条件下，将式 (4-47) 的 r_y 代入 K_I 中，经化简后得：

$$K_I = \frac{Y\sigma\sqrt{c}}{\sqrt{1 - \frac{Y^2}{2\pi}\left(\frac{\sigma}{\sigma_y}\right)^2}} \qquad\qquad (4-49)$$

式中 $1\Big/\sqrt{1 - \dfrac{Y^2}{2\pi}\left(\dfrac{\sigma}{\sigma_y}\right)^2}$ 为平面应力状态下的塑性区修正系数，在平面应变状态下，将式 (4-48) 代入 K_I 式，化简后得：

$$K_I = \frac{Y\sigma\sqrt{c}}{\sqrt{1 - \frac{Y^2}{4\sqrt{2}\,\pi}\left(\frac{\sigma}{\sigma_y}\right)^2}} \qquad\qquad (4-50)$$

式中 $1\Big/\sqrt{1 - \dfrac{Y^2}{4\sqrt{2}\,\pi}\left(\dfrac{\sigma}{\sigma_y}\right)^2}$ 为平面应变状态下的塑性区修正系数，考虑裂纹尖端塑性区影响的应力强度因子的一般表达式为：

$$K_I = Y\sigma\sqrt{c}\,\beta \qquad\qquad (4-51)$$

式中 β 为修正系数，从上述分析可知，当作用应力 σ 远小于材料的屈服极限 σ_y 时，修正系数 β 趋近于 1，因此可不必考虑塑性区对应力强度因子的影响。

考虑到裂纹尖端塑性区的应力松弛后，就必须用裂纹的有效尺寸来代替裂纹的真实尺寸，代入完全建立在弹性理论基础上的公式来计算 K_I 值，这样计算出来的 K_I 值才是有效的。

J. F. Knott 用边界配位法计算了紧凑拉伸试样和三点弯曲试样上，不同 r/c 处的 σ_y 分量的精确解。

$$\begin{aligned}\sigma_{ij}(r,\theta) = &\, c_1 f_1(\theta) r^{-1/2} + c_2 f_2(\theta) r^0 + c_3 f_3(\theta) r^{1/2}\\ &+ c_4 f_4(\theta) r + c_5 f_5(\theta) r^{3/2} + \Lambda\end{aligned} \qquad (4-52)$$

并与近似解 $\sigma_1 = \dfrac{K_I}{\sqrt{2\pi r}}$ 进行对比，得出相对误差 $\dfrac{\sigma_1 - \sigma}{\sigma}\times 100\%$，随 r/c 的变化规律。

从曲线可知，如果 $r/c < \dfrac{1}{15\pi}$，则用三点弯曲试件时，相对误差小于 6%，说明近似解法的误差不大，而且应力值偏大，使用时在安全一侧。

因此，如果限制塑性区尺寸 r_0，使得 $r/c \leqslant \dfrac{1}{15\pi}$，近似求解线弹性应力场强度因子 K_I 可行性成立，则裂纹长：

$$c \geqslant 15\pi \times (r_0')_c = 15\pi \times \frac{1}{4\sqrt{2}\,\pi}\Big(\frac{K_{\mathrm{IC}}}{\sigma_y}\Big)^2$$

$$= 2.5\Big(\frac{K_{\mathrm{IC}}}{\sigma_y}\Big)^2 \tag{4-53}$$

如果满足这个条件，则称为小范围塑性形变。线弹性断裂判据仅适用于这种条件下。换句话说，用试样测 K_{IC} 时，裂纹的长度不能太短，要满足上式。

一般试样有足够的厚度，在离试样表面一定距离的内部属于平面应变状态，而前后两个表面则属于平面应力状态。表面上的较大的应力状态必然要影响到厚度中间的平面应变状态。因此，愈薄的试样，这种影响就愈大，故断裂判据的适用条件还要求试样的厚度。

$$B \geqslant 2.5\Big(\frac{K_{\mathrm{IC}}}{\sigma_y}\Big)^2 \tag{4-54}$$

同样，还对试样的净宽，即开裂剩余部分的尺寸有所限制，即

$$(W - c) \geqslant 2.5\Big(\frac{K_{\mathrm{IC}}}{\sigma_y}\Big)^2 \tag{4-55}$$

式中　W——试样的宽度。

由于陶瓷材料本身的屈服强度很高，但断裂韧性 K_{IC} 却较低，上述限制均不难满足，所以试样的尺寸可以做得相当小，高、宽仅几毫米。

4.8　断裂韧性 K_{IC} 的测试

金属材料的断裂韧性测试见国标 GB 4161—84，在标准中对试样及加工，测试程序，测试结果处理及有效性分析等内容均有详细的规定。

4.8.1　试样及制备

在 GB 4161—84 中规定了四种试样，标准三点弯曲试样、紧凑拉伸试样、C 形拉伸试样和圆形紧凑拉伸试样。常用的三点弯曲和紧凑拉伸两种试样的形状及尺寸如图 4.16 所示。其中三点弯曲试样较为简单，故使用较多。

由于 K_{IC} 是金属材料在平面应变和小范围屈服条件下裂纹失稳扩展时 K_{I} 的临界值，因此，测定 K_{IC} 用的试样尺寸必须保证裂纹顶端处于平面应变或小范围屈服状态。

根据计算，平面应变条件下塑性区宽度 $R_0 \approx 0.11(K_{\mathrm{IC}}/\sigma_y)^2$，式中 σ_y 为材料在 K_{IC} 试验温度和加载速率下的屈服强度 $\sigma_{0.2}$ 或屈服点 σ_s。因此，若将试样在 z 向的厚度 B、在 y 向的宽度 W 与裂纹长度 c 之差（即 W-c，称为韧带宽度）和裂纹长度 c 设计成如下尺寸：

$$\left.\begin{array}{l} B \\ c \\ (W - c) \end{array}\right\} \geqslant 2.5\Big(\frac{K_{\mathrm{IC}}}{\sigma_y}\Big)^2 \tag{4-56}$$

则因这些尺寸比塑性区宽度 R_0 大一个数量级，因而可保证裂纹顶端处于平面应变和小范围屈服状态。

由上式可知，在确定试样尺寸时，应预先测试所试材料的 σ_y 值和估计或参考相近材料的）K_{IC} 值，定出试样的最小厚度 B。然后，再按图 4.16 中试样各尺寸的比例关系，确定试样宽度 W 和长度 L。若材料的 K_{IC} 值无法估算，还可根据该材料的 σ_y/E 的值来确定 B 的大小，见表 4-2。

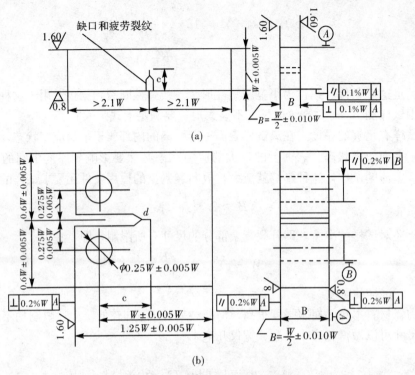

图 4.16   测定 K_{IC} 用的标准试样

(a) 标准三点弯曲试样；(b) 紧凑拉伸试样

表 4 - 2   根据 σ_y/E 确定试样最小厚度 B

σ_y/E	B/mm	σ_y/E	B/mm
0.0050～0.0057	75	0.0071～0.075	32
0.0057～0.0062	63	0.0075～0.0080	25
0.0062～0.0065	50	0.0080～0.0085	20
0.0065～0.0068	44	0.0085～0.0100	12.5
0.0068～0.0071	38	≥0.0100	6.5

试样材料应该和工件一致，加工方法和热处理也要与工件尽量相同。无论是锻造成型试样或者是从板材、棒或工件上截取的试样，都要注意裂纹面的取向，使之尽可能与实际裂纹方向一致。试样毛坯经粗工后进行热处理和磨削，随后开缺口和预制裂纹。试样上的缺口一般在钼丝线切割机床上开切。为了使引发的疲劳裂纹平直，缺口应尽量尖锐，并应垂直于试样表面和预期的扩展方向，偏差在 ±2° 以内，预制裂纹可在高频疲劳试验机上进行。疲劳裂纹的长度应不小于 2.8%W，且不小于 1.5 mm。c/W 应控制在 0.45～0.55 范围内。疲劳裂纹面应同时与试样的宽度和厚度方向平行，偏差不得大于 10°。

4.8.2 测试方法

试样用专用夹持装置安装在一般万能材料试验机上进行断裂试验。对于三点弯曲试样，其试验装置简图如图 4.17 所示。在试验机活动横梁 1 上装上专用支座 2，用辊子支承试样

3，两者保持滚动接触。两支承辊的端头用软弹簧或橡皮筋拉紧，使之紧靠在支座凹槽的边缘上，以保证两辊中心距离为 $S=4W\pm2$。在试验机的压头上装有载荷传感器 4，以测量载荷 P 的大小。在试样缺口两侧跨接夹式引伸计 5，以测量裂纹嘴张开位移 V。将传感器输出的载荷信号及引伸计输出的裂纹嘴张开位移信号输入到动态应变仪 6 中，将其放大后传送到 X-Y 函数记录仪 7 中。在加载过程中，随载荷 P 增加，裂纹嘴张开位移 V 增大。X-Y 函数记录仪可描绘出表明两者关系的 P-V 曲线。根据 P-V 曲线可间接确定裂纹失稳扩展时的载荷 P_Q。

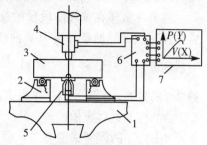

图 4.17　三点弯曲试验装置示意图
1—试验机活动横梁；2—支座；3—试样；
4—载荷传感器；5—夹式引伸仪；
6—动态应变仪；7—X-Y 函数记录仪

由于材料性能及试样尺寸不同，P-V 曲线主要有三种类型，如图 4.18 所示。从 P-V 曲线上确定 P_Q 的方法是，先从原点 O 作一相对直线 OA 部分斜率减少 5% 的割线，以确定裂纹扩展 2% 时相应的载荷 P_5，P_5 是割线与 P-V 曲线交点的纵坐标值。如果在 P_5 以前没有比 P_5 大的高峰载荷，则 $P_Q=P_5$（图 4.18 曲线 I 如果在 P_5 以前有一个高峰载荷，则取此高峰载荷为 P_Q（图 4.18 曲线 II 和 III）。

试样压断后，用工具显微镜测量试样断口的断纹长度 c，由于裂纹前缘呈弧形，规定测量 $1/4B$、$1/2B$ 及 $3/4B$ 三处的裂纹长度 c_2、c_3 及 c_4，取其平均值作为裂纹的长度 c（见图 4.19）。

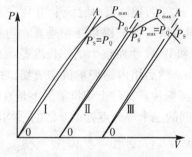

图 4.18　P-V 曲线的三种类型

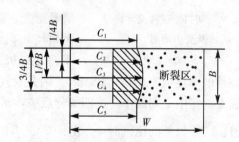

图 4.19　断口裂纹长度 a 的测量

4.8.3　试验结果的处理

三点弯曲试样加载时，裂纹顶端的应力场强度因子 K_I 表达式为

$$K_I = \frac{P \cdot S}{BW^{3/2}} \cdot Y_1\left(\frac{c}{W}\right) \tag{4-57}$$

式中 $Y_1(c/W)$ 为与 c/W 有关的函数。求出 c/W 之值后即可查表或由下式求得 $Y_1(c/W)$ 值。

$$Y_1\left(\frac{c}{W}\right) = \frac{3(c/W)^{1/2}\left[1.99-(c/W)(1-c/W)\times(2.15-3.93)(c/W)+2.7(c^2/W^2)\right]}{2(-1+2c/W)(1-c/W)^{3/2}}$$

将条件的裂纹失稳扩展的临界载荷 P_Q 及试样断裂后测出的裂纹长度 c 代入式(4-56)，即可求出 K_I 的条件值，记为 K_Q。然后再依据下列规定判断 K_Q 是否为平面应变状态下的 K_{IC}，即判断 K_Q 的有效性。

当 K_Q 满足下列两个条件时

99

$$\left.\begin{array}{ll}(1) & P\mathrm{max}/P_Q \leqslant 1.10 \\ (2) & B \geqslant 2.5(K_Q/\sigma_y)^2\end{array}\right\} \tag{4-58}$$

则 $K_Q = K_{IC}$。如果试验结果不满足上述条件之一，或两者均不满足，试验结果无效，建议加大试样尺寸重新测定 K_{IC}，试样尺寸至少应为原试样的 1.5 倍。

将另一试样在弹性阶段预加载，并在记录纸上作好初始直线和斜率降低 5% 的割线。然后重新对该试样加载，当 $P\text{-}V$ 曲线和 5% 割线相交时，停机卸载。试样经氧化着色或两次疲劳后压断，在断口 $\frac{1}{4}B$、$\frac{1}{2}B$ 和 $\frac{3}{4}B$ 的位置上测量裂纹稳定扩展量 Δc。如果此裂纹确已有了约 2% 的扩展，则 K_Q 仍可作为 K_{IC} 的有效值。否则试验结果无效，另取厚度为原试样厚度 1.5 倍的标准试样重做试验。

测试 K_{IC} 的误差来源有三：载荷误差，取决于试验设备的测量精度；试样几何尺寸的测量误差，取决于量具的精度；修正系数的误差，取决于预制裂纹前缘的平直度。在一般情况下，修正系数误差对测试 K_{IC} 的误差影响最大。如果保证裂纹长度测量相对误差小于 5%，则 K_{IC} 值最大相对误差不大于 10%。

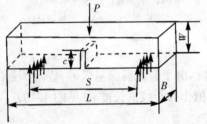

图 4.20　切口梁试件尺寸代号及受力简图

关于陶瓷材料的 K_{IC} 的测定，最常用的方法是单边切口梁法，原理与金属的三点弯曲试验相似，所不同的在于该法以单边切口代替了预制裂纹，试件几何形状及受力状态见图 4.20 所示，试件为矩形截面的长条状，经切、磨、抛光。试件的受拉表面应该采用 $W7^{\#}$ 金刚石研磨膏抛光，达到 7 级，保证棱角互相垂直。边棱应纵向倒角尺 0.5。B 和 W 尺寸在整个试件长度范围内的变化不超过 0.02 mm。然后用内圆切割机切成切口深度为 c，金刚石锯片的厚度应不超过 0.25 mm。因是盘式内圆锯片，试件上切口前沿不是直线，表面的 c 值偏大，在中心则偏小。按四等分点法，求中间的三个等分点处的 c 值的平均数作为采用的 c 值。试件尺寸的比例为：$c/W = 0.4 - 0.6$，$W/s = 1/4$，$B = \frac{1}{2}W$。

三点弯曲受力下，K_{IC} 的计算公式可沿用美国 ASTME-399-74 中所列公式

$$K_{IC} = \sigma_f \sqrt{c}\,Y = \frac{P_c}{B}\frac{S}{W^{3/2}}f(c/W)\ \mathrm{MPa \cdot m^{\frac{1}{2}}}$$

$$\begin{aligned}f(c/W) = {}& 2.9(c/W)^{1/2} - 4.6(c/W)^{3/2} \\ & + 2.8(c/W)^{5/2} - 37.6(c/W)^{7/2} + 38.7(c/W)^{9/2}\end{aligned} \tag{4-59}$$

式中　P_c——临界载荷。

陶瓷等脆性材料的临界荷载即为最大荷载。据研究，加载速度按形变速度来控制，规定为 0.05 mm/min。实验机上应用记录瞬时最大荷载的装置。切口梁法只运用于 $d = 20 \sim 40$ mm 的粗晶陶瓷。如果是细晶陶瓷，将使测得的 K_{IC} 数值偏大。

4.9　材料的强化和增韧

人们在利用材料的力学性质时，总是希望所使用的材料既要有足够的强度，又有较好的韧性。但通常的材料往往两者只能居其一，要么是强度高，韧性差；要么是韧性好，但强度

100

却达不到要求。寻找办法来弥补材料各自的缺点，这就是材料的强化和增韧所要解决的问题。

金属材料有较好的韧性，可以拉伸得很长，但是强度不高，所以对金属材料而言需要的是增加强度，强化成为关键的问题。而陶瓷材料本身的强度很高，其弹性模量比金属高得多，但缺乏韧性，会脆断，所以陶瓷材料要解决的是增韧的问题。如果能成功的实现材料的强化或增韧，就可以弥补上述两种材料各自所缺的性能。

4.9.1　金属材料的强化

从理论上来看，提高金属强度有两条途径：第一条是完全消除内部的位错和其他缺陷，使它的强度接近于理论强度。目前虽然能够制出无位错的高强度的金属晶须，但实际应用它还存在困难，因为这样获得的高强度是不稳定的，对于操作效应和表面情况非常敏感，而且位错一旦产生后，强度就大大下降。因而在生产实践中，强化金属走的是另一条途径，就是在金属中引入大量的缺陷，以阻碍位错的运动，例如，加工硬化、合金强化、细晶强化、马氏体强化、沉淀强化等。值得注意的是有效地综合利用这些强化手段，也可以从另一方面接近理论强度，例如在铁和钛中可以达到理论强度的38%。

在软的基质中分布了硬的颗粒可强化材料，在实践中已经广泛应用的沉淀硬化与弥散硬化就是具体的例证。下面分别介绍几种强化的方法。

1. 加工硬化　金属材料大量形变以后强度就会提高，具有加工硬化的性能，即形变后流变应力得到提高，是金属可以用作为结构材料的重要依据。例如，一根铜丝经过适当弯折会变硬，这是因为发生的塑性形变产生了大量的位错，位错密度的提高使得金属强度提高。所以加工硬化是金属的一个很重要的性能。这样，经过加工硬化的金属制成的构件，在局部区域可以承受超过屈服强度的应力而不致引起整个构件的破坏。因而关于金属加工硬化的研究就成为金属力学性质的中心课题之一。自从位错理论提出以后，就开始了对加工硬化的位错机制的探索。

试样经过预形变之后，其屈服应力被称为流变应力。预形变使试样的位错密度得到提高，从而使流变应力明显地表现出和位错密度有依赖关系，即流变应力 τ 与位错密度 ρ 的培莱-赫许（Bailey-Hirsch）关系

$$\tau = \tau_0 + a\mu b\rho^{1/2} \tag{4-60}$$

这里 a 为一系数，μ 为切变模量，b 为位错的强度。从式（4-60）中可以看出流变应力和位错密度呈 1/2 次方的关系，这可以用位错间的相互作用来解释，位错之间如何相互作用有很多不同的机制，但得出的结果均为 1/2 次方的关系。我们可以用量纲分析的方法得到这个结论。晶体的流变应力 τ 应该和材料的切变模量 μ、位错强度 b 及位错密度 ρ 有关。μ 与 τ 的量纲相同，b 具有长度量纲 $[L]$，而 ρ 的量纲为 $[L^{-2}]$，所以这些量的无量纲关系式应具有如下形式：

$$\frac{\tau}{\mu} = a(b^2\rho)^n \tag{4-61}$$

等式的两侧都是纯数，a，n 为两个常数。在切应力 τ 的作用下，单位长度位错所受作用力等于 τb；而位错间的交互作用（或者是位错的线张力在起作用），不管它的具体机制如何，总应该正比于 b^2，由此可以推断 $\tau \infty b$。这样，式（4-61）中的常数 $n = 1/2$，就有 $\tau = a$

$\mu b \rho^{1/2}$ 的关系。所以培莱-赫许关系式是位错相互作用的必然结果。

2. 细晶强化　细晶强化是指通过晶粒粒度的细化来提高金属的强度，它的关键在于晶界对位错滑移的阻滞效应。我们知道位错在多晶体中运动时，由于晶界两侧晶粒的取向不同，加

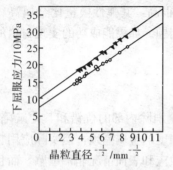

图 4.21　屈服应力与晶粒度的关系
黑点和三角形分别表示钼含量略有
差异的两种低合金钢的数据

之这里杂质原子较多，也增大了晶界附近的滑移阻力，因而一侧晶粒中的滑移带不能直接进入第二个晶粒，而且要满足晶界上形变的协调性，需要多少个滑移系统同时动作。这同样导致位错不易穿过晶界，而是塞积在晶界处，引起了强度的增高。可见，晶界面是位错运动的障碍，因而晶粒越细小，晶界越多，位错被阻滞的地方就越多，多晶体的强度就越高，已经有大量的实验和理论的研究工作证实了这一点。

实验证明在许多金属中（主要是体心立方金属，包括钢、铁、钼、铌、钽、铬、钒等以及一些铜合金）屈服强度和晶粒大小的关系满足霍耳-配奇（Hall-Petch）关系式（详见图 4.21）

$$\sigma_y = \sigma_i + k_y d^{-1/2} \tag{4-62}$$

式中，σ_i 和 k_y 是两个和材料有关的常数；d 为晶粒直径。由上式可知，多晶体的强度和晶粒的直径 d 呈（$-1/2$）次方的关系，即晶粒越细，强度越高；多晶体的强度高于单晶体。

20 世纪 80 年代以来，晶粒尺度在 1～100 nm 间的纳米微晶材料问世，又为细晶强化研究注入了新的活力。格拉特（H. Gleiter）发展了在超高真空中金属蒸发、冷凝后，再进行原位压结的技术，从而获得清洁界面的纳米微晶材料。随后又有其他技术，如非晶化，机械合金化，电极沉积等，被竞相开发。

在常规的多晶体（晶粒尺寸大于 100 nm）中，处于晶界核心区域的原子数，只占总原子数的一个微不足道的分数（小于 0.01%）；但在纳米微晶材料中，情况就大不相同，如果晶粒尺寸为数个纳米，晶界核心区域的原子所占的分数可高达 50%（参见图 4.22），这样在非晶界核心区域原子密度的

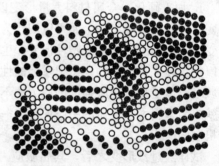

图 4.22　纳米微晶材料的二维结构的示意图
图中黑丸代表晶粒内部的原子，白丸代表
晶界核心区域的原子

明显下降，以及原子近邻配置情况的截然不同，均将对性能产生显著影响。

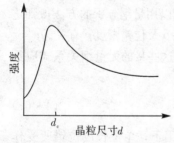

图 4.23　在纳米范围内强度随
晶粒尺寸变化的示意图

在纳米尺寸的晶粒范围内 Hall-Petch 关系是否成立引起了人们广泛的关注，有不少实验工作表明，该关系在低于 100 nm 的纳米晶中仍然有效。但理论模拟的结果显示，存在一个临界尺寸 d_c（如图 4.23 所示）。当晶粒的尺寸小于 d_c 时，出现了反 Hall-Petch 效应的现象，即强度随着晶粒尺寸的缩小反而降低，此时晶界附近的形变起了主导作用。模拟结果给出的金属的临界尺寸约在十几到二十纳米之间，例如 Cu 的临界尺寸 $d_c \approx 19.3$ nm，Pa 的 $d_c \approx 11.2$ nm。

细化的晶粒在提高多晶体强度的同时，也使其塑性与韧性得以提高。晶粒越细，单位体积内晶粒越多，形变时同样的形

变量便可分散到更多的晶粒中，产生较均匀的形变而不会造成局部应力过度集中，引起裂纹的过早产生与发展。在工业上，通过压力加工和热处理使金属获得细而均匀的晶粒，是提高金属材料力学性质的有效途径。

3. 合金强化　实际使用的金属材料多半是合金。合金元素的作用主要是改善金属的力学性质，即提高强度或改善塑性。合金元素对于金属力学性质的影响是多种多样的。合金元素在基质中的分布状态也有好几种，均匀的单相固溶体、有成分偏聚的固溶体、有序化的固溶体及金属间化合物，还有通过脱溶沉淀或粉末冶金等方法所获得的复相合金。合金强化可以分为两种类型：固溶强化和沉淀强化。

固溶强化是利用点缺陷对金属基体进行的强化。具体的方式是通过溶入某种溶质元素形成固溶体而使金属强度、硬度升高。例如，将 Ni 溶入 Cu 的基体中，得到的固溶体的强度就高于纯铜的强度。

固溶强化根据溶质原子占据的位置不同有填隙式和替代式的差异。填隙式固溶强化是指碳、氮等小溶质原子嵌入金属基体的晶格间隙中，使晶格产生不对称畸变造成的强化效应。填隙式原子在基体中还能与刃位错和螺位错产生弹性交互作用，并使两种位错钉扎，进一步强化了金属。填隙原子对金属强度的影响可用下面的通式表示：

$$\Delta\sigma_{ss} = 2\,\Delta\tau_{ss} = k_i c_i^n \tag{4-63}$$

式中　$\Delta\sigma_{ss}$ —— 屈服强度增量；

　　　$\Delta\tau_{ss}$ —— 临界分切应力的增量；

　　　k_i —— 一个与填隙原子和基体性质相关的常数；

　　　c_i —— 填隙原子的原子百分数固溶量；

　　　n —— 指数。

替代式溶质原子在基体晶格中造成的畸变大都是球面对称的，因而强化效果要比填隙式原子小。但在高温下，替代式固溶强化变得较为重要。

这里介绍的是 Friedel 与 Fleischer 的理论处理。在切应力 τ 的作用下，位错和一系列平均间距为 l 的点状障碍相遇，位错将弯曲成圆弧形，圆弧的半径取决于位错所受作用力和线张力的平衡。在障碍处位错弯曲过度 θ（参见图 4.24），障碍对位错的作用力 F 将与位错的线张力 T 保持平衡。

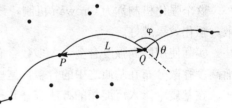

图 4.24　位错被杂乱分布的点状障碍所挡住

随着 τ 的增大，θ 达到一临界值 θ_c（F 也增大到峰值 F_m），障碍挡不住了，所对应的切应力就是晶体的屈服应力 τ_c。

$$\tau_c = \frac{F_m}{Lb} = \frac{2T}{Lb}\sin\left(\frac{\theta_c}{2}\right) \tag{4-64}$$

这里的 L 为位错线上障碍的平均间距。注意 L 的数值和 l 不一定相同，L 的值是和位错柔韧度（决定于 θ_c 的数值）有关的。当位错能够弯过很大的角度时（F_m 很强），L 应接近于 l；但当障碍较弱，θ_c 很小的情况下，L 将大于 l。设位错为一系列间距为 L 的障碍所阻（见图 4.25），就得到临界切应力的表示式：

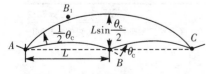

图 4.25　计算 L 值采用的模型

$$\tau_c = \frac{F_m^{3/2}}{b^3} \left(\frac{c}{\mu} \right)^{1/2} \tag{4-65}$$

上述的计算没有考虑到热激活的效应，求得的使 $T=0K$ 的切应力，由于热激活的效应，τ_c 将随温度的上升而下降。

式（4-65）可以解释实验所得到的 τ_c 与 $c^{1/2}$ 的正比关系，从不同类型溶质原子所产生硬化的差异可以反映出那些类型的交互作用决定了强化。

另一种合金强化的类型是沉淀强化，即材料强度在时效温度下随时间而变化的现象，它是铝合金和高温合金的主要强化手段，其基本条件是固溶度随温度下降而降低。它是提高材料强度的最有效的办法，是在 20 世纪初首先在合金中发现的。

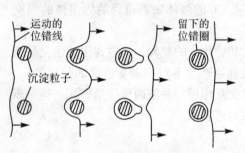

图 4.26　Orowan 机制的示意图

Orowan（奥罗万）首先提出沉淀强化来源于沉淀颗粒对位错运动的阻碍作用提高了材料对塑性形变的抗力。具体的过程是：在外加切应力的作用下，材料中运动着的位错线遇到沉淀相粒子时，位错线会产生弯曲，并最终绕过沉淀粒子，结果在该粒子周围留下一个位错环（图 4.26），这就造成了所需切应力的增加，提高了材料的强度。使位错继续运动取决于绕过颗粒障碍的最小曲率半径 $d/2$，所对应的临界切应力为：

$$\tau = \frac{T}{bd/2} \tag{4-66}$$

此处 T 为位错的线张力，利用线张力的近似关系式 $T \approx \frac{1}{2} \mu b^2$，则

$$\tau = \frac{\mu b}{d} \tag{4-67}$$

这个强化机制称为 Orowan 机制，该机制与沉淀粒子的分布有关，粒子越细，分布越弥散，强化效果越好。

实际使用的高强度合金，大多数含有沉淀相，其中强度最高的是沉淀相质点尺寸不大、而高度弥散分布在基质之中的合金。这些沉淀相往往是金属化合物或氧化物，要比基质硬得多。在基质中渗入沉淀相的方法有好几种，最常用的是利用固溶体的脱溶沉淀，进行时效热处理。近年来又发展了加沉淀相粉末的烧结、内氧化等方法，统称为弥散强化。虽然渗入沉淀相的方法不同，但强化机制却有其共性。

含有非共格的沉淀相粒子的合金的屈服强度均可以用上述的机制来解释，实验结果也基本上符合理论的预期。表 4-3 列出了对于含 Si、Al、Be 的内氧化铜合金单晶体实测出的 τ 和根据式（4-67）计算出的 τ，它们在绝对值上符合得也很好，特别是 77K 的数据。

表 4-3　内氧化铜合金临界切应力实验值与理论值的比较

合金	粒子大小 /nm	粒子间距 /nm	20℃		77K	
			τ（计算值）10MPa	τ（实验值）10MPa	τ（计算值）10MPa	τ（实验值）10MPa
0.3%Si	48.5	300	3.08	2.5	3.3	3.4
0.25%Al	10	90	10.5	6.4	11.2	8.0
0.34%Be	7.6	45	19.4	11.2	20.7	15.7

当沉淀相粒子的强度达不到 Orowan 机制的要求，在 $\theta_c < \pi$ 的情况下，位错将切过沉淀相的粒子。与 Orowan 机制比较起来，位错切过粒子的情形就复杂得多，牵涉到沉淀相粒子本身的结构和它的基质的关系。下列的各种效应可能对强度有影响：①位错切过粒子，形成表面台阶，增加了界面能（文献中称为化学强化）；②位错扫过有序结构的粒子形成的错排能（即反相畴界）；③位错与粒子周围的应力场有交互作用；④在粒子内部扩展位错的宽度产生变化（粒子的层错能与基质不同）；⑤粒子的弹性模量与基质不同，引起位错能量的变化。这些效应中起主要作用的是①、②和③三种情况。

综上所述，我们对于沉淀强化的基本轮廓已经有所了解，我们可以对时效合金在时效过程中强度的变化给出如下的解释：最初合金的强度相当于过饱和固溶体，开始阶段的沉淀相和基质共格，而且尺寸很小，因而位错可以切过沉淀相，而且对温度也比较敏感，在此阶段屈服应力决定于切过沉淀相所需要的应力，包括共格应力、沉淀相的内部结构和相界面的效应等。当沉淀相体积含量 f 增加，切割粒子所需要的应力加大。终于，位错绕过粒子所需要的应力会小于切割粒子，从此以后，Orowan 绕越机制起作用，屈服应力将随粒子间隙的增加而减小。

除 Orowan 绕越机制外，位错与沉淀颗粒的交互作用还有以下几种机制：化学强化机制、层错强化机制、模量强化机制、共格强化机制和有序强化机制等。

实际的材料往往会综合有多种强化机制在起作用，钢中马氏体相变强化就是这样一种强化机制，它实际上是固溶强化、弥散强化、形变强化和细晶强化的综合效应。

4. 高温强化　高温下金属材料的强化开始是通过使用高熔点或扩散激活能大的金属和合金来实现的，镍基高温合金材料的使用就是一个成功的例子。这是因为在一定温度下，熔点越高的金属自扩散越慢，它的回复和攀移的速度就越小，强度也越高。

在高温合金中，具有高度弥散性和高强度的第二相粒子的存在也可以显著地提高材料的强度。因为第二相粒子的存在强烈地阻碍了位错的滑移和攀移。一般来说，第二相粒子硬度越高，弥散度越大，稳定性越好，强化效果就越显著。

低温时细晶强化是一种有效的材料强化的手段。但在高温时，对于实际的细晶材料，扩散蠕变成为材料形变的重要组成部分，这就导致了在高温下，细晶材料比粗晶材料软，与低温时的细晶强化效应正好相反。因此，为了增加材料在高温下的强度，人们尝试了很多办法来增大材料的晶粒尺寸。以镍基高温合金为例，利用等轴定向凝固的方法得到的镍基铸造合金，就具有较大的晶粒尺寸，因而其具有较高的强度。图 4.27 所示为镍基高温合金的使用温度的提高与开始服役的时间的关系。从图中我们可以看到普通镍基合金的使用温度最低，随着锻造合金的出现，使用温度有所提高。而定向凝固法的出现则进一步提高了镍基合金的使用温度，直至单晶合金的出现，其强度达到了最大值。若还

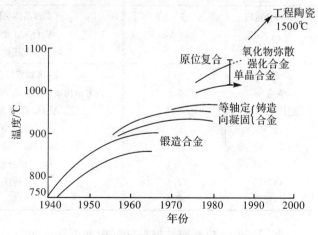

图 4.27　镍基高温合金的使用温度的提高
与开始服役的时间的关系
条件：1000h，15MPa

需要更高的使用温度，则只有工程陶瓷才能胜任了。显而易见，图中的使用温度的提高对应着合金晶粒的增大，从普通合金的小晶粒，到定向凝固形成的较大晶粒的合金，最后得到单晶合金，强度也达到了最大。由于以上原因，单晶高温合金得到了越来越广泛的应用，因为它消除了晶界、扩散型的 Coble 蠕变，与此同时也避免了晶界滑动引起的断裂。

4.9.2　陶瓷材料的增韧

所谓增韧就是提高陶瓷材料强度及改善陶瓷的脆性，是陶瓷材料要解决的重要问题。与金属材料相比，陶瓷材料有极高的强度，其弹性模量比金属大很多。但大多数陶瓷材料缺乏塑性变形能力和韧性，见表 4-4，极限应变小于 $0.1\%\sim0.2\%$，在外力的作用下呈现脆性，并且抗冲击、抗热冲击能力也很差。脆性断裂往往导致了材料被破坏。一般的陶瓷材料在室温下塑性为零，这是因为大多数陶瓷材料晶体结构复杂、滑移系统少，位错生成能高，而且位错的可动性差。

表 4-4　金属与陶瓷材料的室温屈服应力和断裂韧性

材　　料	性　　能	
	屈服应力/MPa	断裂韧性 K_{kC}/（MPa·m$^{1/2}$）
碳钢	235	210
马氏体时效钢	1670	93
高温合金	981	77
钛合金	1040	47
陶瓷 HP-Si$_3$N$_4$	490	3.5-5.5

高强度的陶瓷缺乏足够的韧性，例如，玻璃一旦出现缺陷，其对裂纹传播的障碍极小，会迅速地导致断裂。表 4-5 中所列的为玻璃和一些单晶体陶瓷的断裂韧性的数值。

表 4-5　室温下陶瓷和复合材料的断裂韧性

材　料	K_{IC}/（MPa·m$^{1/2}$）	材　料	K_{IC}/（MPa·m$^{1/2}$）
硅酸盐玻璃	0.7~0.9	多晶体 Al$_2$O$_3$	3.5~4
单晶 NaCl	约 0.3	Al$_2$O$_3$-Al 复合材料	6~11
单晶 Si	约 0.6	热压、气压烧结 Si$_3$N$_4$	6~11
单晶 MgO	约 1	立方稳定结构 Z$_r$O$_2$	约 2.8
单晶 SiC	1.5	四方结构氧化锆多晶（Y-TZP，Ce-TZP）	6~12
热压烧结 SiC	4~6	Al$_2$O$_3$-Z$_r$O$_2$ 复合材料	6.5~13
单晶 Al$_2$O$_3$		单晶 WC	约 2
（0001）	4.5	金属（Ni，Co）化合 WC	5~11
（1010）	3.1	铝合金	35~45
（1012）	2.4	铸铁	37~45
（1120）	2.4	钢	40~60

我们知道，提高脆性材料的强度和可靠性的一个有效途径是减少裂纹的尺寸，并窄化裂纹尺寸的分布。为了达到这个目的，人们利用各种细致的加工过程来控制结构陶瓷中裂纹的数目。除此之外，还采用了微结构增韧的办法，以提高材料对裂纹的容忍性。在下面的例子

中，我们将会看到很多韧性好的陶瓷都具有裂纹容忍性。在这些材料中，裂纹发展时遇到的阻力不是常数，而是一个随着裂纹的延伸而增加的量。在裂纹扩展过程中，任何为断裂能的提高作出贡献的能量耗损机制都有助于克服材料的脆性。

1. 在陶瓷基体中弥散韧性相—金属与陶瓷复合

在裂纹扩展过程中，弥散于陶瓷基本中的韧性相起着附加的能量吸收作用，从而使裂纹的尖端区域高度集中的应力得以部分消除，抑制了原先可能达到的临界状态，提高了材料对裂纹扩展的抗力，相应改善了材料的韧性。将金属与陶瓷复合制成的金属陶瓷就是这一途径的代表。正如 Orowan 和 Irwin 对 Griffith 能量平衡理论的修正那样；当裂纹尖端附近出现了较大范围的塑性形变，就有不可逆的原子重排，并以塑性功的形式吸收了可观的弹性应变能，使得裂纹进一步扩展所需的能量远远超过了为生成新裂纹面所需的净热力学表面能，增大了裂纹扩展的阻力，故提高了材料的韧性。

并非所有的金属与陶瓷任意组合均可达到提高陶瓷材料韧性的目的，而是要满足以下几个条件：在显微结构方面，金属相与陶瓷相能否均匀分散成彼此交错的网络结构，决定着其能否在裂尖端区域起到了吸收部分能量的作用。大量工作还证明，金属对陶瓷的润湿性能至关重要。如果金属对陶瓷达不到很好地润湿，陶瓷仍然自成连续相，而金属都成为分散于陶瓷基体的粒子，于是，在承受载荷的情况下，金属只能承担极其有限的外力，整个金属陶瓷体的力学行为仍然为陶瓷相所控制，结果，材料脆性的改善是很有限的。多年的经验发现，钴和镍钼合金对某些碳化物具有良好的润湿性，可以制成韧性良好的金属陶瓷材料。

2. 相变增韧

利用多晶多相陶瓷中某些相成分在不同温度下的相变，以达到增韧效果，这称为相变增韧。相变增韧的原理是：陶瓷材料中的增韧相发生相变时发生体积膨胀，造成微裂纹区；这种微裂区如在主裂纹前端，这将导致裂纹前端弹性应变能松弛和应力再分布，即微裂纹区的形成和扩展将吸收 γ_m，另外，是增韧相相变本身要吸收能量 γ_T。如果陶瓷基体的断裂能为 γ_f，这样，相变增韧陶瓷的断裂能即为：

$$\gamma_{fm} = \gamma_f + \gamma_m + \gamma_t \tag{4-68}$$

相应其断裂韧性为：

$$K_{IC} = (K_{ICf}^2 + K_{ICm}^2 + K_{ICT}^2)^{\frac{1}{2}} \tag{4-69}$$

式中 K_{ICf} 为基体本征断裂韧性，K_{ICm} 和 K_{ICT} 分别为微裂纹存在和相变弹性能对韧性所作的贡献。前者是微裂纹韧化，后者是相变韧化。在陶瓷材料中，两者可能是各自独立的，但更可能是相互联系和相互制约的。

关于相变增韧的研究主要是围绕着 ZrO_2 的相变特性展开的。ZrO_2 是一种耐高温氧化物，其熔点高达2715℃。纯 ZrO_2 一般具有三种晶型，分别为立方结构（c），四方结构（t）和单斜结构（m）。其中，单斜相是 ZrO_2 在常温下的稳定相，而立方相则是高温稳定相。

$$m - ZrO_2 \underset{950℃}{\overset{1150℃}{\rightleftharpoons}} t - ZrO_2 \underset{2370℃}{\overset{2370℃}{\rightleftharpoons}} c - ZrO_2 \underset{2715℃}{\overset{2715℃}{\rightleftharpoons}} 熔体$$

ZrO_2 由四方相向单斜相的转变具有三个基本特征。第一，这一相变过程属于马氏体型相变，是一类无扩散型相变；第二，四方相转变为单斜相的过程中，通常伴随有大约 8％ 的剪切应变和约 3％～5％ 的体积膨胀；第三，四方到单斜的可逆相变温度可以通过在 ZrO_2 基体中添加适量的其他氧化物（如 Y_2O_3、CaO、MgO、CeO_2 等）而加以调整。例如，在

ZrO$_2$ 中加入摩尔分数为 1‰Y$_2$O$_3$ 后，$m \rightarrow t$ 相变的温度就可以由约1200℃降到 860℃左右。这三个基本特征中的最后一个使得我们可以通过调整材料组成，使一般只能在较高温度下稳定存在的四方 ZrO$_2$ 在烧结的冷却阶段一直稳定保持到室温而不向单斜相转变。这样，当含有四方相 ZrO$_2$ 的材料在受到外力作用时，裂纹尖端前部 ZrO$_2$ 颗粒将在外力作用下发生 $t \rightarrow m$ 相变，而相变引起的体积膨胀就会对裂纹尖端产生屏蔽作用，从而获得增韧效果。这就是借助于 ZrO$_2$ 的相变特征对陶瓷材料进行了增韧设计的基本出发点。

相变增韧应用比较成熟的有：部分稳定 ZrO$_2$（PSZ）、四方 ZrO$_2$ 多晶陶瓷（TZP）、ZrO$_2$ 增韧 Al$_2$O$_3$ 陶瓷（ZTA）以及 ZrO$_2$ 增韧莫来石陶瓷（ZTM）等。以部分稳定 ZrO$_2$（PSZ）说明相变增韧的原理。

从 MgO-ZrO$_2$ 相图可知，在 ZrO$_2$ 中掺入 8mol‰MgO，可在1800℃获得全稳定的 ZrO$_2$ 立方固溶体，将其冷却至1500℃就出现弥散于 ZrO$_2$ 立方基体中的四方 ZrO$_2$ 相，进一步冷却四方 ZrO$_2$ 并不转化为单斜相，这是因为四方向单斜转化时相应要出现体积膨胀，由于基体对弥散相的约束，产生反抗相变的压应变能，只有受外力解除基体对弥散粒子的约束后相变才能发生，即应力诱导相变，相变后由于体积的变化又产生裂纹后，由于相变时的体积效应（体积膨胀）而吸收能量外，同时还因过程内 $t \rightarrow m$ 相变粒子的体积膨胀而对裂纹产生压应力。这两者均会阻止裂纹扩展，而增加了断裂韧性，起到增韧效果。

利用 ZrO$_2$ 相变增韧应考虑的几个问题：

（1）ZrO$_2$ 相变粒子的直径。四方 ZrO$_2$ 是高温稳定相，单斜 ZrO$_2$ 是低温稳定相，在低于相变的温度条件下，由于受到基体抑制而未转化的四方 ZrO$_2$，得以保持介稳状态。ZrO$_2$ 弥散粒子的相变温度随着其颗粒的减小而下降，颗粒尺寸越小，越能在更低的温度下保持介稳状态。大颗粒的 ZrO$_2$ 首先在高温下发生相变，在到达常规相关系所示的相变温度（1150℃左右），所有 $D > D_H$（相变临界颗粒直径）的 ZrO$_2$ 颗粒都发生相变。这一阶段的相变是突发性的，微裂纹的尺度亦较大，可导致主裂纹扩展过程中的分岔，对陶瓷基体韧性的提高贡献较小。当 ZrO$_2$ 弥散粒子的直径 D 处于 D_R（室温相变临界颗粒直径）$< D < D_H$，即处于相变温度为室温和1150℃左右的两种颗粒尺寸之间，陶瓷基体含有相变诱发微裂纹，材料的韧性可有较显著地提高，然而，材料的强度由于微裂纹的存在而下降。当 ZrO$_2$ 弥散粒子的直径 $D < D_R$，陶瓷基体并未含有相变诱发微裂纹，而是储存着相变弹性压应变能，仅当材料承受了适当的外加应力，克服了相变应变能对主裂纹扩展所起的势垒作用，ZrO$_2$ 弥散粒子才由四方相转化为单斜相。并相应诱发出极细小的微裂纹。由于相变弹性应变能和微裂纹作用区共同作出的贡献，因此材料的韧性有较大幅度的提高，而且材料的强度亦有一定程度的增长。

（2）最佳 ZrO$_2$ 体积分数和均匀的 ZrO$_2$ 弥散程度。ZrO$_2$ 体积分数的增加可以提高韧化作用区的吸收能量密度，但是过多的 ZrO$_2$ 含量将导致裂纹的合并，降低韧性效果，甚至恶化材料的性能。因此，要将 ZrO$_2$ 体积分数控制在最佳值。同样的，不均匀弥散将导致基体中局部 ZrO$_2$ 含量过高和不足。所以，均匀弥散是 ZrO$_2$ 最佳体积分数发挥作用的前提。

（3）基体和 ZrO$_2$ 粒子热膨胀系数的匹配。ZrO$_2$ 弥散相与基体的热膨胀系数之差必须很小，这样一方面可以保持基体和 ZrO$_2$ 粒子之间在冷却过程中的结合力，另一方面又能在 ZrO$_2$ 相转化时激发出微裂纹，如在部分稳定 ZrO$_2$ 中，立方相和四方相的热膨胀系数相近，得到的相转化应变 $\varepsilon_T = 0.045$，又如 ZrO$_2$ 弥散于 Al$_2$O$_3$ 系统中 $\varepsilon_T = 0.025$，两者都有很好的相变增韧效果。但在 ZrO_2 弥散于 Si_3N_4 系统中，由于两者热膨胀系数相差较大，得到的 ε_T 小于 0.01，因此达不到良好的增韧效果。

3. 纤维增韧

在陶瓷基体中均匀布入纤维，制成纤维复合材料，是提高陶瓷材料强度增强其韧性的成功方法。由于纤维的强度高和弹性模量大，受力时大部分应力由纤维承担，减轻了陶瓷的负担，而且纤维还能够阻止裂纹扩展，再者，在局部纤维发生断裂时能以"拔出功"的形式消耗部分能量。所以起到提高断裂能和韧性的效果。例如，用钨芯碳化硅纤维强化 Si_3N_4 陶瓷，断裂功从 $1\,J/M^2$ 提高到 $9 \times 10^2\,J/M^2$，又如用碳纤维增强石英玻璃，其抗弯强度为纯石英玻璃的 12 倍，抗冲击强度提高 40 倍，断裂功提高 2~3 个数量级。

纤维复合陶瓷材料的性能取决于所选用纤维和基体本身的性质，复合配比，两者的化学相容性，两者间的结合强度以及纤维在基体中的分布和排列等。两者结合力强弱是纤维能否发挥作用的关键。为达到强化和增韧目的，应注意下列几个原则：

(1) 应选用强度、弹性模量比基体高的纤维，以使纤维能尽可能多的承担外加负荷。因为在受力情况下，当两者应变相同时，纤维与基体所受的应力之比等于两者弹性模量之比。

(2) 纤维与基体间适当的结合强度。若纤维与基体结合得很差，复合体受力时应力无法传递到纤维上，纤维也就无从发挥作用，反而在纤维与基体界面上造成宏观缺陷，导致复合体力学性能恶化；若纤维与基体结合过于牢固，虽然纤维可充分发挥承担外应力的作用，但在断裂过程中没有纤维自基体拔出吸收能量的作用，则复合体表现为脆性断裂属性。只有当纤维与基体保持着适中的结合强度，使纤维既能承受大部分外加应力，又能在断裂过程中以"拔出功"的形式消耗能量，才能获得既补强又增韧的纤维复合陶瓷。

(3) 纤维在基体中的均匀分布和排列方向。如果纤维的取向与外应力垂直，即与裂纹扩展方向平行，则它对基体力学性能的影响是有限的。当纤维取向与外应力平行，其作用最为明显。除单向外，也可将纤维排成十字交叉或按一定角度交错及三维空间编织。

(4) 纤维与基体热膨胀系数的匹配。在纤维复合陶瓷材料的制备和使用过程中，不可避免地要经历高温阶段。纤维与基体的热膨胀系数匹配程度决定着复合材料中热应力的大小，它最终将影响复合材料的强度，最好是纤维的热膨胀系数略大于基体，这样，复合材料在烧成冷却后，使纤维处于受张状态，而基体处于受压状态，起到予加应力作用。当然不能使热应力大于纤维与基体的界面结合力。

(5) 纤维与基体的化学相容性。高温处理是纤维与基体之间产生结合强度的必要过程，但要防止引起性能下降的化学反应而损害纤维的性能。共价键性较强的陶瓷，如 SiC、Si_3N_4、BN 等，在高温条件下尚比较稳定，不易与其他化合物反应。离子键性较强的陶瓷，包括各种氧化物，在高温条件下很容易与碳、硼等纤维发生反应而生成碳化物或硼化物。如果选用氧化物纤维，则更要避免它与基体反应生成化合物或固溶体。

4. 减缓裂纹尖端的应力集中效应

在陶瓷材料的生产过程中，根据裂纹产生和扩展的机理，可采取一些有效措施，用以减缓裂纹尖端的应力集中，其措施有：

(1) 提高原料的纯度和细化晶粒。提高原料纯度是为尽量减少杂质造成的缺陷，提高晶体的完整性。细化晶粒，既减小了晶内裂纹尺寸，又降低了裂纹出现的几率，而且减小了多晶陶瓷坯体中由于晶粒的弹性和热膨胀性的各向异性引起的残余应力，以利于克服脆性和提高强度。

（2）采用化学抛光净化陶瓷表面，以除去加工损伤，可大幅度减小实际强度与理论值之间的差别。如在 1400℃ 氧化气氛下退火或火焰抛光白宝石，可使其强度提高 3～4 倍。SiC 晶须经化学抛光和热处理后，强度可达理论值的 78%。

（3）裂纹尖端钝化或裂纹愈合，在空气中反应烧结的 Si_3N_4 的高温强度（>1000℃）比在 Ar 气中高许多，这是由于裂纹被游离 Si 氧化而钝化，随后愈合而提高了强度。Al_2O_3 玻璃，耐火材料经不同气氛热处理，也有钝化裂纹而提高强度的结果。

第5章 材料的热学性能

由于材料往往是在一定的温度环境中使用的，很多使用场合对它们的热性能有着特定的要求，因此热学性能也是材料重要的基本性质之一。有时，材料的热学性能在实际使用中经常起到关键作用。例如，航天飞机在重返大气层时，可能承受高达 1600 ℃ 的高温。航天飞机必须要用具有良好绝热性能的材料加以保护。这些材料应当具有以下性能：热传导率低，减慢热量的传输过程；热容量高，使其温度升高需要大量的热能；密度高，能够在相对较少的体积中存储大量的热能。在温度变化时，其膨胀或者收缩量也不能过大。如果它们的几何尺寸变化过于明显，就会产生很高的热应力，并会因此产生裂纹，即它们必须具有低的热膨胀系数。

材料的热学性能包括热容、热膨胀、热传导、热稳定性等，本章就这些热学性能和材料的宏观、微观本质关系加以探讨，以便为我们选择材料，合理的使用材料，改善材料的性能，开发研制出满足使用要求的新材料打下理论基础。

固体材料的一些热性能如比热、热膨胀、热传导等都直接与晶格振动有关，因此我们首先介绍晶格振动的基础知识。

5.1 晶体的点阵振动

构成晶体的质点并不是静止不动的，实际上这些质点总是在它们各自的平衡位置附近作微小的振动，这就是晶体的点阵振动或称晶格振动。温度的高低也就反映了这种振动的强烈程度，所以也称为热振动，这种热振动也是固体中离子或分子的主要运动形式。由于热振动在一定程度上破坏了晶格的周期性，因此对晶体力学、电学、热学等各种性质有着一定的影响。

5.1.1 一维单原子点阵的振动

为了简便起见，我们先讨论最简单的一维单原子点阵的振动。如图 5.1 所示，假设有一质量为 m 的原子排成一无限直线点列，原子间距（晶格常数）为 r_0，由于热运动各原子会离开平衡位置，而同时由于原子间的相互作用，使偏离平衡位置的原子受到恢复力的作用，有回到平衡位置的趋势，所以原子就会在其平衡位置附近作微振动。现先求恢复力与位移的关系，以 x_n、x_{n+1}、……表示为第 n、$n+1$、……个原子离开平衡位置的位移，则第 n 与 $n+1$ 个原子间的相对位移 δ 为 $\delta = x_{n+1} - x_n$。

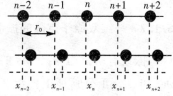

图 5.1 一维单原子点阵

以 $U(r_0)$ 表示为第 n 和 $n+1$ 原子在平衡位置时相互作用的位能，$U(r_0+\delta)$ 为位移后两原子相互作用的位能，由于 δ 很小，可将 $U(r_0+\delta)$ 在平衡位置附近用泰勒级数展开：

$$U(r) = U(r_0 + \delta) = U(r_0) + \left(\frac{\partial U}{\partial r}\right)_{r_0} \delta + \frac{1}{2!}\left(\frac{\partial^2 U}{\partial r^2}\right)_{r_0} \delta^2$$

$$+ \frac{1}{3!}\left(\frac{\partial^3 U}{\partial r^3}\right)_{r_0} \delta^3 + \cdots\cdots \tag{5-1}$$

式（5-1）中第一项是常数，第二项为零〔因为在平衡位置时位能为极小值，所以 $\left(\frac{\partial U}{\partial r}\right)_{r_0} = 0$，由于 δ 很小，故可略 δ^3、δ^4……等项，并令 $\beta = \left(\frac{\partial^2 U}{\partial r^2}\right)_{r_0}$

则

$$U(r) = U(r_0) + \frac{1}{2}\beta\delta^2 \tag{5-2}$$

原子间相互作用力：

$$F(r) = -\frac{\partial U}{\partial r} = -\beta\delta \tag{5-3}$$

β 是和原子间作用力的性质有关的常数，称为微观弹性模数或劲度系数。原子间结合力愈大，β 值愈大，相应的振动频率也愈高。

由（5-3）式指出，力的大小正比于位移，而符号与位移相反，这作用力是准弹性力。当 $\delta > 0$ 即原子间相互远离时，作用力为引力，要使它们相互接近；当 $\delta < 0$ 时则作用力为斥力，使它们相互远离。

如果对第 n 个原子，只考虑相邻的第 $n-1$、$n+1$ 个原子对它的作用，而略去更远的原子的影响，这样第 n 个原子受到总的作用力为：$\beta(x_{n+1} - x_n) - \beta(x_n - x_{n-1})$，根据牛顿第二定律，可得到第 n 个原子的运动方程式为：

$$m\frac{d^2 x_n}{dt^2} = \beta(x_{n+1} + x_{n-1} - 2x_n) \tag{5-4}$$

该方程是一简谐振动的运动方程，所以点阵中质点的热振动是简谐振动。而且显然对每一个质点都有一个类似的方程式，对于有 N 个原子的点阵就有 N 个频率的振动。

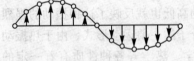

图 5.2　一维原子点阵中格波的传播

由于晶体中原子间有着很强的相互作用力，因此一个原子的振动会牵连着相邻原子随之振动，因相邻原子间的振动存在着一定的位相差，这就使晶格振动以弹性波的形式在整个晶体内得到了传播（图 5.2），这种存在于晶格中的波就称为"格波"。

由实验测得弹性波在固体中的传播 $V = 3 \times 10^3$ m/s，晶体的晶格常数 a 为 10^{-10} m 数量级，故它的最大振动频率可求出，约为 $\omega_{max} = \frac{2V}{a} \approx 6 \times 10^{13}$ rad/s 或 $\nu_{max} \approx 10^{13}$ Hz。

5.1.2　一维双原子点阵的振动

假设有质量为 m_1、m_2 的原子周期地排列成一无限直线点列（图 5.3）（对于离子晶体 m_1 和 m_2 可看成是正、负两种离子），由于 m_1 和 m_2 的原子各自都可有独立的类似于（5-4）式的运动方程，因此通过这二组方程的求解，在得出的解中可分别列出两支频率不同的独立格波，其中一支频率较低的称为"声频支"，另一支频率较高的称为"光频支"（图5.4）。

双原子点阵中，因为一个元胞中包含了两种不同的原子，不仅是它们各自会有独立的振

112

动频率，而且即使频率都与元胞振动频率相同时，由于两种原子的质量不同，振幅也不同，所以两原子间会有相对运动。对于声频支可以看成是相邻原子具有相同的振动方向，因此表示了元胞的质量中心的振动。对于光频支可以看成相邻的两种原子振动方向相反，表示了元胞的质量中心维持不动，而元胞中两个原子的相对振动，由于元胞中质点相互作用力大，质点质量小，所以引起了一个范围很小、频率很高的振动，对离子晶体来说，就是正、负离子间的相对振动，当异号离子间有反向位移时，便构成了一个偶极子，在振动过程中这个偶极子的极矩是周期性变化的，按电动力学可以知道它会发出电磁波（相当于红外光波），其强度决定于振幅大小（即温度的高低），通常在室温条件下，这种电磁波强度是很微弱的，如果从外界辐射进一个属于这一频率范围的红外光波，则会立即被晶体强烈吸收（被吸收的光波能量激发了这种点阵振动），这就表现为离子晶体具有很强烈的红外光的吸收特性，这也就是该支格波被称为光频支的原因。

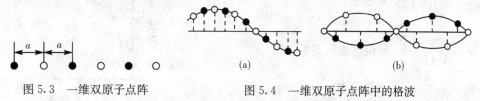

图 5.3　一维双原子点阵　　　　图 5.4　一维双原子点阵中的格波
　　　　　　　　　　　　　　　　　　（a）声频支；（b）光频支

由于光频支是不同原子间相对振动所引起的，所以假如一个分子中有 n 个不同原子则会有 $(n-1)$ 个不同频率的光频波，假如晶格有 N 个分子则有 $N(n-1)$ 个光频波。

以上讨论的是一维点阵的情况，对于实际晶体的三维点阵，推导过程比较复杂，但其结果是类似的。另外在上述的讨论过程中，我们假设了原子间互作用力是准弹性力，所以原子振动是一简谐振动，这是因为对式（5-2）的 δ^3 以上的高次项简略了，实际上晶格的振动不是严格的简谐运动，这在热膨胀、热传导的解释中还要提到。

5.2　材料的热容

热容是材料的一个重要的物理量，是指物体在温度升高 1 K（1 ℃）时所吸收的热量，在温度 t 时物体的热容可表达为：

$$C_t = \left(\frac{\partial Q}{\partial T} \right)_t \quad [\text{J/K}] \tag{5-5}$$

显然物体的质量不同，热容值不同，对于一克的物质的热容又称之为"比热"，单位是 $[\text{J/(K·g)}]$，一摩尔物质的热容即称为"摩尔热容"。同一物质在不同温度时的热容也往往不同，通常工程上所用的平均热容是指物体温度 T_1 到 T_2 所吸收的热量的平均值：

$$C_{均} = \frac{Q}{T_2 - T_1} \tag{5-6}$$

平均热容是比较粗略的，$T_1 \sim T_2$ 的范围越大，精确性越差，而且应用时还特别要注意到它的适用范围 $(T_1 \sim T_2)$。

另外物体的热容还与它的热过程性质有关，假如加热过程是恒压条件下进行的，所测定的热容称为恒压热容 (C_p)。假如加热过程是在保持物体容积不变的条件下进行的，则所测定的热容称恒容热容（C_V）。由于恒压加热过程中，物体除温度升高外，还要对外界做功（膨胀功），所以每提高1K温度需要吸收更多的热量，即 $C_p > C_V$，因此它们可表达为：

$$C_p = \left(\frac{\partial Q}{\partial T}\right)_p = \left(\frac{\partial H}{\partial T}\right)_P$$

$$C_V = \left(\frac{\partial Q}{\partial T}\right)_V = \left(\frac{\partial E}{\partial T}\right)_V$$

式中　　Q——热量；

　　　　E——内能；

　　　　H——焓。

从实验的观点来看，C_p 的测定要方便得多，但从理论上讲，C_V 更有意义，因为它可以直接从系统的能量增量来计算，根据热力学第二定律还可以导出 C_p 和 C_V 的关系如下：

$$C_p - C_V = \alpha^2 V_0 T/\beta \qquad (5-7)$$

式中　　$\alpha = \dfrac{\mathrm{d}V}{V\mathrm{d}T}$——容积热膨胀系数；

　　　　$\beta = \dfrac{-\mathrm{d}V}{V\mathrm{d}P}$——压缩系数；

　　　　V_0——摩尔容积。

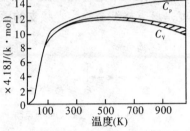

图 5.5　NaCl 的热容—温度曲线

对于物质的凝聚态，实际上 C_p 和 C_V 差异可以忽略，但在高温时差别就增大了（见图 5.5）。

5.2.1　晶态固体热容的经验定律和经典理论

一是元素的热容定律—杜隆-珀替定律："恒压下元素的原子热容等于 25 J/(k·mol)"。实际上大部分元素的原子热容都接近 25 J/(k·mol)，特别在高温时符合得更好。另一是化合物热容定律—柯普定律："化合物分子热容等于构成此化合物各元素原子热容之和"。但轻元素的原子热容不能用 25 J/(k·mol)，需改用下值：

元素	H	B	C	O	F	Si	P	S	Cl
C_p	9.6	11.3	7.5	16.7	20.9	15.9	22.5	22.5	20.4

经典的热容理论可对此经验定律作出以下解释：

根据晶格振动理论，在固体中可以用谐振子来代表每个原子在一个自由度的振动，按照经典理论能量按自由度均分，每一振动自由度的平均动能和平均位能都为 $\frac{1}{2}kT$，一个原子有三个振动自由度，平均动能和位能的总和就等于 $3kT$，一个摩尔固体中有 N 个原子，总能量为：

$$E = 3NkT = 3RT \qquad (5-8)$$

式中　　　　　　　　N——阿伏加德罗常数；

　　　　　　　　　T——绝对温度（K）；

　　　　　　　　　k——波尔兹曼常数；

$R = 8.314[\mathrm{J/(k·mol)}]$——气体普适常数。

按热容定义：

$$C_V = \left(\frac{\partial E}{\partial T}\right)_V = \left[\frac{\partial (3NkT)}{\partial T}\right]_V = 3Nk = 3R \approx 25 \, \text{J}/(\text{k} \cdot \text{mol}) \tag{5-9}$$

由 (5-9) 式中可知，热容是与温度无关的常数，这就是杜隆-珀替定律。对于双原子的固态化合物，一个摩尔中的原子数为 $2N$，故摩尔热容为 $C_V = 2 \times 25 \, \text{J}/(\text{k} \cdot \text{mol})$。三原子的固态化合物的摩尔热容 $C_V = 3 \times 25 \, \text{J}/(\text{k} \cdot \text{mol})$，余类推。杜隆-珀替定律在高温时与实验结果是很符合的，但在低温时，热容的实验值并不是一个恒量，随温度降低而减小，在接近绝对零度时，热容值按 T^3 的规律趋于零，对于低温下热容减小的现象使经典理论遇到了困难，而需要用量子理论来解释。

5.2.2 晶态固体热容的量子理论

根据量子理论，谐振子的振动能量可以表示为：

$$E_i = \left(n + \frac{1}{2}\right)h\nu_i \tag{5-10}$$

式中　　　　E_i——第 i 个谐振子的振动能量；

ν_i——第 i 个谐振子的振动频率；

h——普朗克常数；

$n = 0$、1、2——量子数。

按照波尔兹曼统计理论，晶体内振动能量为 E_i 的谐振子的数目 N_{E_i} 与 $\mathrm{e}^{\frac{E_i}{kT}}$ 成正比，$N_{E_i} = C'\mathrm{e}^{\frac{E_i}{kT}}$（$C'$ 为比例常数，$\mathrm{e}^{\frac{E_i}{kT}}$ 为波尔兹曼因子，可以用来表征谐振子具有能量为 E_i 的几率）。

谐振子的平均能量：

$$\bar{\varepsilon}_i = \frac{\displaystyle\sum_{n=0}^{\infty} \left(n + \frac{1}{2}\right)h\nu_i \cdot C'\mathrm{e}^{\frac{-\left(n+\frac{1}{2}\right)h\nu_i}{kT}}}{\displaystyle\sum_{n=0}^{\infty} C'\mathrm{e}^{\frac{-\left(n+\frac{1}{2}\right)h\nu_i}{kT}}} \tag{5-11}$$

经过化简：

$$\bar{\varepsilon}_i = \frac{h\nu_i}{\left(\mathrm{e}^{\frac{h\nu_i}{kT}} - 1\right)} + \frac{1}{2}h\nu_i \tag{5-12}$$

一摩尔晶体中有 N 个原子，每个原子的振动自由度是 3，所以晶体的振动可看作是 $3N$ 个谐振子振动，振动的总能量 E 为：

$$E = \sum_{i=1}^{3N} \bar{\varepsilon}_i = \sum_{i=1}^{3N} \left(\frac{h\nu_i}{\mathrm{e}^{\frac{h\nu_i}{kT}} - 1} + \frac{1}{2}h\nu_i\right) \tag{5-13}$$

这样我们就可以按量子理论得到的振动能量来导出热容：

$$C_V = \left(\frac{\partial E}{\partial T}\right)_V = \sum_{i=1}^{3N} k\left(\frac{h\nu_i}{kT}\right)^2 \frac{\mathrm{e}^{\frac{h\nu_i}{kT}}}{\left(\mathrm{e}^{\frac{h\nu_i}{kT}} - 1\right)^2} \tag{5-14}$$

但是由 (5-14) 式来计算 C_V 值，就必须知道谐振子系统的频谱，严格地寻求该频谱却是非常困难的，因此一般讨论时就常采用简化的爱因斯坦模型和德拜模型。

1. 爱因斯坦模型

爱因斯坦提出的假设是：晶体中所有的原子都以相同的频率振动，这样（5-14）式就可写为：

$$C_V = 3Nk \left(\frac{h\nu}{kT}\right)^2 \frac{e^{\frac{h\nu}{kT}}}{\left(e^{\frac{h\nu}{kT}} - 1\right)^2} \tag{5-15}$$

适当的选取频率 ν，可以使理论与实验吻合，又因为 $R = Nk$，令 $\theta_E = \frac{h\nu}{k}$ 则（5-15）式可改写为：

$$C_V = 3R \left(\frac{\theta_E}{T}\right)^2 \frac{e^{\frac{\theta_E}{T}}}{\left(e^{\frac{\theta_E}{T}} - 1\right)^2} = 3R f_E\left(\frac{\theta_E}{T}\right) \tag{5-16}$$

式中 θ_E ——称之爱因斯坦特征温度；

$f_E\left(\frac{\theta_E}{T}\right) = \left(\frac{\theta_E}{T}\right)^2 \frac{e^{\frac{\theta_E}{T}}}{\left(e^{\frac{\theta_E}{T}} - 1\right)^2}$ ——爱因斯坦比热函数。当温度较高时，$T \gg \theta_E$，则可将 $e^{\frac{\theta_E}{T}}$ 展开成：

$$e^{\frac{\theta_E}{T}} = 1 + \frac{\theta_E}{T} + \frac{1}{2!}\left(\frac{\theta_E}{T}\right)^2 + \frac{1}{3!}\left(\frac{\theta_E}{T}\right)^3 + \cdots\cdots$$

略去 $\frac{\theta_E}{T}$ 的高次项（5-16）式可化为：

$$C_V = 3R \left(\frac{\theta_E}{T}\right)^2 \frac{e^{\frac{\theta_E}{T}}}{\left(e^{\frac{\theta_E}{T}} - 1\right)^2} = 3R e^{\frac{\theta_E}{T}} \approx 3R \tag{5-17}$$

这就是杜隆-珀替定律的形式。

式（5-16）中，当 T 趋于零时，C_V 逐渐减小，当 $T = 0$ 时，$C_V = 0$，这都是爱因斯坦模型与实验相符之处，但是在低温下，$T \ll \theta_E$ 时，$e^{\frac{\theta_E}{T}} \gg 1$，故（5-16）式得到如下形式：

$$C_V = 3R \left(\frac{\theta_E}{T}\right)^2 e^{-\frac{\theta_E}{T}} \tag{5-18}$$

这样 C_V 依指数规律随温度而变化，这比实验测定的曲线下降得更快了些，导致这一差异的原因是爱因斯坦采用了过于简化的假设，实际晶体中各原子的振动不是彼此独立地以单一频率振动着的，原子振动间有着耦合作用，而当温度很低时，这一效应尤其显著。因此，忽略振动之间频率的差别也就给理论结果带来缺陷。德拜模型在这一方面作了改进，故能得到更好的结果。

2. 德拜的比热模型

德拜考虑到了晶体中原子的相互作用。由于晶体中对热容的主要贡献是弹性波的振动，也就是波长较长的声频支，低温下尤其如此。由于声频的波长远大于晶体的晶格常数，就可以把晶体近似视为连续介质，所以声频支的振动也近似地看作是连续的，具有频率从 0 到截止频率 ν_{max} 的谱带，高于 ν_{max} 的不在声频支范围而在光频支范围的，对热容贡献很小，可以略而不计。ν_{max} 可由分子密度及声速所决定，由这样的假设导出了热容的表达式为：

$$C_V = 3R f_D\left(\frac{\theta_D}{T}\right) \tag{5-19}$$

式中　$\theta_D = \dfrac{h\nu_{max}}{k} \approx 4.8 \times 10^{-11} \nu_{max}$ ——德拜特征温度；

$$f_D\left(\frac{\theta_D}{T}\right) = 3\left(\frac{T}{\theta_D}\right)^3 \int_0^{\frac{\theta_D}{T}} \frac{e^x x^4}{(e^x-1)^2} dx$$ ——德拜比热函数；

$$x = \frac{h\nu}{kT}.$$

根据（5-19）式还可以得到如下的结论：

（1）当温度较高时，即 $T \gg \theta_D$，$C_V \approx 3R$，这即是杜隆-珀替定律。

（2）当温度很低时，即 $T \ll \theta_D$，则经计算得：

$$C_V = \frac{12\pi^4 R}{5}\left(\frac{T}{\theta_D}\right)^3 \qquad (5-20)$$

这表明了当 T 趋于 0 K 时，C_V 与 T^3 成比例地趋于零，这也就是著名的德拜 T 立方定律，它和实验的结果十分符合，温度越低德拜近似越好，因为在极低温度下只有长波的激发是主要的，对于长波，晶体是可以看作连续介质的。

随着科学的发展、实验技术和测量仪器的不断完善，人们发现了德拜理论在低温下还不能完全符合事实，这显然还是由于晶体毕竟不是一个连续体，但是在一般的场合下，德拜模型已是足够精确了。

最后要说明的是，上面仅讨论了晶格振动能的变化与热容的关系，实际上电子运动能量的变化对热容也有贡献，只是在温度不太低时，这一部分的影响，远小于晶格振动能量的影响，一般可以略去，只有当温度极低时，就成为不可忽略，这一方面的内容在此就不讨论了。

5.2.3　陶瓷材料的热容

根据德拜热容理论可以知道，在高于德拜温度 θ_D 时，热容趋于常数 25 J/(k·mol)，而低于 θ_D 时与 T^3 成正比地变化，不同材料的 θ_D 是不同的，例如，石墨约为 1970 K，Al_2O_3 约为 920 K 等，它与键的强度、材料的弹性模量、熔点等有关。图（5.6）是几种陶瓷材料的热容-温度曲线，这些材料的 θ_D 约为熔点（绝对温度）的 $0.2 \sim 0.5$ 倍，对于绝大多数氧化物、碳化物的热容都是从低温时由一个低的数值，增加到 1300 K 左右的近于 25 J/(k·mol) 的数值，温度进一步增加，热容基本上没有什么变化，而且这几条曲线不仅形状、趋向相同，数值也很接近。

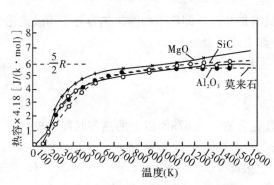 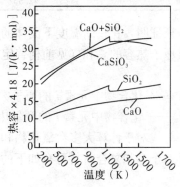

图 5.6　几种陶瓷材料的热容-温度曲线　　图 5.7　$CaO+SiO_2$ 与 $CaSiO_3$ 的热容温度曲线

陶瓷材料的热容与材料结构的关系是不大的，如图 5.7 所示 CaO 和 SiO_2（石英）1∶1 的混合物与 $CaSiO_3$（硅灰石）的热容-温度曲线基本重合。

相变时，由于热量的不连续变化，所以热容也出现了突变，如图 5.7 中石英 α 型转化为 β 型时所出现的明显变化，其他所有晶体在多晶转化、铁电转变、铁磁转变、有序-无序转变……等相变情况下都会发生类似的情况。

虽然固体材料的摩尔热容对结构不是敏感的，但是单位体积的热容却与气孔率有关。多孔材料因为质量轻，所以热容小，因此提高轻质隔热砖的温度所需的热量远低于致密的耐火砖。

材料热容与温度关系应由实验来精确测定，根据某些实验结果加以整理可得如下的经验公式 [单位为 J/(k·kg)]：

$$C_V = a + bT + cT^{-2} + \cdots\cdots \qquad (5-21)$$

表 2-1 列出了某些陶瓷材料的 a、b、c 系数，以及它们的应用温度范围。

表 5-1 某些陶瓷材料的热容-温度关系经验方程式系数

名　称	$a \cdot 10^{-3}$	b	$c \cdot 10^{-3}$	适用的温度范围（K）
氮化铝 AlN	22.87	32.6	—	293～900
刚玉 α-Al_2O_3	114.66	12.79	−35.41	298～1800
莫来石 $3Al_2O_3 \cdot 2SiO_2$	365.96	62.53	−111.52	298～1100
碳化硼 B_4C	96.10	22.57	−44.81	298～1373
氧化铍 BeO	35.32	16.72	−13.25	298～1200
氧化铋 Bi_2O_3	103.41	33.44	—	298～800
氮化硼 α-BN	7.61	15.13	—	273～1173
硅灰石 $CaSiO_3$	111.36	15.05	−27.25	298～1450
氧化铬 Cr_2O_3	119.26	9.20	−15.63	298～1800
钾长石 $K_2O \cdot Al_2O_3 \cdot 6SiO_2$	266.81	53.92	−71.27	298～1400
碳化硅 SiC	37.33	12.92	−12.83	298～1700
α-石英 SiO_2	46.82	34.28	−11.29	298～848
β-石英 SiO_2	60.23	8.11		848～2000
石英玻璃 SiO_2	55.93	15.38	−14.42	298～2000
碳化钛 TiC	49.45	3.34	−14.96	298～1800
金红石 TiO_2	75.11	1.17	−18.18	298～1800
氧化镁 MgO	42.55	7.27	−6.19	198～2100

实验还证明，在较高温度下固体的热容具有加和性，即物质的摩尔热容等于构成该化合物各元素原子热容的总和（见前柯普定律），如下式：

$$C = \sum n_i c_i \qquad (5-22)$$

式中　n_i——化合物中元素 i 的原子数；

　　　c_i——化合物中元素 i 的摩尔热容。

这一公式对于计算大多数氧化物和硅酸盐化合物，在 573K 以上的热容时能有较好的结果，同样对于多相复合材料可有如下的计算式：

$$C = \sum g_i c_i \qquad (5-23)$$

式中　g_i——材料中第 i 种组成的重量百分数；

　　　c_i——材料中第 i 种组成的热容。

周期加热的窑炉，用多孔的保温砖，氧化铝空心球砖等，因为重量轻可减少热量损耗，加快升降温速度。实验室电炉用隔热材料，如用重量轻的钼片、碳毡等，可使重量降低，吸热少，便于炉体迅速升降温，同时降低热量损耗。

5.3　材料的热膨胀

5.3.1　热膨胀系数

物体的体积或长度随温度的升高而增大的现象称为热膨胀。假设物体原来的长度为 l_0，温度升高 Δt 后长度的增量为 Δl，实验指出它们之间存在如下的关系：

$$\frac{\Delta l}{l} = \alpha \Delta t \qquad (5-24)$$

α 称为线膨胀系数，也就是温度升高 1 K 时物体的相对伸长，因此物体在 t K 时的长度 l_t 为：

$$l_t = l_0 + \Delta l = l_0(1 + \alpha \Delta t) \qquad (5-25)$$

实际上固体材料的 α 值并不是一个常数，而是随温度的不同稍有变化，通常随温度升高而加大，陶瓷材料的线膨胀系数一般都是不大的，数量级约为 $10^{-5} \sim 10^{-6}/K$。

类似上述的情况，物体体积随温度的增长可表示为：

$$V_t = V_0(1 + \beta \Delta t) \qquad (5-26)$$

式中　β——体膨胀系数，相当于温度升高 1 K 时物体体积相对增大。

假如物体是立方体则可以得到：

$$V_t = l_t^3 = l_0^3(1 + \alpha \Delta t)^3 = V_0(1 + \alpha \Delta t)^3$$

由于 α 值很小可略去 α^2 以上的高次项，则：

$$V_t = V_0(1 + 3\alpha \Delta t) \qquad (5-27)$$

与（5-26）式比较，就有了如下的近似关系：

$$\beta = 3\alpha$$

对于各向异性的晶体，各晶轴方向的线膨胀系数不同，假如分别设为 α_a、α_b、α_c，则：

$$V_t = l_{at} \cdot l_{bt} \cdot l_{ct} = l_{a0} \cdot l_{b0} \cdot l_{c0}(1 + \alpha_a \Delta t)$$
$$(1 + \alpha_b \Delta t)(1 + \alpha_c \Delta t)$$

同样忽略 α 二次方以上的项得：

$$V_t = V_0[1 + (\alpha_a + \alpha_b + \alpha_c)\Delta t]$$

所以　　　　$$\beta = \alpha_a + \alpha_b + \alpha_c \qquad (5-28)$$

必须指出，由于膨胀系数实际并不是一个恒定值，而是随温度而变化的见图 5.8，所以上述的 α、β 都是具有在指定的温度范围 Δt 内的平均值的概念，因此与平均热容一样，应用时要注意适用的温度范围。膨胀系数的精确表达式为

$$\alpha = \frac{\partial l}{l \partial t} \qquad \beta = \frac{\partial V}{V \partial t} \qquad (5-29)$$

一般耐火材料的线膨胀系数，常指 $20 \sim 1000\ ℃$ 范围内的 α_l 的平均数。

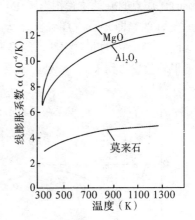

图 5.8　固体材料的膨胀系数
与温度的关系

热膨胀系数在无机材料中是个重要的性能参数，例如，在玻璃陶瓷与金属之间的封接工艺上，由于电真空的要求，需要在低温和高温下两种材料的 α_1 值相近。所以高温钠蒸灯所用的透明 Al_2O_3 灯管的 $\alpha_1 = 8 \times 10^{-6}/K$，选用的封接导电金属铌的 $\alpha_1 = 7.8 \times 10^{-6}/K$ 两者相近。

材料的热膨胀系数大小直接与热稳定性有关。一般 α_1 小的材料，热稳定性就好。Si_3N_4 的 $\alpha_1 = 2.7 \times 10^{-6}/K$，在陶瓷材料中是偏低的，因此热稳定性也好。

5.3.2 固体材料热膨胀机理

固体材料热膨胀的本质是点阵结构中质点间平均距离随温度升高而增大，在晶格振动中曾近似地认为质点的热振动是简谐振动。对于简谐振动，温度的升高只能增大振幅，并不会改变平衡位置，因此质点间平均距离不会因温度升高而改变，热量变化不能改变晶体的大小和形状，也就不会有热膨胀。这样的结论显然是不正确的，造成这一错误的原因，是在晶格振动中相邻质点间的作用力，实际上是非线性的，即作用力并不简单地与位移成正比。由图（5.9）可以看到，质点在平衡位置两侧时受力的情况并不对称，在质点平衡位置 r_0 的二侧，合力曲线的斜率是不等的，当 $r<r_0$ 时，曲线的斜率较大；$r>r_0$ 时，斜率较小。所以 $r<r_0$ 时，斥力随位移增大得很快；$r>r_0$ 时，引力随位移的增大要慢些，在这样的受力情况下，质点振动时的平均位置就不在 r_0 处而要向右移，因此相邻质点间平均距离增加，温度越高，振幅越大，质点在 r_0 两侧受力不对称情况越显著，平衡位置向右移动得越多，相邻质点间平均距离也就增加得越多，以致晶胞参数增大，晶体膨胀。

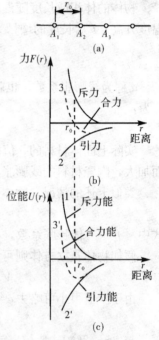

图 5.9　晶体中质点间引力—斥力曲线和位能曲线

从位能曲线的非对称性同样可以得到较具体的解释，由图（5.10）作平行横轴的平行线 E_1、E_2……则它们与横轴间距离分别代表了在温度 T_1、T_2……下质点振动的总能量。当温度为 T_1 时，质点的振动位置相当于在 E_1 线的 ab 间变化，相应的位能变化是按 aAb 的曲线变化，位置在 A 时，即 $r=r_0$ 位能最小，动能最大。在 $r=r_a$ 时和 $r=r_b$ 时，动能为零，位能等于总能量，而 aA 和 Ab 的非对称性，使得平均位置不在 r_0 处，而是 $r=r_1$。当温度升高到 T_2 时，同理，平均位置移到了 $r=r_2$ 处，结果平均位置随温度的不同沿 AB 曲线变化，所以温度愈高，平均位置移得愈远，晶体就愈膨胀。

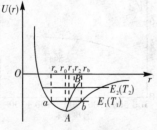

图 5.10　晶体中质点振动非对称性的示意图

振动质点的位能公式已由式（5-1）给出，并在略去 δ^3 等高次项后，可认为质点间相互作用力为弹性力，假如保留 δ^3 次项，就可计算出平均位置偏离的平均值 δ，并可证明膨胀系数 $\alpha = \frac{1}{r_0} \frac{d\delta}{dT}$ 是一个常数，如计入 δ 的更高次项，就可得到 α 将随温度而稍有变化。

以上所讨论的是导致热膨胀的主要原因，此外晶体中各种热缺陷的形成将造成局部晶格的畸变和膨胀，这虽然是次要的因素，但随温度升高热缺陷浓度按指数关系增加，所以在高温时这方面的影响对某些晶体来讲也就变得重要了。

5.3.3 热膨胀和其他性能的关系

1. 热膨胀和结合能、熔点的关系

由于固体材料的热膨胀与晶体点阵中质点的位能性质有关，而质点的位能性质是由质点间的结合力特性所决定的。质点间结合力越强，则位阱深而狭，升高同样的温度差 Δt，质点振幅增加得较少，故平均位置的位移量增加得较少，因此热膨胀系数较小。

一般晶体的结构类型相同时，结合能大的熔点也较高，所以通常熔点高的膨胀系数也小。根据实验还得出某些晶体热膨胀系数 α 与熔点 $T_{熔}$ 间经验关系式：

$$\alpha = \frac{0.038}{T_{熔}} - 7.0 \times 10^{-6} \qquad (5 - 30)$$

2. 热膨胀和热容的关系

热膨胀是因为固体材料受热以后晶格振动加剧而引起的容积膨胀。而晶格振动的激化就是热运动能量的增大。升高单位温度时能量的增量也就是热容的定义。所以热膨胀系数显然与热容密切相关而有着相似的规律。图（5.11）表示 Al_2O_3 的热膨胀系数和热容对温度的关系曲线，可以看出这两条曲线近于平行、变化趋势相同，即两者的比值接近于恒值，其他的物质也有类似的规律。在 0 K 时，α 与 c 都趋于零。通常由于高温时，有显著的热缺陷等原因，使 α 仍可以看到有一个连续的增加。

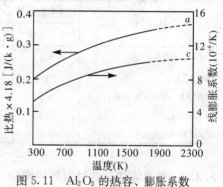

图 5.11 Al_2O_3 的热容、膨胀系数与温度的关系

3. 热膨胀和结构的关系

对于相同组成的物质，由于结构不同，膨胀系数也不同。通常结构紧密的晶体，膨胀系数都较大，而类似于无定形的玻璃，则往往有较小的膨胀系数。最明显的例子是 SiO_2，多晶石英的膨胀系数为 12×10^{-6}/K 而石英玻璃则只有 0.5×10^{-6}/K，结构紧密的多晶二元化合物都具有比玻璃大的膨胀系数，这是由于玻璃的结构较松弛，结构内部的空隙较多，所以当温度升高，原子振幅加大而原子间距离增加时，部分地就被结构内部的空隙所容纳，整个物体宏观的膨胀量就会小些。

氧离子紧密堆积的结构有高的原子堆积密度，其热膨胀系数的典型数据是从室温附近的 $(6 \sim 8) \times 10^{-6}$/K 增加到德拜温度附近的 $(10 \sim 15) \times 10^{-6}$/K。一些硅酸盐物质，因为它们的网状结构，常具较低的密度，所以热膨胀系数也出现低得多的数值。

对于非等轴晶系的晶体，各晶轴方向的膨胀系数不等，最显著的是层状结构的物质，如石墨，因为层内有牢固的联系，而层间的联系要弱得多，所以垂直 c 轴的层向膨胀系数为 1×10^{-6}/K，而平行 c 轴垂直层向的膨胀系数达 27×10^{-6}/K。对于某些晶体物质，在一个方向上的膨胀系数还可能出现负值，容积膨胀系数极小。对于 β-锂霞石甚至出现负的容积膨胀系数，这些都是由于存在着很大的各向异性结构的缘故，因此这些材料往往存在着高的内应力。

表 5 - 2　几种陶瓷材料的平均线膨胀系数

材料名称	$\alpha(10^{-6}/K)$ (273~1273K)	材料名称	$\alpha(10^{-6}/K)$ (273~1273K)
Al_2O_3	8.8	石英玻璃	0.5
BeO	9.0	钠钙硅玻璃	9.0
MgO	13.5	电　瓷	3.5~4.0
莫来石	5.3	刚玉瓷	5~5.5
尖晶石	7.6	硬质瓷	6
SiC	4.7	滑石瓷	7~9
ZrC_2	10.0	金红石瓷	7~8
TiC	7.4	钛酸钡瓷	10
B_4C	4.5	堇青石瓷	1.1~2.0
TiC 金属陶瓷	9.0	黏土质耐火砖	5.5

表 5 - 3　某些各向异性晶体的主膨胀系数

晶　体	主膨胀系数 $\alpha(10^{-6}/K)$		晶　体	主膨胀系数 $\alpha(10^{-6}/K)$	
	垂直 c 轴	平行 c 轴		垂直 c 轴	平行 c 轴
Al_2O_3（刚玉）	8.3	9.0	$CaCO_3$（方解石）	-6	25
Al_2TiO_5	-2.6	11.5	SiO_2（石英）	14	9
$3Al_2O_3 \cdot 2SiO_2$（莫来石）	4.5	5.7	$NaAlSi_3O_8$（钠长石）	4	13
TiO_2（金红石）	6.8	8.3	ZnO（红锌矿）	6	5
$ZrSiO_4$（锆英石）	3.7	6.2	C（石墨）	1	27

5.3.4　多晶体和复合材料的热膨胀

陶瓷材料都是一些多晶体或是由几种晶体和玻璃相组成的复合体。对于各向同性体组成的多晶体（致密且无液相），它的热膨胀系数与单晶体相同，假如晶体是各向异性的，或复合材料中各相的膨胀系数是不相同的，则它们在烧成后的冷却过程中会产生内应力，微观内应力的存在牵制了热膨胀。

假如有一复合材料，它的所有组成部分都是各向同性的，而且都是均匀地分布的，但是由于各组成的膨胀系数不同，因此各组成部分都存在着内应力：

$$\sigma_i = K(\bar{\beta} - \beta_i)\Delta T \tag{5-31}$$

式中　σ_i——第 i 部分的应力；

　　　$\bar{\beta}$——复合体的平均体积膨胀系数；

　　　β_i——第 i 部分组成的体膨胀系数；

　　　$K = \dfrac{E}{3(1-2\nu)}$（E 是弹性模量，ν 是泊松比）；

　　　ΔT——从应力松弛状态算起的温度变化。

由于整体的内应力之和为零，所以：

$$\sum \sigma_i = \sum K_i(\bar{\beta} - \beta_i)V_i\Delta T = 0 \tag{5-32}$$

式中　V_i——第 i 部分的体积分数

$$V_i = \frac{W_i\bar{\rho}V}{\rho_i}$$

$$\bar{\beta} = \frac{\sum \beta_i K_i W_i / \rho_i}{\sum K_i W_i / \rho_i} \qquad (5-33)$$

式中　　W_i——第 i 部分的重量分数；

　　　　$\bar{\rho}$——复合体的平均密度；

　　　　V——复合体的体积 $= \sum V_i$；

　　　　ρ_i——第 i 部分的密度。

　　以上是把微观的内应力都看成是纯的张应力和压应力，对交界面上的剪应力就略而不计了。假如要计入剪应力的影响，情况就要复杂得多，对于仅为二相材料的情况有如下的近似式：

$$\bar{\beta} = \beta_1 + V_2(\beta_2 - \beta_1) \frac{K_1(3K_2 + 4G_1)^2 + (K_2 - K_1)(16G_1^2 + 12G_1 K_2)}{(4G_1 + 3K_2)\left[4V_2 G_1(K_2 - K_1) + 3K_1 K_2 + 4G_1 K_1\right]} \quad (5-34)$$

式中　　$G_i(i = 1、2)$——相 i 的剪切模量。

　　图（5.12）中曲线 1 是按式（5-34）绘出的。曲线 2 是按式（5-33）绘出的。很多情况下，式（5-33）和（5-34）与实验结果是比较符合的，然而有时也会有相差较大的情况。

　　对于复合体中有多晶转变的组分时，因多晶转化有体积的不均匀变化而导致膨胀系数的不均匀变化。图（5.13）中是含有方石英的坯体 A 和含有 β-石英的坯体 B 的两种曲线，坯体 A 在 473 K 附近因有方石英的多晶转化（453 K～543 K），所以膨胀系数出现不均匀的变化，坯体 B 因还有 β-石英在 846 K 的晶型转化，所以在 773 K～873 K 还有一个膨胀系数较大的变化。

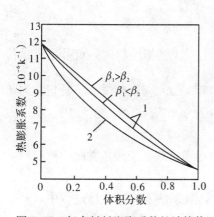

图 5.12　复合材料膨胀系数的计算值

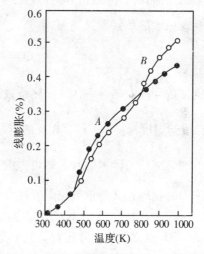

图 5.13　含不同晶型石英的两种瓷坯的热膨胀曲线

　　对于复合体中不同相间或晶粒的不同方向上膨胀系数差别很大时，则内应力甚至会发展到使坯体产生微裂纹，因此有时会测得一个多晶聚集体或复合体出现热膨胀的滞后现象。例如，某些含有 TiO_2 的复合体和多晶氧化钛，因从烧成后的冷却过程中，坯体内存在了微裂纹，这样在再加热时，这些裂纹又趋于弥合，所以在不太高的温度时，可观察到反常的低膨胀系数，只有到达高温时（1300 K 以上），由于微裂纹已基本闭合，因此膨胀系数与单晶时的数值又一致了。微裂纹带来的影响，突出的例子是石墨，它垂直于 c 轴的膨胀系数约是 $1 \times 10^{-6}/\mathrm{K}$，平行于 c 轴的是 $27 \times 10^{-6}/\mathrm{K}$，而对于多晶样品在较低温度下，观察到的膨胀系数只有 $(1 \sim 3) \times 10^{-6}/\mathrm{K}$。

晶体内的微裂纹可以发生在晶粒内和晶界上，但最常见的还是在晶界上，晶界上应力的发展是与晶粒大小有关的，因而晶界裂纹和热膨胀系数滞后主要是发生在大晶粒样品中。

材料中均匀分布的气孔亦可以看作是复合体中的一个相，由于空气体积模数 K 非常小，它对膨胀系数的影响可以忽略。

5.4　材料的热传导

热量的传递可以有三种方式。第一种为对流传热，在整个过程中，热传递是由系统的一部分向另一部分的传质引起的。对于液体和气体，这个机理特别重要。热传递的另一种方式为辐射，在这种情况下，相距一定距离的物体间以辐射和吸收来交换能量。这种热传递仅在高温下起作用。现在，我们将研究第三种热传递方式，即热传导。为什么有的材料导热性能良好，为什么又有的材料是良好的绝热材料，在本节，我们将解释材料导热的机理及其规律。

5.4.1　固体材料热传导的宏观规律

当固体材料一端的温度比另一端高时，热量就会从热端自动地传向冷端，这个现象就称为热传导。假如固体材料垂直于 x 轴方向的截面积为 ΔS，沿 x 轴方向材料内的温度变化率为 $\dfrac{\mathrm{d}T}{\mathrm{d}x}$，在 Δt 时间内沿 x 轴正方向传过 ΔS 截面上的热量为 ΔQ，则实验指出，对于各向同性的物质具有如下的关系式：

$$\Delta Q = -\lambda \frac{\mathrm{d}T}{\mathrm{d}x}\Delta S \Delta t \tag{5-35}$$

式中的比例常数 λ 称为热导率（或导热系数），$\dfrac{\mathrm{d}T}{\mathrm{d}x}$ 称作 x 方向上的温度梯度；负号是表示传递的热量 ΔQ 与温度梯度 $\dfrac{\mathrm{d}T}{\mathrm{d}x}$ 具有相反的符号，即 $\dfrac{\mathrm{d}T}{\mathrm{d}x} < 0$ 时，$\Delta Q > 0$，热量沿 x 轴正方向传递；$\dfrac{\mathrm{d}T}{\mathrm{d}x} > 0$ 时，$\Delta Q < 0$，热量沿 x 轴负方向进行传递。

热导率 λ 的物理意义是指单位温度梯度下，单位时间内通过垂直于传热方向单位面积的热量，它的单位为瓦特/（米·K）［焦耳/（米·秒·K）］。

式（5-35）也称作傅立叶定律，它只适用于稳定传热的条件下，即传热过程中，材料在 x 方向上各处的温度 T 是恒定的，与时间无关，即 $\dfrac{\Delta Q}{\Delta t}$ 是一个常数。

假如是不稳定传热过程，即物体内各处的温度随时间是有改变的。例如，一个与外界无热交换，本身存在温度梯度的物体，当随着时间的改变，温度梯度趋于零的过程，就存在热端处温度的不断降低和冷端的处温度的不断升高，以致最终达到一致的平衡温度，此时物体内单位面积上温度随时间的变化率为：

$$\frac{\partial T}{\partial t} = \frac{\lambda}{\rho C_{\mathrm{p}}} \cdot \frac{\partial^2 T}{\partial x^2} \tag{5-36}$$

式中　ρ——密度；

　　　C_{p}——恒压热容。

124

5.4.2 固体材料热传导的微观机理

众所周知，气体的传热是依靠分子的碰撞来实现，在固体中组成晶体的质点都处在一定的位置上，相互间有着一恒定的距离，质点只能在平衡位置附近作热振动，而不能像气体分子那样杂乱地自由运动，所以也不能像气体那样依靠质点间的直接碰撞来传递热能。固体中的导热主要是由晶格振动的格波和自由电子的运动来实现，在金属中由于有大量的自由电子，而且电子的质量很轻，所以能迅速的实现热量的传递，因此金属一般都具有较大的热导率（晶格振动对金属导热也有贡献，只是相比起来是很次要的），但在非金属晶体如一般离子晶体的晶格中，自由电子极少，所以晶格振动是它们的主要导热机构。

现假设晶格中一质点处于较高的温度状态下，它的热振动较强烈，而它的邻近质点所处的温度较低，热振动较弱。由于质点间存在相互作用力，振动较弱的质点在振动较强的质点的影响下，振动就会加剧，热振动能量也就增加，所以热量就能转移和传递，使在整个晶体中热量会从温度较高处传向温度较低处，产生热传导现象。假如系统是热绝缘的，当然振动较强的质点，也要受到邻近振动较弱的质点的牵制，振动会减弱下来，使整个晶体最终趋于平衡状态。

在上述的过程中可以看到热量是依晶格振动的格波来传递的，在5.1节中我们已经知道格波可分为声频支和光频支两类，下面我们就这两类格波的影响分别进行讨论。

1. 声子和声子热导

对于光频支格波我们已经提到过，在温度不太高时，光频支的能量是很微弱的，因此在讨论热容时就忽略了它的影响。同样，在导热过程中，温度不太高时，主要也只是声频支格波有贡献。另外，我们还要引入一个"声子"的概念。

根据量子理论，一个谐振子的能量是不连续的，能量的变化不能取任意值，而只能是一个最小能量单元-量子的整数倍。这也就是能量的量子化。一个量子所具有的能量为 $h\nu$（h 为普朗克常数，ν 是振动频率），而晶格振动中的能量同样也应该是量子化的。对于声频支格波来讲，我们是把它们看成一种弹性波，类似在固体中传播的声波，因此，就把声频波的"量子"称为"声子"，它所具有能量仍然应该是 $h\nu$。

声子概念的引入，对我们以下的讨论就带来了很大的方便。当把格波的传播看成是质点-声子的运动以后，就可把格波与物质的相互作用，理解为声子和物质的碰撞，把格波在晶体中传播时遇到的散射，看作是声子同晶体中质点的碰撞，把理想晶体中热阻的来源，看成是声子同声子的碰撞。也正因为如此，可以设想能用气体中热传导的概念来处理声子热传导问题，因为气体热传导是气体分子（质点）碰撞的结果，晶体热传导是声子碰撞的结果，它们的热导率也就应该具有相同形式的数学表达式。

根据气体分子运动理论，理想气体的导热公式为：

$$\lambda = \frac{1}{3}CVl \tag{5-37}$$

式中　C——气体容积热容；

　　　V——气体分子平均速度；

　　　l——气体分子平均自由程。

对于晶体就可以看成：C 是声子的热容，V 是声子的速度，l 是声子的平均自由程。

对于声频支来讲，声子的速度可以看作是仅与晶体的密度 ρ 和弹性力学性质有关 $\left(V = \sqrt{\dfrac{E}{\rho}}\,,\ E\ 为弹性模量\right)$，它与角频率 ν 无关。但是热容 C 和自由程 l 都是声子振动频率 ν 的函数。所以固体热导率的普遍形式可写成：

$$\lambda = \frac{1}{3}\int C(\nu)Vl(\nu)\mathrm{d}\nu \tag{5-38}$$

对于热容 C，我们在 5.2 节中已作过讨论，而对于声子的平均自由程 l 还要作些说明：如果我们把晶格热振动看成是严格的线性振动，则晶格上各质点是按各自频率独立地作简谐振动，也就是说格波间没有相互作用，各种频率的声子间不相干扰，没有声子同声子碰撞，没有能量转移，声子在晶格中是畅通无阻的，晶体中热阻也应该为零（仅在到达晶体表面时受边界效应的影响），这样热量就以声子的速度（声波的速度）在晶体中得到传递，然而这与实验结果是不符合的。实际上在很多晶体中热量传递速度是很迟缓的，这是因为晶格热振动并非是线性的，格波间有着一定的耦合作用，声子间会产生碰撞，这样使声子的平均自由程 l 减小。格波间相互作用愈大，声子间碰撞几率愈大，相当的平均自由程愈小，热导率也就愈低，因此这种声子间碰撞引起的散射是晶体中热阻的主要来源。

另外晶体中的各种缺陷、杂质以及晶粒界面都会引起格波的散射，也等效于声子平均自由程的减小而降低热导率。

2. 光子热导

固体中除了声子热传导外还有光子的热传导作用。这是因为固体中分子、原子和电子的振动、转动等运动状态的改变，会辐射出频率较高的电磁波。这类电磁波覆盖了一较宽的频谱，但是其中具有较强热效应的是波长在 $0.4 \sim 40\ \mu\mathrm{m}$ 间的可见光与部分红外光的区域，这部分辐射线也称为热射线，热射线的传递过程称为热辐射。由于它们都在光频范围内，所以在讨论它们的导热过程时，可以看作是光子的导热过程。

在温度不太高时，固体中电磁辐射能很微弱，但是在高温时，它的效应就明显了，因为它们的辐射能量与温度的四次方成比例，例如在温度 T 时黑体单位容积的辐射能 E_T 为：

$$E_T = 4\sigma n^3 T^4 /c \tag{5-39}$$

式中　　σ——斯蒂芬-波尔茨曼常数；

　　　　n——折射率；

　　　　c——光速。

由于辐射传热中容积热容 C_R 相当于提高辐射温度所需的能量：

$$C_R = \left(\frac{\partial E}{\partial T}\right) = \frac{16\sigma n^3 T^3}{c} \tag{5-40}$$

同时辐射射线在介质中的速度 $V_r = \dfrac{c}{n}$，以此及式（5-44）代入式（5-41）可得到辐射能的传导率 λ_r；

$$\lambda_r = \frac{16}{3}\sigma n^2 T^3 l_r \tag{5-41}$$

此处 l_r 是辐射线光子的平均自由程。

实际上对于光子传导的 C_R 和平均自由程 l_r 都依赖于频率，所以更一般的形式仍应是式（5-38）的形式。

126

对于介质中辐射传热过程可以定性地解释为：任何温度下的物体既能辐射出一定频率范围的射线，同样也能吸收由外界而来类似的射线，在热的稳定状态（平衡状态）时，介质中任一体积元平均辐射的能量与平均吸收的能量是相等的。而当介质中存在温度梯度时，在两相邻体积间温度高的体积元辐射的能量大，而吸收到的能量较小。温度较低的体积元情况正相反，吸收的能量大于辐射的能量。因此产生能量的转移，以致整个介质中热量会从高温处向低温处传递。λ_r 就是描述介质中这种辐射能的传递能力。它极关键地取决于辐射能传播过程中光子的平均自由程 l_r。对于辐射线是透明的介质，热阻很小，l_r 较大；对于辐射线不透明的介质，l_r 就很小；对于完全不透明的介质，$l_r = 0$，在这种介质中，辐射传热可以忽略。一般单晶和玻璃，对于热射线是比较透明的，因此在 $800 \sim 1300$ K 左右辐射传热已很明显。而大多数烧结陶瓷材料是半透明或透明度很差，l_r 要比单晶、玻璃小得多，因此对于一些耐火氧化物在 1800 K 高温下，辐射传热才明显地起作用。

5.4.3　影响热导率的因素

由于在陶瓷材料中热传导机构和过程很复杂，对于热导率的定量分析显得十分困难，因此下面是对影响热导率的一些主要因素进行定性的讨论。

1. 温度的影响

在温度不太高的范围内，主要是声子传导，热导率由式（5-37）给出。其中 V 通常可看作是常数，只有在温度较高时，由于介质的结构松弛和蠕变，使介质的弹性模量迅速下降，以致 V 减小，如对一些多晶氧化物测得在温度高于 $1000 \sim 1300$ K 时就出现这一效应。

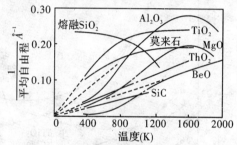

图 5.14　几种氧化物晶体的声子平均自由程与温度的关系

热容 C 与温度的关系已经知道，在低温下它与 T^3 成比例，在超过德拜温度以后的较高温度下趋于一恒定值。

声子平均自由程 l 随温度的变化，有类似气体分子运动中的情况，随着温度升高 l 值降低。实验指出，l 值随温度的变化规律是：低温下 l 值的上限为晶粒的线度，高温下 l 值的下限为晶格间距。不同组成的材料，具体的变化速率不一，但随温度升高而 l 减小的规律是一致的。图（5.14）是几种氧化物晶体的 $\dfrac{1}{l}$ 与 T 的关系曲线，对于 Al_2O_3、BeO 和 MgO 在低于德拜温度下，$\dfrac{1}{l}$ 随温度变化比线性关系更强烈。对于 TiO_2、ThO_2、MgO 等在接近和超过德拜温度的一个较宽的温度范围内，$\dfrac{1}{l}$ 随温度有线性的变化。对 TiO_2、莫来石可以看到在高温时，l 值趋于恒定，与温度无关。而图中 Al_2O_3、MgO 在 1600 K 以上出现的 $\dfrac{1}{l}$ 的减小，这是由于光子传导的效应，使得综合的平均自由程增大了（假如不是多晶而是单晶的情况下，超过

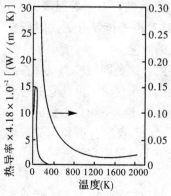

图 5.15　Al_2O_3 的热导率与温度的关系

500 K 就能观察到这一效应）。

图（5.15）是氧化铝的热导率与温度的关系曲线，在很低温度下声子的平均自由程 l 增大到晶粒的大小（此时边界效应是主要的），达到了上限，因此 l 值基本上无多大变化，而热容 C_V 在低温下是与温度的三次方成正比，因此 λ 也近似与温度 T^3 成比例地变化。随着温度的升高，λ 迅速增大，然而随着温度继续升高，l 值要减小，C_V 随温度 T 的变化也不再与 T^3 成比例，而要逐渐缓和，并在德拜温度以后，C_V 已趋于一恒定值，而 l 值因温度升高而减小，成了主要影响因素，因此 λ 值随温度升高而迅速减小，这样在某个低温处（~40 K）λ 值出现了极大值。更高温度后，由于 C_V 已基本上无变化，l 值也逐渐趋于它的下限——晶格的线度，所以温度的变化又变得缓和了。在达到 1600 K 的高温后 λ 值又有少许回升，这就是高温时辐射传热带来的影响。

2. 晶体结构的影响

声子传导是与晶格振动的非谐性有关，晶体结构愈复杂，晶格振动的非谐性程度愈大，格波受到的散射愈大，因此声子平均自由程 l 较小，热导率较低。例如镁铝尖晶石的热导率比 Al_2O_3 和 MgO 的热导率都低。莫来石的结构更复杂，所以热导率比尖晶石还低得多。

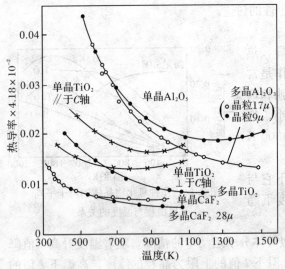

图 5.16　几种陶瓷材料热导率与温度的关系

对于非等轴晶系的晶体，热导率也存在着各向异性的性质。例如石英、金红石、石墨等都是在膨胀系数低的方向热导率最大。温度升高时不同方向的热导率差异趋于减小，这是因为当温度升高，晶体的结构总是趋于更高的对称性。

对于同一种物质，多晶体的热导率总是比单晶小，图 5.16 表示了几种单晶和多晶体热导率与温度的关系。由于多晶体中晶粒尺寸小、晶界多、缺陷多、晶界处杂质也多，声子更易受到散射，它的平均自由程就要小得多，所以热导率就小。另外还可以看到低温时多晶的热导率是与单晶的平均热导率相一致的，而随着温度升高，

差异就迅速变大，这也说明了晶界、缺陷、杂质等在较高温度时对声子传导有更大阻碍作用，同时也是单晶在温度升高后比多晶在光子传导方面有更明显的效应。

通常玻璃的热导率较小，而随着温度的升高，热导率稍有增大，这是因为玻璃仅存在近程有序性，可以近似地把它看成是晶粒很小（接近晶格间距）的晶体来讨论，因此它的声子平均自由程就近似为一常数，即等于晶格间距，而这个数值是晶体中声子平均自由程的下限（晶体和玻璃态的热容值是相差不大的），所以热导率就较小。图 5.17 表示石英和石英玻璃的热导率对于温度的变化，石英玻璃的热导率可以比石英晶体低三个数量级。

3. 化学组成的影响

不同组成的晶体，热导率往往有很大的差异。这是因为构成晶体质点的大小、性质不同，它们的晶格振动状态不同，传导热量的能力也就不同。一般说来，凡是质点的原子量越小、晶体的密度越小、杨氏模量越大、德拜温度愈高的热导率越大，这样凡是轻的元素的固

体或有大的结合能的固体热导率较大。如金刚石的 $\lambda = 1.7 \times 10^{-2}$ W/(m·K) 而较重的硅、锗的热导率则分别为 1.0 和 0.5×10^{-2} W/(m·K)。

图 5.18 表示出某些氧化物和碳化物中阳离子的原子量与热导率的关系。可以看到，凡是阳离子的原子量较小的，即与氧及碳的原子量相近的氧化物和碳化物，其热导率比阳离子原子量较大的要大些，因此在氧化物陶瓷中 BeO 具有最大的热导率。

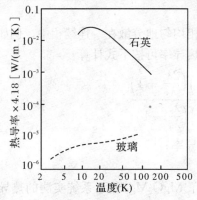
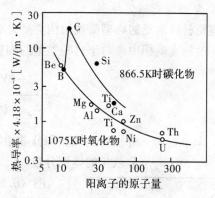

图 5.17　石英和石英玻璃热导率与温度关系　　　图 5.18　氧化物和碳化物中阳离子的
　　　　　　　　　　　　　　　　　　　　　　　　　　　　原子量与热导率的关系

晶体中存在的各种缺陷和杂质，会导致声子的散射，降低声子的平均自由程，使导热率变小。固溶体的形成同样也降低热导率，同时取代元素的质量、大小与原来基质元素相差越大，以及取代后结合力方面改变越大，则对热导率的影响越大，这种影响在低温时并随着温度的升高而加剧，但当温度大约比德拜温度的一半更高时，开始与温度无关。这是因为极低温度下声子传导的平均波长远大于点缺陷的线度，所以并不引起散射。随着温度升高平均波长减小，散射增加，在接近点缺陷线度后散射达到了最大值，此后温度再升高，散射效应已无多少变化，而变成与温度无关了。

图 (5.19) 表示了 MgO-NiO 固溶体和 Cr_2O_3-Al_2O_3 固溶体在不同温度下，$1/\lambda$ 随组成的变化，在取代元素浓度较低时，$1/\lambda$ 与取代元素的体积百分率成直线关系，即杂质对 λ 的影响很显著。而图中各条不同的温度下的直线是平行的，这说明了在这样的较高温度下，杂

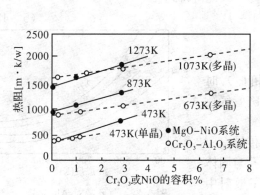
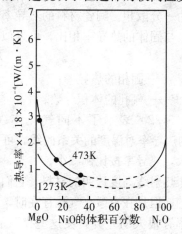

图 5.19　MgO-NiO 固溶体和 Cr_2O_3-Al_2O_3　　　　图 5.20　MgO-NiO 系固溶体的热导率
　　　　固溶体组成与热阻的关系

129

质效应已与温度无关。

图（5.20）表示了 MgO-NiO 固溶体在不同温度下与组成的关系。可以看到在杂质浓度很低时，杂质效应是十分显著的，所以在接近纯 MgO 或纯 NiO 处，杂质含量稍有增加，λ 值迅速下降，随着杂质含量的不断增加，这种效应也不断缓和。另外从图中可以看到杂质效应在 473 K 的情况下比 1273 K 要强，倘是在低于室温的温度下，杂质效应会更强烈得多。

4. 复相陶瓷的热导率

陶瓷材料常见的典型微观结构类型是有一分散相均匀地分散在一连续相中，例如晶相分散在连续的玻璃相中，对于这些类型的陶瓷材料的热导率可按下式计算：

$$\lambda = \lambda_c \frac{1 + 2V_d\left(1 - \frac{\lambda_c}{\lambda_d}\right)\left(\frac{2\lambda_c}{\lambda_d} + 1\right)}{1 - V_d\left(1 - \frac{\lambda_c}{\lambda_d}\right)\left(\frac{\lambda_c}{\lambda_d} + 1\right)} \tag{5-42}$$

式中　λ_c、λ_d ——分别为连续相和分散相物质的热导率；

　　　V_d ——分散相的体积分数。

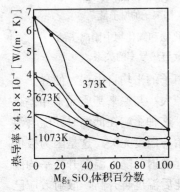

图 5.21　两相镁质材料的热导率与组成的关系

图（5.21）表示了 MgO-Mg$_2$SiO$_4$ 系统实测的热导率曲线（粗实线），其中细实线是按式（5-42）的计算值，可以看到在含 MgO 或 Mg$_2$SiO$_4$ 较高的两端，计算值与实验值是很吻合的，这是由于在 MgO 含量高于 80% 或 Mg$_2$SiO$_4$ 含量高于 60% 时，它们都成为连续相，而在这两者的中间组成时，连续相和分散相的区别就不明确了。这种结构上的过渡状态，反映到热导率的变化曲线上也是过渡状态，所以实际曲线呈 S 形。

在陶瓷材料中，一般玻璃相是连续相，因此普通的瓷和黏土制品的热导率与其中所含的晶相和玻璃相的热导率相比较更接近于其中玻璃相的热导率。

5. 气孔的影响

通常的陶瓷材料常含有一定量的气孔，气孔对热导率的影响是较复杂的。一般在温度不是很高，而且气孔率也不大，气孔尺寸很小，又均匀地分散在陶瓷介质中时，这样的气孔就可看作为一分散相。陶瓷材料的热导率仍然可以按式（5-42）计算，只是因为气孔的热导率很小，与固体的热导率相比，可近似看作为零，因此可得到：

$$\lambda = \lambda_S(1 - P) \tag{5-43}$$

式中　λ_S ——固相的热导率；

　　　P ——气孔的体积分数。

图（5.22）表示了不同气孔率（孔径相似）时 Al$_2$O$_3$ 的热导率对温度的关系曲线，可以看到随着气孔率的增大，热导率按比例减小。

对于热射线高度透明的材料，它们的光子传导率应是较大的，但是在有微小气孔存在时，由于气孔与固体间折射率有很大的差异，使这些微气孔形成了散射中心，导致透明度强烈降低，往往仅有 0.5% 气孔率的微气孔存在，就显著地降低射线的传播（图 5.23），这样

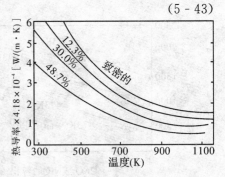

图 5.22　气孔率对 Al$_2$O$_3$ 瓷热导率的影响

光子自由程显著减小，因此大多数烧结陶瓷材料的光子传导率要比单晶和玻璃小 1～3 个数量级。因此烧结材料的光子传导效应，只有在很高温度下（大于 1800 K）才是重要的。但少量的大的气孔对透明度影响就小，而且当气孔尺寸增大时，气孔内气体会因对流而加强了传热，当温度升高时，热辐射的作用也增强，且与气孔的大小和温度的三次方成比例。而这一效应在温度较高时，随温度的升高迅速加剧，这样气孔对热导率的贡献就不可忽略，式（5-17）也就不再适用。

对于粉末和纤维材料，其热导率比烧结状态时又低得多，这是因为在其间气孔形成了连续相，因此材料的热导率就在很大程度上受气孔相的热导率所影响。这也是通常粉末、多孔和纤维类材料能有良好的热绝缘性能的原因。

对于一些具有显著的各向异性的材料和膨胀系数相差较大的多相复合物中，由于存在大的内应力，以致会形成微裂纹，气孔以扁平微裂纹出现并沿着晶界发展，使热流受到严重的阻碍，这样即使是在总气孔率很小的情况下，也使材料的热导率有明显地减小。对于复合材料实验测定值也就比按式（5-42）计算值要小。

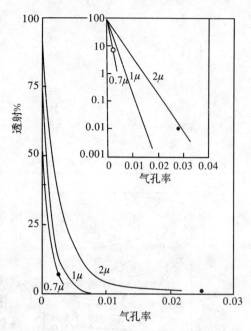

图 5.23　气孔率对 Al_2O_3 透射率的影响

5.4.4　一些材料的导热率

热量能够通过两种机制在物质中进行传导：晶格振动（声子）和自由电子移动。这两种机制的相对重要性主要依赖于材料电子能带结构的特征。一种材料，如果其价带只是部分地被填满（即金属），其热导率受到自由电子运动的支配；能带间隙较小的材料（例如半导体）中，两种机制的贡献都比较显著；而能带间隙较大的材料（如金刚石）中，来自于声子机制的热传导占主导地位。表 5-4 给出了一些物质的热导率数值。

表 5-4　一些物质的热导率

材　料	$\lambda/[W/(m \cdot K)]$	材　料	$\lambda/[W/(m \cdot K)]$
金属		陶瓷	
Al	300	Al_2O_3	34
Cr	158	BeO	216
Cu	483	MgO	37
Au	345	SiC	93
Fe	132	SiO_2	1.4
Pb	40	尖晶石（$MgAl_2O_4$）	12
Mg	169	钠钙硅玻璃	1.7
Mo	179	二氧化硅玻璃	2
Ni	158	高分子（无取向）	

材　料	$\lambda/[W/(m\cdot K)]$	材　料	$\lambda/[W/(m\cdot K)]$
Pt	79	聚乙烯	0.38
Ag	450	聚丙烯	0.12
Ta	59	聚苯乙烯	0.13
Sn	85	聚四氟乙烯	0.25
Ti	31	聚异戊二烯	0.14
W	235	尼　龙	0.24
Zn	132	酚醛树脂	0.15
1030 钢	52	半导体	
不锈钢	16	Si	148
黄　铜	120	Ge	60
		GaAs	46

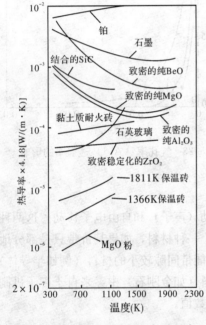

图 5.24　几种硅酸盐材料的热导率

根据以上的讨论可以看到影响陶瓷材料热导率的因素还是比较复杂的，因此实际材料的热导率一般还得依靠实验测定。图（5.24）表示了某些材料的热导率，其中石墨和 BeO 具有最高的热导率，低温时接近金属铂的热导率。良好的高温耐火材料之一的致密稳定化 ZrO_2，它的热导率相当低，气孔率大的保温砖就具有更低的热导率，而粉状材料的热导率则极低，具有最好的保温性能。

通常在低温时有较高热导率的材料，随着温度升高热导率降低，而低热导率的材料正相反。其中如 Al_2O_3、BeO 和 MgO 等热导率随温度变化的规律相似，根据实验结果，可整理出以下的经验公式：

$$\lambda = \frac{A}{T-125} + 8.5\times10^{-36}\cdot T^{10} \qquad (5-44)$$

式中　T——绝对温度，K；

　　　A——常数，对于 Al_2O_3、MgO、BeO 分别为 16.2、18.8、55.4。

此式适用范围对 Al_2O_3 和 MgO 是室温到 2000 K，对于 BeO 是 1300～2000 K。

玻璃体的热导率如前所述，是随温度的升高而缓慢增大，800 K 以后由于辐射传热的效应使热导率有较快的上升，它们的经验方程式常具有如下的形式：

$$\lambda = cT + d \qquad (5-45)$$

式中　c、d——为常数。

对于某些建筑材料、黏土质耐火砖以及保温砖等热导率是随温度升高有线性的增大，因此一般的经验方程式是：

$$\lambda = \lambda_0(1+bt) \qquad (5-46)$$

式中　λ_0——0 ℃时材料的热导率；

　　　b——与材料性质有关的常数。

5.5　材料的抗热震性

所谓抗热震性，是指材料承受温度的急剧变化而抵抗破坏的能力，所以也称之为耐温度急变抵抗性和热稳定性等。由于陶瓷材料在加工和使用过程中经常会受到环境温度起伏的热冲击，有时这样的温度变化还是十分急剧的，因此抗热震性亦是陶瓷材料一个重要的作业性能。

一般来讲，陶瓷材料和其他脆性材料一样，抗热震性是比较差的，它们在热冲击下损坏有两种类型，一种是材料发生瞬时断裂，对这类破坏的抵抗称抗热震断裂性。另一种是在热冲击循环作用下，材料表面开裂、剥落，并不断发展，以致最终碎裂或变质而损坏，对这类破坏的抵抗称抗热震损伤性。

5.5.1　抗热震性的表示方法

由于应用的场合不同，往往对材料抗热震性的要求也不相同。例如，对于一般日用瓷器，通常只要求能承受温度差为 100 K 左右热冲击，而火箭喷嘴就要求瞬时能承受高达 3000～4000 K 的热冲击，而且还要经受高速气流的机械和化学作用，因此对材料的抗热震性要求显然就有很大的差别。而目前对于抗热震性虽已能作出一定的理论解释，但尚不完善，因此实际上对材料或制品的抗热震性评定，一般还是采用比较直观的测定方法。例如，日用瓷通常是以一定规格的试样，加热到一定温度，然后立即置于室温的流动水中急冷，并逐次提高温度和重复到水中急冷直至试样被观察到发生龟裂，则以开始产生龟裂的前一次加热温度来表征瓷的抗热震性。对于一般普通耐火材料则常是将试样加热到1373 K并保温 20 min，然后置于 283 K～303 K 的流动水中 3 min，并重复这样的操作，直至试样受热端面破损一半为止，而以这样操作的次数来表征材料的抗热震性。某些高温陶瓷材料是以加热到一定温度再用水急冷，然后测量其抗折强度的损失率来评定它的抗热震性。若制品具有较复杂的形状，则在可能的情况下，可直接用制品来进行测定，这样就免除了形状因素和尺寸因素带来的影响。总之，对于陶瓷材料尤其是制品的抗热震性，在工业应用中目前一般还是根据使用情况进行模拟测定为主，因此如何更科学更本质地反映材料抗热震性，是当前技术和理论工作中一个重要任务。

5.5.2　热应力

材料在不受其他外力的作用下，仅因热冲击而损坏，造成开裂和断裂，这是由于材料在温度作用下产生了很大的内应力，并达到超过材料的机械强度所导致的。对于这种内应力的产生和计算，我们可先以下述的一个简单情况来讨论。假如有一各向同性的均质的长为 l 的杆件，当它的温度从 T_0 升到 T' 后，杆件会有 Δl 的膨胀，倘若杆件能够完全自由膨胀，则杆件内不会因热膨胀而产生应力，若杆件的两端是完全刚性约束的（如图 5.25），这样杆件的热膨胀不能实

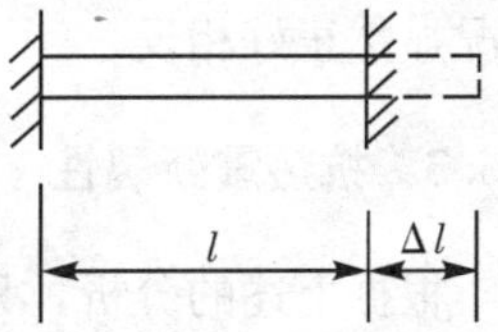

图 5.25　两端固定杆示意图

现，而杆件与支撑体之间就会产生应力，杆件所受到的抑制力，就相当于把样品允许自由膨胀后的长度（$l + \Delta l$），仍压缩为 l 时所需要的压缩力，因此杆件所承受的压应力是正比于材

料的弹性模量 E 和相应的弹性应变 $-\Delta l$，因此材料中的应力 σ 可由下式计算：

$$\sigma = E\left(\frac{-\Delta l}{l}\right) = -E\alpha(T' - T_0) \tag{5-47}$$

式中的负号是由于习惯上常把这一类张应力定为正值，压应力定为负值的缘故。

若上述情况是发生在冷却状态下，即 $T_0 > T'$，则材料中内应力为张应力。

这种由于材料热膨胀或收缩引起的应力称为热应力。

热应力不一定要在有机械约束的情况下才产生。①对于具有不同膨胀系数的多相复合材料中，可以由于结构中各相间膨胀收缩的相互牵制而产生热应力，例如，上釉陶瓷制品中坯、釉间产生的应力。②另外即使对于各向同性的材料，当材料中存在温度梯度时亦会产生热应力。例如，一块玻璃平板从 373 K 的沸水中掉入 273 K 的冰水浴中，假设最表面层在瞬间就降到 273 K，则表面层要趋于 $\alpha\Delta T = 100\alpha$ 的收缩，然而，此时内层还保留在原来的温度 $T_0 = 373$ K，所以并无收缩，显然这样在表面层就发展了一张应力，而内层有一相当的压应力，其后由于内层温度亦不断下降，因此材料中热应力也逐渐减小。若一厚度为 x，侧面为无限大的平板，在两侧均匀加热（或冷却）时，平板内任意点的温度 T 是时间 t 和距离 x 的函数 $T = f(t, x)$。而在某一时刻任意点处的应力则决定于该点温度 T 和制品在该时刻的平均温度 T_a 之间的差别，根据广义胡克定律不难得到：

$$\sigma_y = \sigma_z = \frac{E\alpha}{1-\nu}(T_a - T) \tag{5-48}$$

式中 ν——材料的泊松比。

除了表面温度的突然改变外，当表面温度平稳改变时，也能导致温度梯度和热应力。（图 5.26）。

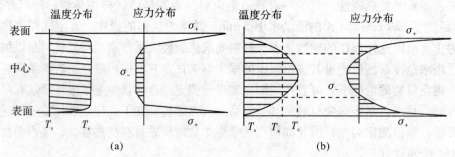

图 5.26 玻璃平板冷却时温度和应力分布示意图

当平板表面以恒定速率冷却时，温度分布是抛物线状，表面温度 T_s 比平均温度 T_a 低，表面产生张应力 σ_+，中心温度 T_c 比 T_a 高，所以中心是压应力 σ_-。假如样品是被加热，则情况显然正好相反。

5.5.3 抗热震断裂性

根据上述的分析，只要材料中最大热应力值 σ_{max}（一般在表面或中心部位），不超过材料的强度极限 σ_b（对于脆性材料显然应取其抗张强度限），则材料不致损坏。因此再根据式 (5-48) 形式可得到材料中允许存在最大温度差 ΔT_{max} 为：

$$\Delta T_{max} = \frac{\sigma(1-\nu)}{\alpha E} \tag{5-49}$$

显然 ΔT_{max} 值越大，说明材料能承受的温度变化越大，即抗热震性越好，所以我们定义

$R = \dfrac{\sigma(1-\nu)}{\alpha E}$ 为表征材料抗热震性的因子，也称为第一热应力因子。

然而实际情况又要复杂得多，材料是否出现热应力断裂，固然与热应力 σ_{max} 的大小有着密切的关系，还与材料中应力的分布、应力产生的速率和持续时间、材料的特性（例如延性、均匀性等）以及原先存在的裂纹、缺陷等情况有关，因此 R 虽能在一定程度反映材料抗热冲击性的优劣，但并不能简单地认为就是材料允许承受的最大温度差，只能看作 ΔT_{max} 与 R 有一定的关系：

$$\Delta T_{max} = f(R) \tag{5-50}$$

实际上制品中的热应力尚与材料的热导率、形状大小、材料表面对环境进行热传递的能力等有关。例如，热导率 λ 大，制品厚度 b 小，表面对环境的传热系数 h 小等，都有利于制品中温度趋于均匀，使制品的抗热震性改善。因此，式（5-54）是不完整的，根据实验的结果可以整理出如下关系式：

$$\Delta T_{max} = f(R) + f'\left[\frac{\sigma(1-\nu)}{E\alpha} \cdot \frac{\lambda}{bh}\right] \tag{5-51}$$

我们定义 $R' = \dfrac{\sigma(1-\nu)\lambda}{E\alpha}$ 为第二热应力因子。由于 b 和 h 不属于材料本身的特性，因此不计入 R' 中。

对于制品的厚度 b（或半径 r）和 h 很大而 λ 很小时，式中 $f'\left(\dfrac{R'}{bh}\right)$ 项就很小，可以略去，这时材料的抗热冲击断裂性，可由 R 来评定。相反的情况，如 b（或 r）和 h 都很小，而 λ 很大时，则相比较的结果 $f(R)$ 项可以忽略，而由 R' 来评定。只有适中的情况下，必须同时结合 R 和 R' 来考虑。

某些材料 R，R' 可见表（5-5），由于不同作者提供的数据不尽相同，因此表中所列的数据亦仅可供作参考。

另外表面传热系数 $h[\mathrm{W/(m^2 \cdot K)}]$ 是表示材料表面与环境介质间，在单位温度差下、它的单位面积上、单位时间里传递环境介质的热量或从环境介质所吸收的热量，显然 h 和环境介质的性质及状态有关。例如，在平静的空气中 h 值就小，而材料表面如接触的是高速气流，则气体能迅速地带去材料表面热量，h 值就大，表面层温差就大，材料被损坏的危险性就增大。

表 5-5　某些材料的 R 和 R' 值

材　料	σ	E	α	R	$\lambda 10^{-2}[\mathrm{W/(m \cdot K)}]$			$R'10^{-2}[\mathrm{W/(m \cdot K)}]$		
	9.8×10^{-1} Pa	9.8×10^{2} Pa	10^{-6}/K	K	373K	673K	1273K	373K	673K	1273K
Al_2O_3	1.47	3.58	8.8	47	0.31	0.13	0.63	14.2	6.27	2.93
BeO	1.47	3.09	9.0	53	2.2	0.93	0.21	121	50.2	10.9
MgO	0.98	2.11	13.5	34	0.36	0.16	0.07	12.1	5.4	2.4
$MgAl_2O_4$	0.84	2.39	7.6	47	0.15	0.10	0.06	6.3	4.6	2.2
ThO_2	0.84	1.48	9.2	62	0.10	0.06	0.03	6.3	3.9	2.1
ZrO_2	1.40	1.48	10.0	106	0.02	0.021	0.023	1.8	1.9	2.1
莫来石	0.84	1.48	5.3	107	0.06	0.046	0.042	6.7	5.0	4.6
瓷　　器	0.70	0.70	6.0	167	0.017	0.018	0.019	2.8	2.9	3.1

材料	σ 9.8×10^{-1} Pa	E 9.8×10^2 Pa	α 10^{-6}/K	R K	$\lambda 10^{-2}[\text{W}/(\text{m}\cdot\text{K})]$			$R'10^{-2}[\text{W}/(\text{m}\cdot\text{K})]$		
					373K	673K	1273K	373K	673K	1273K
堇青石	0.35	1.48	2.6	90	0.022	0.021	0.021	1.97	1.88	1.88
锂辉石	0.31	1.05	1.6	208	0.011	0.012	0.014	—	—	2.93
钠钙玻璃	0.70	0.67	9.0	117	0.017	0.019	—	1.97	2.16	—
石英玻璃	1.09	0.74	0.5	3000	0.016	0.019	—	47.7	56.5	—
Si_3N_4	1.105	2.5	2.25	157		0.184			29.9	
B_4C	1.573	4.56	5.5	498		0.829			41.2	
$MoSi_2$	2.80	3.53	8.51	77.8		0.192			14.9	
Al_2O_3-Cr	3.86	3.65	8.65	127	0.09			2.8		
石墨	0.24	0.11	3.0	735	1.79	1.12	0.62	1300	825	456

对于尺寸因素 b 的影响是容易理解的。图（5.27）表示了某些材料在 673 K 时，$\Delta T_{\max} - bh$ 的计算值曲线。

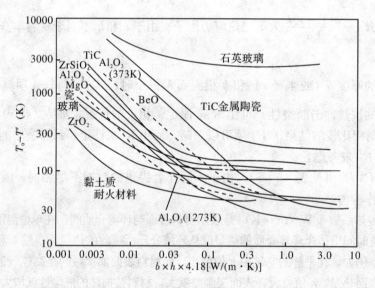

图 5.27　几种材料的 $\Delta T_{\max} - bh$ 曲线

从图中可以看到一般材料在 bh 值较小时，$\Delta T_{\max}$ 与 bh 成反比；当 bh 值较大时，$\Delta T_{\max}$ 趋于一恒定值。另外要特别注意的是图中几种材料的曲线是交叉的，其中 BeO 就很突出，它在 bh 很小时具有很大的 $\Delta T_{\max}$，即抗热震性很好，仅次于石英玻璃和 TiC 金属陶瓷；而在 bh 很大时（如大于 1）抗热震性就显得很差（由于强度低，热膨胀系数大），而仅优于 MgO。因此，实际上并不能简单地排列出各种材料的抗热冲击断裂性能的顺序来。

以上主要是从材料中允许存在的最大温度差的角度来讨论的，在一些实际场合中往往关心的是材料所允许的最大冷却（或加热）速率 $\dfrac{dT}{dt}$，对于厚度为 $2b$ 的平板，$\left(\dfrac{dT}{dt}\right)_{\max}$ 表达式为：

$$\left(\frac{dT}{dt}\right)_{\max} = \frac{\sigma(1-\nu)}{\alpha E} \cdot \frac{\lambda}{\rho C} \cdot \frac{3}{b^2} \tag{5-52}$$

式中　ρ——材料的密度（千克/米³）；

　　　　C——热容。

通常定义 $a = \dfrac{\lambda}{\rho C}$ 为导温系数。它表征了材料在温度变化时内部各部分温度趋于均匀的能力，λ 越大，ρ、C 越小，即热量在材料内部传递得越快，材料内部温差越小，这显然对抗热震性有利。因此又定义 $R'' = \dfrac{\sigma(1-\dot{r})}{\alpha E} \cdot \dfrac{\lambda}{\rho C} = \dfrac{R'}{C\rho} = Ra$ 为第三热应力因子，这样式（5-56）就具有下列的形式：

$$\left(\frac{\mathrm{d}T}{\mathrm{d}t}\right)_{\max} = R'' \frac{3}{b^2} \tag{5-53}$$

如有人计算了 ZrO_2 的 $R'' = 0.4 \times 10^{-4}$ m² · K/s，当平板厚 10 cm 时只能承受 $\left(\dfrac{\mathrm{d}T}{\mathrm{d}t}\right)_{\max} = 0.0483$ K/s。

5.5.4　抗热震损伤性

在上面所讨论的抗热应力断裂性中，实际上是从热弹性力学的观点出发，以强度-应力为判据，认为材料中热应力达到抗拉强度限后，材料就产生开裂，而一旦有裂纹产生就会导致材料完全破坏。所导出的结果对于一般的玻璃、瓷器和电子陶瓷等都能较好地适用，但是对于一些含有微孔的材料（如黏土质耐火制品等）和非均质的金属陶瓷等都不适用，在这些材料中发现，热冲击下材料中产生裂纹时，即使这裂纹是从表面开始的，在裂纹的瞬时扩张过程中也可能被微孔、晶界或金属相所中止，而不致引起材料的完全破坏。明显的例子是在一些筑炉用的耐火砖中，往往在含有一定的气孔率时（如 10~20%）反具有较好的抗热冲击损伤性。而气孔的存在是降低材料的强度和热导率，会使 R 和 R' 值都要减小，因此这一现象按强度-应力理论就不能得到解释。实际上凡是热震破坏是以热冲击损伤为主的情况都是如此。因此，对抗热震性问题发展了第二种处理方式，这就是从断裂力学观点出发以应变能-断裂能为判据的理论。

在强度-应力理论中，对热应力的计算是假设了材料的外形是完全刚性约束的，所以整个坯体中各处的内应力都处在最大热应力值的状态，这实际上只是一个条件最恶劣的力学模型。它假设了材料是完全刚性的，而任何应力释放（松弛），例如，位错运动或黏滞流动等都是不存在的，裂纹产生和扩展过程中的应力释放也不予考虑，因此按此计算的热应力破坏会比实际情况更严重。按照断裂力学的观点，对于材料的损坏，不仅要考虑材料中裂纹的产生情况（包括材料中原先就已有的裂纹状况），还要考虑在应力作用下裂纹的扩展、蔓延情况。如果裂纹的扩展、蔓延能抑制在一个小的范围内，也可能不致使材料完全破坏。

通常在实际材料中都存在一定大小、数量的微裂纹，在热冲击情况下，这些裂纹产生、扩展以及蔓延的程度，与材料积存的弹性应变能和裂纹扩展的断裂表面能有关。当材料中可能积存的弹性应变能较小时，原先裂纹的扩展可能性就小，又因为裂纹蔓延时断裂表面能大，所以裂纹能蔓延的程度就小，材料抗热震性就好。因此，抗热应力损伤性正比于断裂表面能、反比于应变能，这样就提出了两个抗热应力损伤因子 R''' 和 R''''，定义为：

$$R''' = \frac{E}{\sigma^2(1-\nu)} \qquad (5-54)$$

$$R'''' = \frac{E\gamma}{\sigma^2(1-\nu)} \qquad (5-55)$$

式中 γ——断裂表面能（焦耳/米²）；

R'''——实际上就是材料中储存的弹性应变能的倒数，它可用来比较具有相同断裂表面能材料的抗热震损伤性；

R''''——用来比较具有不同断裂表面能材料的抗热震损伤性。

R''' 或 R'''' 值高的材料抗热应力损伤性好。从 R''' 和 R'''' 可以看到抗热震性好的材料，应有低的 σ 和高的 E 值，这与 R 和 R' 的考虑正好相反。这原因就在于两者判断的依据不同，在抗热应力损伤性中，认为强度高的材料，原先裂纹在热应力作用下，容易产生过度的扩展蔓延，对抗热震性不利，尤其是在一些晶粒较大的样品中经常会遇到这样的情况。

海塞曼（D. P. H. Hasselman）曾从断裂力学的观点出发，认为材料中原先存在裂纹产生破裂扩展的驱动力，应该是材料中裂纹处积存的应变能，当这些裂纹一旦开始扩展，则由于断裂表面增大，所以要吸收能量而转化为断裂表面能，在此过程应变能就不断得到释放而降低，直到全部应变能都转化为新增的总的断裂表面能，裂纹扩展也就终止。

对于原先裂纹抗破裂的能力，他结合了 W. D. Kingery 的工作，提出了"热应力裂纹安定性因子 (R_{st})"，定义为：

$$R_{st} = \left[\frac{\lambda^2 \gamma}{\alpha^2 E_0} \right]^{\frac{1}{2}} \qquad (5-56)$$

式中 E_0——材料无裂纹时的弹性模量；

R_{st} 值大裂纹不易扩展，抗热震性就好，这实际上与 R 和 R' 的考虑是一致的，只是把强度 σ 的因素改由断裂能 γ 来考虑。

而一定长度的原先裂纹，在热应力作用下，刚开始扩展时材料中的温度差称为该长度裂纹不稳定的临界温度差。在临界温度差下，该长度裂纹扩展到不再蔓延时的长度，称为裂纹的最终长度，他提出了一定长度裂纹 l 成为不稳定所需的临界温度差 ΔT_c：

$$\Delta T_c = \left[\frac{\pi\gamma(1-2\nu)^2}{2E_0\,\alpha^2(1-\nu^2)} \right]^{\frac{1}{2}} \left[1 + \frac{16(1-\nu^2)Nl^3}{9(1-2\nu)} \right] l^{-\frac{1}{2}} \qquad (5-57)$$

N 为单位容积的裂纹数，他假设 N 条裂纹是同时扩展的，并对相邻裂纹间应力场的互作用给予忽略（在 l 和 N 较小的情况下是允许的）。对于 $\nu = 0.25$ 的材料以 $f(\Delta T_c) = \Delta T$ $\left[\frac{7.5\alpha^2 E_0}{\pi\gamma} \right]^{\frac{1}{2}}$ 为纵坐标，以 $\frac{1}{2}l$ 为横坐标，按式（5-61）得到图（5.28）中粗实线所示的曲线。对于同一材料在仅考虑它 ΔT 的变化，则 l 从很小值增长时，所对应的 ΔT_c 不断减小，经过一个 ΔT_c 的最小值后，随 l 的增长 ΔT_c 又增大。因此对应于一定的 ΔT_c 有两个裂纹不稳定的临界长度，在此，两个长度之间的裂纹对应于该 ΔT_c 都是不稳定的。

假设 $N=1$，图 5.28 中 l_0 和 l_1' 对应的临界温度差为 $\Delta T_c'$，若裂纹长度 $l < l_0$，在材料中 $\Delta T = \Delta T_c'$ 时，该裂纹是稳定的。而当裂纹长 l 满足 $l_0' < l < l_1'$ 时，则会破裂而扩展。开始扩展时应变能的释放超过了断裂表面能，超过的能量成为裂纹扩展所需的动能。当 l 扩展到 $l = l_1'$ 时，因裂纹仍具有动能，所以仍将继续扩展，直至全部积存的应变能都完全得到释放，此时 l 就达到最终裂纹长度 l_f'。因此 l_1' 对应于 $\Delta T_c'$，只是静态时的临界状态，而 l_f' 对

138

应于 $\Delta T_c'$ 是亚临界的，只有 $\Delta T_c'$ 增大后，裂纹才会超过 l_f' 而继续扩展。对于最终裂纹长度 l_f 的关系式为：

$$\frac{3(\alpha\Delta T_c)^2 E_0}{2(1-2\nu)}\left\{\left[1+\frac{16(1-\nu^2)Nl_0^3}{9(1-2\nu)}\right]^{-1}-\left[1+\frac{16(1-\nu^2)Nl_f^3}{9(1-2\nu)}\right]^{-1}\right\}=2\pi N\gamma(l_f^2-l_0^2)$$

$$(5-58)$$

式中 l_0——原先裂纹长度；

l_f——最终裂纹长度。

此式在图（5.28）中为虚线所示的曲线。

按此理论预期原先存在的微小裂纹，一旦略高于临界温度差时，开始发生扩展，且瞬时扩展到最终裂纹长度，只有继续提高 ΔT，裂纹才会再扩展，它是随 ΔT 的增大连续地准静态地扩展。图（5.29）就是理论上预期的裂纹长度以及材料强度随 ΔT 的变化。假如原先裂纹长度为 l_0 相应的彼时强度为 σ_0，在 $\Delta T < \Delta T_c$ 范围内，裂纹是稳定的；当 $\Delta T = \Delta T_c$ 时，裂纹迅速地从 l_0 扩展到 l_f 值，这时在强度关系上相应地也出现从 σ_0 迅速地降低到 σ_f。由于 l_f 对 $\Delta T_c'$ 是亚临界的，只有 ΔT 增长到一个新值

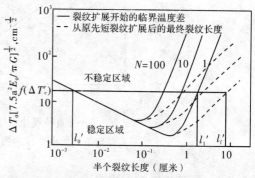

图 5.28 裂纹开始扩展的最小温度差和裂纹长度及密度 N 的关系（泊松比 $\nu=0.25$）

$\Delta T_c'$ 后，裂纹才准静态地又连续扩展，因此在 $\Delta T_c < \Delta T < \Delta T_c'$ 区间裂纹长度无变化，相应地强度也不变，在 $\Delta T > \Delta T_c'$ 以后强度则出现连续地降低，这一结论为一些实验所证实。

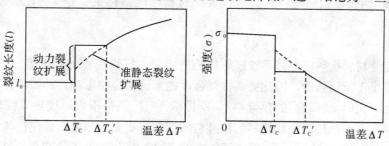

图 5.29 裂纹长度及强度与温度差的关系

图（5.30）是直径为 5 mm 的氧化铝杆，在加热到不同温度时又投入水中急冷后，在室温下测得的强度曲线，可以看到与理论预期结果是符合的。

对于一些多孔的低强度材料，例如，保温耐火砖由于原先裂纹尺寸较大，预期有图（5.31）形式，并不显示出裂纹的动力扩展过程，而只有准静态的扩展过程，这同样也得到了一些实验的证实。

然而还必须说明，由于材料中微小裂纹及其分布和陶瓷材料中裂纹扩展过程的精确测定，目前在技术上还遇到不少困难，因此还不能对此理论作出直接的验证。另外材料中原先裂纹大小远非是一致的，实际情况要复杂得多，而且影响抗热震性因素是多方面的，还关系到热冲击的方式、条件和材料中热应力的分布等。而材料的一些物理性能在不同的条件下也是有变化的，因此强度 σ 与 ΔT 的关系也完全有不同于图（5.29）和图（5.31）所示的形

式，所以这理论还有待于进一步的发展。

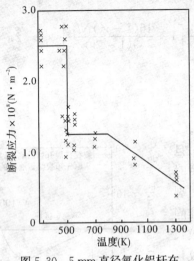

图 5.30　5 mm 直径氧化铝杆在
不同温度下到水中急冷的强度

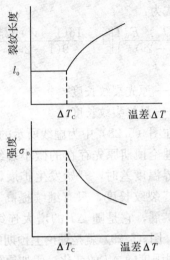

图 5.31　裂纹长度及强度与
温度差的关系

5.5.5　影响抗震性的因素

通过以上对各个抗热应力因子的介绍，实际上已经提到了影响抗热震性的各种因素，现扼要地总结一下各种因素影响的实质，以便进一步了解各个因子的物理意义。

1. 影响抗热震断裂性的主要因素

从 R 和 R' 因子可以知道，它们所包含的材料性能指标主要是 σ、E、α 和 λ，现分述如下：

（1）强度 σ

高的强度使材料抗热应力而不致破坏的能力增强，抗热震性得到改善。对于脆性材料，由于抗张强度小于抗压强度，因此提高抗张强度能起到明显的影响，例如，金属陶瓷因有较高的抗张强度（同时又有较高的热导率），所以 R 和 R' 值都很大，抗热震性较好。烧结致密的细晶粒状态一般比缺陷裂纹较多的粗晶粒状态要有更高的强度，而使抗热震性较好。然而，一般陶瓷材料提高 σ 时，往往对应了较高的 E 值，所以，并不能简单地认为 σ 高抗热震性就好。

（2）弹性模量 E

E 值的大小是表征材料弹性的大小，其值大弹性小，因此，在热冲击条件下材料难以通过变形来部分地抵消热应力，使得材料中存在的热应力较大，而对抗热震性不利。例如，石墨强度很低，但因 E 值极小，同时膨胀系数也不大，所以有很高的 R 值，又因热导率高而 R' 也仍很高，所以抗热震性良好。气孔会降低 E 值，然而又会降低强度、热导率等，因此，必须综合地进行比较，某种瓷料曾以增加熟料量、加大熟料粒度、提高气孔率等降低 E 值而使抗热震性有所改进。

（3）膨胀系数 α

热膨胀现象是材料中产生热应力的本质。同样条件下 α 值小，材料中热应力也小，因此对抗热震性来讲总是希望 α 值越小越好。石英玻璃具有极优良的抗热震性，突出的一点就是

140

它具有很小的 α 值。通常陶瓷工厂在匣钵料中添加一些滑石就是为了能得到一些 α 很小的董青石以改善抗热震性。而材料的热膨胀性能可以看以前的介绍，特别要提出的是具有多晶转化的材料，由于在转化温度下有膨胀系数的突然变化，因此在选用材料或控制热条件时都必须注意。

（4）导热率 λ

导热率 λ 值大，材料中温度易于均匀，温差应力就小，所以利于改善抗热震性。如 BeO 与 Al_2O_3 的 R 值相近，但 BeO 因 λ 值大，所以 R' 值比 Al_2O_3 高得多，抗热震性就优良。石墨、碳化硼、氮化硼等有良好的抗热震性都与它们有着高的 λ 值密切相关。

其他如 ν、ρ、c 等的影响也已在前面给予了介绍，所以影响因素还是较复杂的，并且还不能对各因素片面地单一地来考虑，必须综合考虑它们的影响，这也是提出一些热应力因子来进行评定材料抗热震性的基本思想。

2. 影响抗热震损伤性的主要因素

（1）抗热应力损伤因子 R''' 和 R''''

它们都要求有小的 σ 值和大的 E 值，与 R 和 R' 是相反的，实际上 R'''' 还正比于 γ，而一般材料高的 γ 值也往往对应于高的 σ 值，所以尚不能过于片面看待 σ 的影响。

（2）微观结构的影响

由前面对图（5.28）的分析中可以看到，微小的裂纹破裂时，有明显的动力扩展，瞬时裂纹长度变化很大，容易引起严重的损坏。假如原先裂纹长度能控制在图（5.28）V 型曲线的最低值附近，则可以有最小的动力扩展，使材料的抗热震性得到改善。因此对多晶质材料往往因具有一定数量、大小的裂纹会使抗热震性改善。同时任何不均匀微观结构的引入，形成了局部的应力集中，这样在材料中虽然局部范围内可能产生破裂，但整个材料中的平均应力是不大的，因此严重的损坏反而可以避免。近来的工作更确认了微观结构在热冲击损伤方面的重要性。特别是晶粒间收缩开裂引起的钝裂纹，显著地提高了抵抗严重破坏的能力，相对原先的尖锐的裂纹，会在不太严重的热应力条件下，就导致损坏。在 Al_2O_3-TiO_2 瓷中晶粒间收缩的开裂，会使原先的尖裂纹钝化和阻止了裂纹的扩展，在 Al_2O_3 瓷中添加 ZrO_2 以予制微裂纹，也明显地改进抗热震性。对于利用各向异性的热膨胀所引起的裂纹，也为改善抗热冲击损坏提供了一个有益的途径。

（3）热膨胀系数 α 和导热率 λ

通常的影响是与抗热应力断裂性中的情况一致的。但是正如前述，各向异性的热膨胀在此有可能得以利用。又在短时间的热冲击情况下，可以允许有小的 λ 值，它使热应力主要分布在表层，对整个制品来讲还是安全的。

最后还必须指出，制品的形状、尺寸因素虽非材料的本质属性，但对制品的抗热震性有着重要影响，不良的结构会导致制品中严重的温度不均匀和应力集中，恶化抗热震性。而良好的结构设计又能有效地弥补材料性能的不足，因此在实际工作中这是必须注意的。

由于抗热震性问题的复杂性，至今还未能建立起一个十分完善的理论，因此任何试图改进材料抗热震性的措施，必须结合具体的使用要求和条件、综合考虑各种因素的影响。同时必须和实际经验相结合。

第6章 材料的电学性能

材料的电学性能是材料物理性能的重要组成部分,其主要包括材料的电导、介电性能、铁电性、热释电性、压电性及热电性等。本章主要介绍这些电学性能的微观机理及其影响因素。

6.1 材料的电导

6.1.1 电导的基本概念

当在材料两端施加电压 V 时,材料中有电流 I 通过,这种现象称为导电现象。其中电流 I 与电压 V 之间的关系可由欧姆定律得出:

$$I = \frac{V}{R} \tag{6-1}$$

式中 R——材料的电阻。

材料的电阻不仅与材料的性能有关,而且还与材料的尺寸有关,即:

$$R = \rho \cdot \frac{L}{S} \tag{6-2}$$

式中 L——材料的长度;

S——材料的截面积;

ρ——电阻率。

电阻率只与材料的本性有关,而与其几何尺寸无关,它表征了材料导电性能的好坏。电阻率的倒数称为电导率 σ,即

$$\sigma = \frac{1}{\rho} \tag{6-3}$$

根据导电性能的好坏,常把材料分为导体、半导体、绝缘体,其中 $\rho < 10^{-5}$ $\Omega \cdot m$ 的为导体;ρ 值在 $10^{-5} \sim 10^{9}$ $\Omega \cdot m$ 的为半导体;$\rho > 10^{9}$ $\Omega \cdot m$ 的为绝缘体。

根据欧姆定律,我们可以得到其微分形式:

$$J = \sigma E \tag{6-4}$$

式中 J——电流密度;

E——电场强度。

6.1.2 能带结构

不同物质的导电能力存在着较大差别,这与物质的能带结构及其被电子填充的性质有关。

如图 6.1 所示,金属导体的能带分布通常有两种情况:一是价带和导带重叠,而无禁

带；二是价带未被价电子填满，所以这种价带本身就是导带。这两种情况下，价电子本身就是自由电子，所以金属具有很强的导电能力。

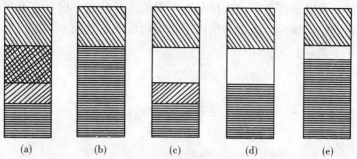

图 6.1　金属导体、半导体与绝缘体的能带结构

(a)、(b)、(c) 金属；(d) 绝缘体；(e) 半导体

而对于半导体与绝缘体，导带与价带之间存在着一个禁带，只是禁带的宽度有所不同。半导体禁带宽度较窄，电子跃迁比较容易，其可从价带跃迁到导带成为自由电子，同时在价带中形成空穴，这样就使半导体具有一定的导电能力。对于绝缘体，禁带宽度较宽，在室温下几乎没有价电子跃迁到导带中去，因而通常基本无自由电子和空穴，所以其几乎无导电能力。

6.1.3　导电的微观机理

世界上不存在绝对不导电的物质，即使是绝缘程度较高的电介质，在电场作用下也会发生漏导。无论什么材料，有电流通过就意味着有带电质点的定向移动，这些带电质点携带电荷进行定向输送，从而形成电流，所以称这些携带电荷的自由粒子为载流子。

金属中电导的载流子是自由电子，无机固体介质中的载流子可以是电子、电子空穴或离子晶体中的离子（正、负离子、空位）。载流子为离子的电导（或离子空位）称为离子电导，载流子为电子或空穴的电导称为电子电导。

假设某一材料单位体积内的载流子数（载流子浓度）为 n，每一载流子的电荷量为 q，载流子在外电场作用下的迁移速度为 v，定义载流子在单位电场下的迁移速度 $\mu = v/E$ 为载流子的迁移率，则可得出电导率：

$$\sigma = nq\mu \tag{6-5}$$

如材料中载流子不止一种，则电导率的一般表达式为

$$\sigma = \sum_i \sigma_i = \sum_i n_i q_i \mu_i \tag{6-6}$$

1. 金属的自由电子论

经典电子理论认为，金属中的自由电子在无外加电场时，均匀地分布在整个点阵中，就像气体分子充满整个容器一样，因此称为"电子气"。它们的运动遵循经典力学气体分子的运动规律，沿各个方向运动的几率相同，因此不产生电流。当有外加电场时，自由电子沿电场方向作加速运动从而形成电流。在自由电子定向运动的过程中，由于和声子、杂质、缺陷发生碰撞而散射，使电子受阻，从而产生一定的电阻。设电子每两次碰撞之间的平均自由运动时间为 2τ，载流子浓度为 n，则电导率为

$$\sigma = \frac{ne^2}{m}\tau \qquad (6-7)$$

根据量子力学,价电子按量子化规律具有不同的能量状态,即具有不同的能级,这一理论认为,电子具有波粒二像性,运动着的电子作为物质波,其频率和波长与电子的运动速度或动量之间存在如下关系:

$$\lambda = \frac{h}{mv} = \frac{h}{p} \qquad (6-8)$$

$$\frac{2\pi}{\lambda} = \frac{2\pi mv}{h} = \frac{2\pi p}{h} = K \qquad (6-9)$$

式中 m——电子质量;

   v——电子速度;

   λ——波长;

   p——电子动量;

   h——普朗克常数;

   K——波数频率。

在一价金属中,电子的动能 $E = \frac{1}{2}mv^2 = \frac{h^2}{8\pi^2 m}K^2$,$E$ 表征了金属中自由电子可能具有的能量状态。

上式表明 E-K 关系曲线为抛物线,如图 6.2 (a) 所示,图中"+"、"−"表示自由电子运动的方向,曲线表明金属中的价电子具有不同的能量状态,有的处于低能态,有的处于高能态,并且沿正、反方向运动的电子数量相同,无电流产生。

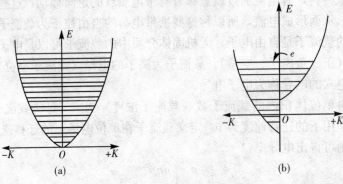

图 6.2　自由电子的 E-K 曲线

(a) 无外加电场;(b) 有外加电场

在外加电场作用下,向着其正向运动的电子能量降低,反向运动的电子能量升高,如图 6.2 (b) 所示。这样使得部分能量较高的电子转向电场正向运动的能级,正、反向运动的电子数不再相等,产生电流。也就是说不是所有的自由电子都参与了导电,而是只有处于较高能态的自由电子参与导电,而电阻形成的原因是由于电子波在传播过程中被离子点阵散射,然后相互干涉而形成电阻,从而电导率:

$$\sigma = \frac{n_{ef}\,e^2}{m}\tau \qquad (6-10)$$

式中 n_{ef}——单位体积内实际参与导电的电子数。

144

2. 电子电导

(1) 本征电子电导

半导体的价带和导带隔着一个禁带 E_g，在绝对零度和无外界能量的条件下，价带中的电子不可能跃迁到导带中去。但当温度升高或受光照射时，则价带中的电子获得能量可能跃迁到导带中去。这样，不仅在导带中出现了导电电子，而且在价带中出现了这个电子留下的空位，称为空穴，如图 6.3 所示。在外电场作用下，价带中低能级的电子可以逆电场方向运动到这些空位上来，而本身又留下新的空位。换句话说，空位顺电场方向运动，所以称此种

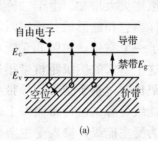

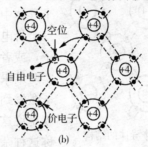

图 6.3　本征激发的过程

导电为空穴导电。空穴好像一个带正电的电荷，因此空穴导电也属于电子电导的一种形式。上面这种导带中的电子导电和价带中的空穴导电同时存在，并且成对出现，称其为本征电导。本征电子电导的载流子是导带中的电子和价带中的空穴，并且它们的浓度是相等的。本征电导的载流子只由半导体晶格本身提供，并且是由热激发产生的，其浓度与温度成指数关系，即：

$$n_e = n_h = NT^{3/2} \exp\left(-\frac{E_g}{2kT}\right) \tag{6-11}$$

式中　n_e——自由电子的浓度；

$\qquad n_h$——空穴的浓度；

$\qquad N = 4.82 \times 10^{15} \text{ K}^{-3/2}$；

$\qquad T$——绝对温度；

$\qquad k$——波尔兹曼常数。

(2) 杂质电子电导

本征电子电导的载流子浓度与温度和禁带宽度 E_g 有关，但在室温条件下，其载流子的数目是很少的，故其导电能力很微弱。如果在本征半导体中掺杂一定的杂质原子，可使其导电能力大大增强。例如，在硅单晶体掺入十万分之一的硼原子，可使硅的导电能力增加一千倍。

杂质半导体可分为 N 型半导体和 P 型半导体。如果在四价的半导体硅中掺入五价元素（如砷、锑），由于砷原子外层有五个价电子，当一个砷原子在硅晶体中取代了一个硅原子时，其中的四个价电子与相邻的四个硅原子以共价

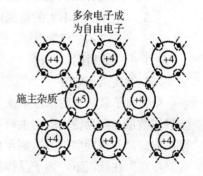

图 6.4　N 型半导体的结构

键结合后，还多余一个电子，如图 6.4 所示。理论计算和实验结果表明，这个"多余"的电子能级 E_D 离导带很近，约为硅禁带宽度的 5%，所以在常温下，它比满带中的电子容易激

发得多。这种"多余"电子的杂质能级称为施主能级，相应地称这种掺入施主杂质的半导体为 N 型半导体。

在 N 型半导体中，由于自由电子的浓度大，故自由电子称为多数载流子，而本征激发产生的空穴反而比本征半导体的空穴浓度小，故把 N 型半导体中的空穴称为少子。在电场作用下，N 型半导体的电导主要由多数载流子——自由电子产生，也就是说它是以电子电导为主，故 N 型半导体又称为电子型半导体。

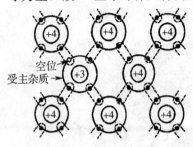

图 6.5   P 型半导体的结构

若在半导体硅中掺入三价元素（如硼、镓），则可以使半导体中的空穴浓度大大增加。由于三价元素的原子只有三个价电子，这样当它和硅形成共价键时，就少了一个电子，或者说出现了一个空位，如图 6.5 所示。理论计算和实验结果表明，这个空穴的能级距价带很近，价带中的电子激发到空穴能级比越过整个禁带到导带要容易得多。也就是说这个空穴能级可容纳由价带激发上来的电子，所以称这种杂质能级为受主能级，掺入受主杂质的半导体称为 P 型半导体或空穴型半导体，其载流子为空穴。

3. 离子电导

离子晶体中的电导主要为离子电导。离子电导可以分为两类：第一类源于晶体点阵的基本离子的运动，称为固有离子电导（或本征电导）；第二类是由固定较弱的离子的运动造成的，主要为杂质离子，因而称为杂质电导。

(1) 本征离子电导

对于本征离子电导，载流子由晶体本身热缺陷—弗连克尔缺陷和肖特基缺陷提供。离子晶体正常结点的离子由于热运动离开晶格形成热缺陷，这种热缺陷无论是离子或者空位都是带电的，因而都可作为离子电导的载流子。由于热缺陷的浓度随温度升高而增大，因此，本征离子电导率 σ_s 可表示为

$$\sigma_s = A_s \exp\left(-\frac{E_s}{kT}\right) \tag{6-12}$$

式中 E_s——电导活化能，包括缺陷形成能和迁移能；

  A_s——在温度不大的范围内可认为是材料的特性常数；

  k——波尔兹曼常数；

  T——绝对温度。

(2) 杂质离子电导

杂质离子载流子的浓度取决于杂质的数量和种类。因为杂质离子的存在，不仅增加了电流载体数量，而且使点阵发生畸变，从而使杂质离子离解活化能变小。杂质离子在晶格中的存在方式，若是间隙位置，则形成间隙离子；若是置换晶格中的离子，则间隙离子和空位都可能存在。在低温下，离子晶体的电导主要由杂质载流子浓度决定。杂质离子的电导率可由下式表示：

$$\sigma = A_2 \exp\left(-\frac{B_2}{T}\right) \tag{6-13}$$

式中 A_2、B_2——材料的性能常数。

如果材料中存在多种载流子，其总电导率可看成各种电导率的总和，即

$$\sigma = \sum_i A_i \exp\left(-\frac{B_i}{T}\right) \qquad (6-14)$$

6.2 超导电性

6.2.1 超导现象

1911 年卡茂林·翁内斯（Kamerlingh Onnes）在实验中发现水银的电阻在 4.2 K 附近突然下降到无法测量的程度，或者说电阻为零。在这之后人们又发现了许多金属和合金，当试样冷却到足够低的温度（往往在液氦温区）时电阻率突然降为零。这种在一定的低温条件下，材料突然失去电阻的现象称为超导电性。材料由正常状态（存在电阻的状态）转变为超导态的温度称为临界温度，用 T_c 表示。超导体内有电流而没有电阻，说明超导体是等电位的，即超导体内没有电场。

超导电性发现在元素周期表内许多金属元素中，也出现在合金、金属间化合物、半导体以及氧化物陶瓷中。1973 年人们得到转变温度最高的材料是 Nb_3Ge，其 T_c 为 23.2 K。但是，1986 年贝诺兹（Bednorz）和穆勒（Müller）发现 Ba-La-Cu-O 系的转变温度高达 35 K，打破了超导研究领域十几年来沉闷的局面，在全世界刮起了一股突破超导材料技术的旋风。之后，日、美等国和我国学者接连报道获得临界温度更高的超导材料：Y-Ba-Cu-O 系（90 K）、Ba-Sr-Cu-O 系（110 K）、Ti-Ba-Ca-Cu-O 系（120 K）等，使超导技术从液氦温区步入液氮温区，以至接近常温。如果在常温下实现超导，那么电力储存装置、无损耗直流送电、强大的电磁铁、超导发电机等理想将成为现实，则将引起电子元件和能源领域的一场革命。有人认为，就人类历史而言，超导的成就可以与铁器的发明相媲美。

6.2.2 迈斯纳（Meissner）效应

1933 年迈斯纳（Meissner）和奥克森弗尔德（R. Ochsenfeld）发现不仅是外加磁场不能进入超导体的内部，而且是原来处于磁场中的正常态样品，当温度下降到临界温度以下使其变为超导体时，也会把原来试样内的磁场完全排出去，这种完全抗磁性通常称为迈斯纳效应，如图 6.6 所示。这说明超导体是一个完全抗磁体，即处于超导状态的材料，不管其经历如何，内部磁感应强度 B 始终为零。因此，超导体具有屏蔽磁场和排除磁通的性能。

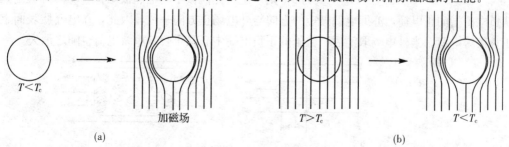

图 6.6 迈斯纳效应

（a）超导电材料先冷至超导态然后加磁场；（b）超导电材料先加磁场后冷却至超导态

6.2.3 超导理论

自从发现超导现象以来，人们不停地对超导理论进行探索，提出了各种理论模型，其中以 1957 年 J. Bardeen、L. N. Copper 和 J. R. Schrieffer 根据大量电子的相互作用形成的"库柏电子对"理论最为著名，即 BCS 理论。该理论认为：超导现象是来源于电子—声子相互作用所产生的电子对。在很低的温度下，由于电子和声子的强相互作用使得电子能够成"对"地运动，在这些"电子对"之间存在着相互吸引的能量。这些成对的电子在材料中规则运动时，如果碰到物理缺陷、化学缺陷和热缺陷时，而这些缺陷所给予电子的能量变化又不足以使"电子对"破坏，则此"电子对"将不损耗能量，即在缺陷处电子不发生散射而无阻碍地通过，这时电子运动的非对称分布状态将继续下去。这一理论揭示了超导体中可以产生永久电流的原因。应当指出，超导体中的"电子对"的结合在空间上隔着相当大的距离，这种结合只是在温度相当低时才发生。因为在较高温度下，由于热驱动将使"电子对"破坏，超导态转变为正常态，这也是超导体中存在临界温度 T_c 的原因。

6.3 介质的极化

6.3.1 极化的基本概念

电介质最重要的性能是在外电场作用下能够极化。在一真空平行板电容器的电极板间嵌入一块电介质，并在电极之间加以外电场时，则可发现在介质表面上感应出了电荷，即正极板附近的介质表面感应出负电荷，负极板附近的介质表面感应出正电荷，如图 6.7 所示。这种表面电荷称为感应电荷，它们不会跑到对面极板上形成电流（漏导电流），因此也称为束缚电荷。

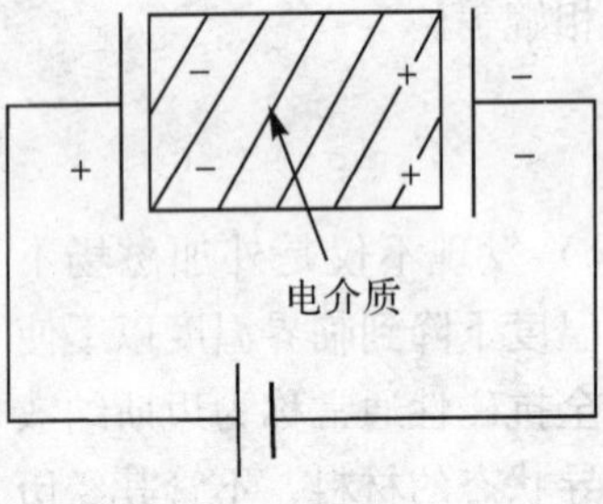

介质在电场作用下产生感应电荷的现象称为电介质的极化，而在电场作用下能建立极化的一切物质都可称为电介质。

组成电介质的粒子（原子、分子或离子）可分为极性与非极性两类。非极性介质粒子在没有外电场作用时，其正负电荷中心是重合的，对外不显示极性。当有外电场作用时，粒子的正电荷将沿着电场方向移动，负电荷逆着电场方向移动，形成电偶极子，如图 6.8 所示。设正电荷与负电荷的位移矢量为 l，电荷量为 q，则可定义此偶极子的电偶极矩 $\mu = ql$，并规定其方向从负电荷指向正电荷，亦即电偶极矩的方向与外电场正方向一致，因此，在电介质表面上出现正负束缚电荷。当外电场取消后，粒子的正负电荷中心又重合，束缚电荷也随之消失。

图 6.7　电介质极化示意图

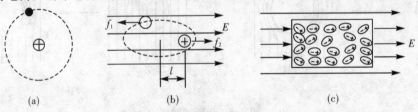

图 6.8　非极性分子的极化

148

由极性分子组成的电介质，这些极性分子都可看作偶极子，如图6.9所示，虽然每个分子都有一定的电偶极矩，但是在没有外电场时，由于分子的热运动，这些电偶极矩的排列一般是杂乱无章的，整个电介质呈电中性，对外也不显示出极性。当有外电场作用时，每个分子受到电力矩的作用，从而各分子电偶极矩趋于电场方向，所以转向后每一个偶极子的电偶极矩应看作原极性分子偶极矩在电场方向的投影。外电场越强，偶极子排列得越整齐，电介质表面出现的束缚电荷也就越多，极化程度也越高。当外电场撤除后，电偶极矩的排列又处于混乱状态，表面的束缚电荷也随之消失。

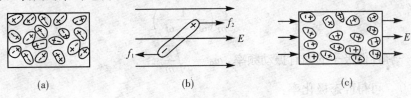

图 6.9　极性分子的极化

6.3.2　极化的量度

极化的程度可用极化率、极化强度以及极化系数来表示。单位电场强度下，介质粒子电偶极矩的大小称为粒子的极化率 α，即

$$\alpha = \frac{\mu}{E_{\mathrm{loc}}} \tag{6-15}$$

式中　E_{loc}——作用在微观粒子上的局部电场，它与宏观电场并不相同；

α——极化率，法·米^2（F·m^2），表征材料的极化能力，只与材料的性质有关。

电介质在电场作用下的极化程度用极化强度矢量 P 表示，它是介质单位体积内电偶极矩的总和，单位为库/米^2，即：

$$P = \frac{\sum \mu}{V} \tag{6-16}$$

如果介质单位体积极化粒子数为 n，由于每一个偶极子的电偶极矩具有同一方向（电场方向），而偶极子的平均电偶极矩为 $\bar{\mu}$，则：

$$P = n\bar{\mu} = n\alpha E_{\mathrm{loc}} \tag{6-17}$$

对一定材料来说，n 和 α 一定，则 P 与宏观平均电场 E 成正比，定义：

$$P = \varepsilon_0 \chi E \tag{6-18}$$

式中　χ——介质的极化系数；

ε_0——真空介电常数，$\varepsilon_0 = 8.85 \times 10^{-12}$ F/m；

E——宏观电场。

上式将宏观电场 E 与介质极化程度的宏观物理量 P 联系起来。

6.3.3　极化的形式

介质的总极化一般包括三个部分：电子极化、离子极化和偶极子转向极化。这些极化的基本形式大致可以分为两种：第一种是位移式极化，这是一种弹性，瞬时完成的极化，极化过程不消耗能量，电子位移极化和离子位移极化属这种情况；第二种是松弛极化，这种极化与热运动有关，完成这种极化需要一定的时间，并且是非弹性的，极化过程需要消耗一定的能量，电子松弛极化和离子松弛极化属这种类型。

1. 位移极化

经典理论认为，在外电场作用下，原子核外围的电子云相对于原子核发生位移，形成的极化称为电子位移极化。电子位移极化的性质具有一个弹性束缚电荷在强迫振动中所表现出来的特性。设想一个质量为 m，荷电量为 $-e$ 的粒子，被一带正电 $+e$ 的中心所束缚，在交变电场作用下，粒子的位移为 x，则弹性恢复力为 $-kx$，这里 k 是弹性恢复系数，根据弹性振动理论，可得该粒子的电子位移极化率：

$$\alpha_e = \frac{e^2}{m}\left(\frac{1}{\omega_0^2 - \omega^2}\right) \tag{6-19}$$

式中　ω_0——弹性偶极子的固有振动频率，$\omega_0 = \sqrt{\dfrac{k}{m}}$。

当 $\omega \to 0$，可得静态极化率：

$$\alpha_e = \frac{e^2}{m\omega_0^2} = \frac{e^2}{k} \tag{6-20}$$

对于离子位移极化来说，离子在电场作用下偏移平衡位置的移动，相当于形成一个感生偶极矩，其简化模型如图 6.10 所示。

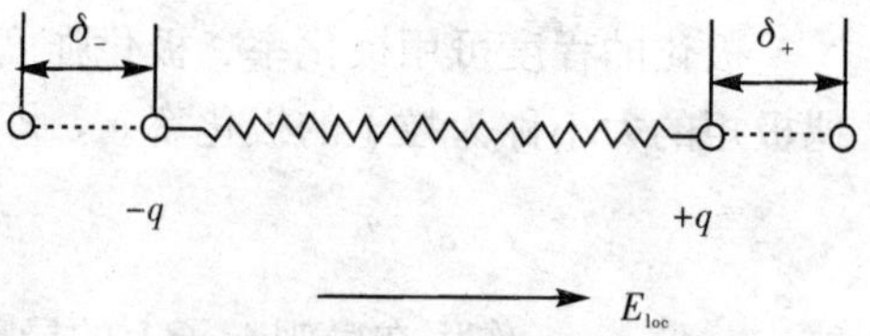

与电子位移极化类似，在电场中离子的位移仍然受到弹性恢复力的限制（这里恢复力包括离子位移引起的电场变化），设正、负离子的位移分别为 δ_+ 与 δ_-，δ_+ 和 δ_- 符号相反。在交变电场作用下，可导出离子位移极化率：

图 6.10　离子位移极化模型

$$\alpha_i = \frac{q^2}{M^*}\left(\frac{1}{\omega_0^2 - \omega^2}\right) \tag{6-21}$$

式中　M^*——相对运动约化质量，$M^* = \dfrac{M_+ M_-}{M_+ + M_-}$，其中 M_+、M_- 分别为正负离子的质量。

当 $\omega \to 0$，可得静态极化率：

$$\alpha_{i0} = \frac{q^2}{M^* \omega_0^2} = \frac{q^2}{k} \tag{6-22}$$

2. 松弛极化

松弛极化虽然也是由于电场作用造成的，但它还与粒子的热运动有关。例如，当材料中存在着弱联系电子、离子和偶极子等松弛粒子时，热运动使这些松弛粒子分布混乱，而电场力图使这些粒子按电场规律分布，最后在一定温度内发生极化。松弛极化具有统计性质，也称为热松弛极化。松弛极化的带电粒子在热运动时移动的距离与分子大小相当或更大，并且粒子需要克服一定的势垒才能移动，因此与弹性位移极化不同，松弛极化建立的时间较长（可达 $10^{-2} \sim 10^{-9}$ s），并且需要吸收一定的能量，是一种不可逆的过程。

电子松弛极化是由弱束缚的电子引起的。晶格的热振动、晶格缺陷、杂质、化学组成的局部改变等因素都能使电子能态发生改变，出现位于禁带中的局部能级，形成弱束缚电子。如"F—心"就是由一个负离子空位缚获了一个电子所形成的。"F—心"的弱束缚电子为周围结点上的阳离子所共有。晶格热振动时，吸收一定的能量由较低的局部能级跃迁到较高的

150

局部能级而处于激发态，连续地由一个阴离子结点转移到另一个阴离子结点。外加电场力图使这种弱束缚电子运动具有方向性，这就形成了极化状态。电子松弛极化的过程是不可逆的，伴随有能量的损耗，极化建立的时间约为 $10^{-2} \sim 10^{-9}$ s，当电场频率高于 10^9 Hz 时，这种极化形式就不存在了。

电子松弛极化和电子弹性位移极化不同，由于电子是弱束缚状态，所以极化作用强烈得多，即电子轨道变形厉害得多，而且因吸收一定能量，可作短距离迁移。但是弱束缚电子和自由电子也不同，不能自由运动，即不能远程迁移。因此电子松弛极化和电导不同，只有当弱束缚电子获得更高的能量时，受激发跃迁到导带成为自由电子，才能形成电导。由此可见，具有电子松弛极化的介质往往具有电子电导特性。

在玻璃态物质、结构松散的离子晶体中以及晶体的杂质和缺陷区域，离子本身能量较高，易被活化迁移，称为弱联系离子。弱联系离子的极化可从一个平衡位置到另一个平衡位置。当去掉外电场时，离子不能回到原来的平衡位置，因而是不可逆的迁移。这种迁移的行程可与晶格常数相比较，因而比弹性位移距离大。但离子松弛极化的迁移又和离子电导不同，离子电导是离子作远程迁移，而离子松弛极化离子仅作有限距离的迁移，它只能在结构松散区或缺陷区附近移动，并且需要克服一定的势垒。离子松弛极化随频率的变化在无线电频率就比较明显，极化建立的时间一般约为 $10^{-2} \sim 10^{-5}$ s。

3. 转向极化

转向极化主要发生在极性分子介质中。无外加电场时极性分子的取向在各个方向的几率是相等的，因此就介质整体而言，偶极矩等于零。当有外电场作用时，偶极子发生转向，趋向于和外电场方向一致。但是，热运动抵抗这种趋势，所以体系最后建立一个新的平衡。在这种状态下，沿外电场方向取向的偶极子比和它反向的偶极子数目多，所以整个介质整体出现宏观偶极距。

根据经典统计，可求得极性分子的转向极化率：

$$\alpha_{\text{or}} = \frac{\mu_0^2}{3kT} \tag{6-23}$$

式中 μ_0——固有偶极矩。

转向极化一般需要较长的时间，约为 $10^{-2} \sim 10^{-10}$ s。对于一个典型的偶极子，$\mu_0 = e \times 10^{-10}$ C·m，因此，$\alpha_{\text{or}} = 2 \times 10^{-38}$ F·m^2，比电子极化率（10^{-40} F·m^2）高得多。

6.3.4 克劳修斯—莫索蒂方程

除极化强度表示电介质极化程度外，综合反映电介质极化行为的一个主要宏观物理量是电介质的介电常数 ε，其表示电容器两极板间存在电介质时的电容与在真空状态下的电容相比增长的倍数。从这个角度去看具有介电常数的任何物质都可以看作是电介质，至少在高频下是这样。

对于真空平行板电容器，其电容 C_0 为：

$$C_0 = \frac{A}{d}\varepsilon_0 \tag{6-24}$$

式中 A——极板面积；

d——极板间距；

ε_0——真空介电常数。

如果在两极板间嵌入电介质，则

$$C = C_0 \times \frac{\varepsilon}{\varepsilon_0} = C_0 \, \varepsilon_r \tag{6-25}$$

式中 ε——电介质的介电常数；

ε_r——相对介电常数。

由以上两式可以推出

$$\varepsilon_r = \frac{\varepsilon}{\varepsilon_0} = \frac{C}{C_0} \tag{6-26}$$

事实上，ε_r 就反映了电介质极化的能力。

以下推导 ε_r 与 α 之间的关系。

根据静电场理论，当在平行板电容器的两极板上充以一定的自由电荷时，电容器极板上的自由电荷密度可用电位移 D 表示，其方向由正电荷指向负电荷，单位为 C/m^2，与极化强度一致。

在真空状态下，电位移与宏观电场 E 的关系为：

$$D = \varepsilon_0 \, E \tag{6-27}$$

当两极板嵌入电介质时，由于介质的极化，电位移变为：

$$D = \varepsilon_0 \, E + P = \varepsilon E \tag{6-28}$$

式中 P——极化强度。

又由式（6-18） $\qquad P = \varepsilon_0 \, \chi E$

代入上式，有：

$$\begin{aligned} D &= \varepsilon_0 \, E + \varepsilon_0 \, \chi E \\ &= (1 + \chi)\varepsilon_0 \, E \\ &= \varepsilon E \end{aligned} \tag{6-29}$$

$$\therefore 1 + \chi = \varepsilon / \varepsilon_0 = \varepsilon_r \tag{6-30}$$

$$\therefore P = \varepsilon_0 \, \chi E = (\varepsilon_r - 1)\varepsilon_0 \, E \tag{6-31}$$

又由式（6-17） $\qquad P = n\alpha E_{loc}$

$$\therefore \varepsilon_r = 1 + \frac{n\alpha E_{loc}}{\varepsilon_0 E} \tag{6-32}$$

根据洛仑兹关系：

$$E_{loc} = E + \frac{1}{3\varepsilon_0} P \tag{6-33}$$

则可推导出：

$$\frac{\varepsilon_r - 1}{\varepsilon_r + 2} = \frac{n\alpha}{3\varepsilon_0} \tag{6-34}$$

此式称为克劳休斯—莫索蒂方程，它建立了宏观量 ε_r 与微观量 α 之间的关系，此式适用于分子间作用很弱的气体，非极性液体和非极性固体，以及一些 NaCl 型离子晶体和具有适当对称的晶体。

对于具有两种以上极化粒子的介质，上式可变为

$$\frac{\varepsilon_r - 1}{\varepsilon_r + 2} = \frac{1}{3\varepsilon_0} \sum_i n_i \alpha_i \tag{6-35}$$

6.3.5 介电常数的温度系数

根据介电常数与温度的关系，电介质可以分为两大类：一类是介电常数与温度成强烈非线性关系的电介质，属于这类介质的有铁电体和松弛极化十分明显的材料，对于这一类材料，很难用介电常数的温度系数来描述其温度特性；另一类是介电常数与温度成线性关系的电介质，这类材料可用介电常数的温度系数 $TK\varepsilon$ 来描述介电常数与温度的关系。

介电常数的温度系数是指温度变化时，介电常数的相对变化率，即：

$$TK\varepsilon = \frac{1}{\varepsilon} \frac{\mathrm{d}\varepsilon}{\mathrm{d}T} \tag{6-36}$$

实际中常采用实验的方法来求 $TK\varepsilon$：

$$TK\varepsilon = \frac{\Delta\varepsilon}{\varepsilon_0 \, \Delta t} = \frac{\varepsilon_t - \varepsilon_0}{\varepsilon_0(t - t_0)} \tag{6-37}$$

式中　t_0——初始温度，一般为室温；

　　　t——改变后的温度；

　　　ε_0——介质在 t_0 时的介电常数；

　　　ε_r——介质在 t 时的介电常数。

6.4　介　质　损　耗

任何电介质在电场作用下，总是或多或少地把部分电能转变为热能使介质发热。将介质在电场作用下，在单位时间内因发热而消耗的电能称为介质损耗。

6.4.1　介质损耗的基本概念

一般，电介质都不是完全的绝缘体，都有很微弱的导电性。在外电场存在时，会产生微弱的电流，从而使介质发热损耗电能，将这种因漏导（漏导电流）而引起的介质损耗称为漏导损耗，漏导损耗引起的能量损耗是较小的。

主要的介质损耗，是在高频交流电压下，外电场使介质极化从而消耗能量，所以介质损耗是所有应用于交流电场中电介质的重要品质指标之一。介质损耗不但消耗了电能，而且使元件发热影响其正常工作。如果介质损耗较大，甚至会引起介质的过热而绝缘破坏，所以从这种意义上讲，介质损耗越小越好。

电介质在恒定电场作用下，介质损耗的功率为：

$$P = \frac{U^2}{R} = \frac{(Ed)^2}{\rho_V \dfrac{d}{S}} = \sigma_V E^2 Sd \tag{6-38}$$

定义单位体积的介质损耗为介质损耗率 p：

$$p = \sigma_V E^2 \tag{6-39}$$

当电介质在正弦交变电场下作用时，E、D 均变为复数矢量，此时介电常数也变成了一个复数，如果介质中发生松弛极化，矢量 E 和 D 不同相位，矢量 D 往往滞后于 E。如果 D 滞后于 E 一个相位角 δ，则有：

$$E = E_0 \, e^{i\omega t}$$

$$D = D_0 \, e^{i(\omega t - \delta)}$$
$$令 \quad D = \varepsilon^* E \tag{6-40}$$
$$\therefore \varepsilon^* = \frac{D}{E} = \frac{D_0}{E_0} e^{-i\delta} = \varepsilon_s (\cos\delta - i\sin\delta) = \varepsilon' - i\varepsilon'' \tag{6-41}$$

式中 ε^*——复介电常数；

$\quad\quad \varepsilon_s$——静态介电常数。

复介电常数的实部和虚部分别为：

$$\varepsilon' = \varepsilon_s \cos\delta$$
$$\varepsilon'' = \varepsilon_s \sin\delta$$

其中实部 ε' 和通常应用的介电常数一致，而虚部 ε'' 则表示了电介质中能量损耗的大小。

如果用相对介电常数来表示时，可以写成：

$$\left.\begin{aligned} \varepsilon_r^* &= \varepsilon_{rs}(\cos\delta - i\sin\delta) \\ \varepsilon_r' &= \varepsilon_{rs}\cos\delta \\ \varepsilon_r'' &= \varepsilon_{rs}\sin\delta \end{aligned}\right\} \tag{6-42}$$

在交变电场中，电介质发生松弛极化时，介电常数变成了一个复数，这就表示电介质发生了能量损耗。

如图 6.11 所示，从电路观点来看，电介质中的电流密度 J 为

$$\begin{aligned} J &= \frac{\mathrm{d}D}{\mathrm{d}t} = \frac{\mathrm{d}}{\mathrm{d}t}\varepsilon^* E = \frac{\mathrm{d}}{\mathrm{d}t}(\varepsilon' - i\varepsilon'')E_0 \, e^{i\omega t} \\ &= i\omega\varepsilon' E_0 \, e^{i\omega t} + \omega\varepsilon'' E_0 \, e^{i\omega t} \\ &= \omega\varepsilon'' E + i\omega\varepsilon' E \\ &= J_r + iJ_c \end{aligned} \tag{6-43}$$

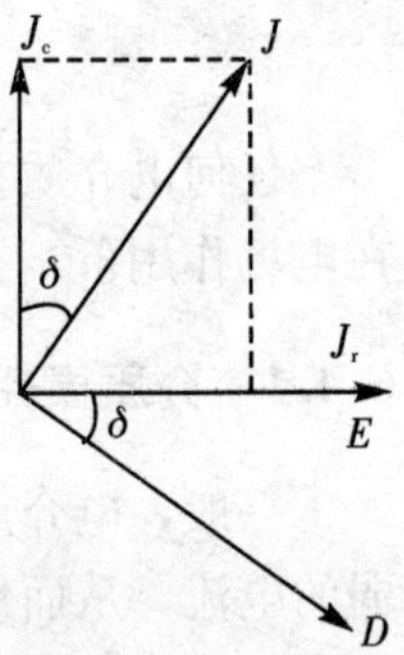

图 6.11 E、D 和 J 之间的相位关系

其中 $J_r = \omega\varepsilon'' E$，与 E 同相位，称为有功电流密度，导致能量损耗；

$J_c = \omega\varepsilon' E$，超前 E 了 $\dfrac{\pi}{2}$ 角度，称为无功电流密度。定义：

$$\tan\delta = \frac{J_r}{J_c} = \frac{\omega\varepsilon'' E}{\omega\varepsilon' E} = \frac{\varepsilon''}{\varepsilon'} = \frac{\varepsilon_r''}{\varepsilon_r'} \tag{6-44}$$

式中，δ 称为损耗角，δ 小，$\tan\delta$ 小，介质损耗小，否则相反。

6.4.2 介质损耗的形式

引起介质损耗的原因是多方面的，介质损耗的形式也是多种多样的。

1. 漏导损耗

对于理想的电介质来说，应该不存在电导，也就不存在漏导损耗。但是，实际的电介质，总是存在有一些缺陷，或多或少存在一些弱联系的带电粒子（或空位）。在外电场作用下，这些带电粒子会发生迁移引起漏导电流，从而产生漏导损耗。因此，介质不论是在直流电场下或交变电场作用下，都会发生漏导损耗。

2. 极化损耗

由上节介质的极化我们知道，位移极化从建立极化到其稳定状态所需的时间很短（约为 $10^{-16} \sim 10^{-12}$ s），这在无线电频率（5×10^{12} Hz 以下）范围均可认为是极短的，因此这类极

154

化几乎不产生能量损耗。其他缓慢极化（松弛极化、偶极子转向极化）在外电场作用下，需要经过相当长的时间（10^{-10} s 或更长）才能达到稳定状态，因此会引起能量的损耗。

在电介质上加上交变电压时，如果外加电压频率较低，介质中所有的极化都完全能跟上外电场变化，则电极化引起的极板电荷正比于外加电压的瞬时值，即电压达到最大值时，极板的电荷也达到最大值，电压降为零时，极板电荷也变为零。电压反向时，极板电荷也跟着反向。因此，外加电压变化一周时，极板电荷为零，完全恢复原来的状态，不产生极化损耗。

当外加电压频率较高时（松弛极化建立的时间大于外加电压变化周期的四分之一），极化跟不上电场变化，即电压达到最大值时，极化尚未完全建立，由极化引起的极板电荷也未达到最大值。外加电压开始减小时，极化仍然继续增大至最大值后才减小。极板电荷也是这样，当电压降至零时，极化尚未完全消除，极板电荷不能降至为零，仍然遗留有部分电荷。当外电场反向时，极板上遗留的部分电荷中和了外电场对极板充电的部分电荷，并以热的形式发出，于是产生了能量损耗。

3. 电离损耗

电离损耗主要发生在含有气孔的材料中，含有气孔的固体介质在外加电场强度超过了气孔内气体电离所需要的电场强度时，由于气体的电离而吸收能量造成损耗，这种损耗称为电离损耗。

固体电介质内气孔引起的电离损耗，可能导致整个介质的热破坏和化学破坏，造成老化，因此，必须尽量减少介质中的气孔。

4. 结构损耗

在高频低温下，有一类与介质内部结构的紧密程度密切相关的介质损耗称为结构损耗。结构损耗与温度的关系不大，损耗功率随频率升高而增大，但 $\tan\delta$ 则与频率无关。实验表明：结构紧密的晶体或玻璃体的结构损耗都很小，但是当某些原因（如杂质的掺入，试样经淬火急冷的热处理等）使它的内部结构变松散了，会使结构损耗大大提高。

6.5 介 电 强 度

6.5.1 介质在电场中的破坏

介质的特性，如绝缘、介电能力，都是指在一定电场强度范围内材料的特性，即介质只能在一定的电场强度以内保持这些性质；而当所承受的电压超过某一临界值时，介质便由介电状态变为导电状态，这种现象称为介质的击穿，相应的临界电场强度称为介电强度或抗电强度。

6.5.2 介质击穿的形式

介质击穿的形式可分为：热击穿、电击穿和化学击穿三种。对于任何一种材料，这三种击穿形式都可能发生，主要取决于试样的缺陷情况和电场的特性以及器件的工作条件。

1. 热击穿

处于电场中的介质，由于各种形式的介质损耗，部分电能转变成热能而发热。当外加电压足够高时，将出现介质内部产生的热量大于散发出去的热量，由散热与发热的热平衡状态变为不平衡状态，这样热量就在介质内部积聚，介质温度越来越高。升温的结果又进一步增大介质损耗，从而使发热量进一步增多，这样恶性循环的结果使介质温度越来越高。当温度超过一定限度时，介质会出现烧裂、熔融等现象而完全丧失绝缘能力，出现永久性破坏，这就是热击穿。

2. 电击穿

在强电场作用下原来处于热运动状态的少数"自由电子"将沿反电场方向定向运动。在其运动过程中不断撞击介质内的离子，同时将部分能量传给这些离子。当外加电压足够大时，自由电子定向运动的速度超过一定临界值（即获得一定电场能），可使介质内的离子电离出一些新的电子—次级电子。无论是失去部分能量的电子，还是刚电离出的次级电子都会从电场中吸取能量而加速，有了一定的速度又撞击出第三级电子，这样连锁反应将造成大量自由电子形成"电子潮"，这个现象也叫"雪崩"。它使贯穿介质的电流迅速增长，导致介质的击穿，这个过程大概只需要 $10^{-7} \sim 10^{-8}$ s 的时间，因此，电击穿往往是瞬息完成的。

3. 化学击穿

长期运行在高温、潮湿、高电压或腐蚀性气体环境下的介质往往会发生化学击穿。化学击穿和材料内部的电解、腐蚀、氧化还原、气孔中气体电离等一系列不可逆变化有很大关系，并且需要相当长时间。材料被老化，逐渐丧失绝缘能力，最后导致被击穿而破坏。

化学击穿主要有两种机理。一种是在直流和低频交变电压下，由于离子式电导引起电解过程，材料中发生电还原过程，使材料电导损耗急剧上升，最后由于强烈发热成为热化学击穿；另一种化学击穿是当材料中存在着封闭气孔时，由于气体的电离放出的热量使介质温度迅速上升，导致最终击穿。

6.6 铁 电 性

6.6.1 自发极化与铁电效应

通常的电介质极化过程是在承受外加电场时产生的。对于某些电介质材料，在适当的温度范围内，虽然没有外加电场的作用，但是晶胞中的正负电荷中心并不重合，每一个晶胞都具有一个固有的偶极矩，这种极化形式称之为自发极化。这类材料的极化强度可随外电场方向的改变而反向。当外加电场变化一周时，出现与铁磁回线类似的滞后结果，并具有与铁磁体相似的某些物理特性。人们将这种回线称之为"电滞回线"，将这种介质称之为铁电体，具有此外自发极化特性称之为铁电效应。

铁电效应首先是由法国药剂师薛格涅特对酒石酸钾钠的研究时发现的，它也被称为罗息盐，并且成为铁电材料研究的起点。1935—1938 年间，苏黎世的科学家们制造了第一个铁电晶体系列，即现在我们所知道的磷酸盐和砷酸盐。在 1945 年开始报道了 $BaTiO_3$ 的铁电特性。

出现自发极化的必要条件是晶体不具有对称中心。我们知道，晶体可以划分为 32 类晶型，即 32 个点群，其中有 21 个不具有对称中心，但只有 10 种为极性晶体，有自发极化现象。由此可知，并非所有不存在对称中心的晶体都有自发极化。铁电体是在一定温度范围内含有能自发极化，并且自发极化方向可随外电场作可逆转动的晶体。很明显，铁电晶体一定是极性晶体，但是并非所有的极性晶体都具有这种自发极化可随外电场转动的性质。只有某些特殊的晶体结构，在自发极化改变方向时，晶体构造不发生大的畸变，才能产生以上的反向转动。铁电体就具有这种特殊的晶体结构。

铁电晶体可以分为两类：即有序—无序型铁电体和位移型铁电体。前者的自发极化同个别离子的有序化相联系，后者同一类离子的亚点阵相对于另一类亚点阵的整体位移相联系。典型的有序—无序型铁电体是含有氢键的晶体。这类晶体中质子的有序运动与铁电性相联系，例如磷酸二氢钾（KDP），分子式为 KH_2PO_4。

6.6.2　铁电畴

在铁电材料中，由于晶胞内离子的位移变化形成电偶极子，通过其间的彼此传递、耦合乃至相互制约，最终形成自发极化方向一致的若干个小区域，被称之为"铁电畴"。不同极化方向的相邻电畴交界处成为"畴壁"。铁电体虽然具有自发式极化和电畴结构，但是各个电畴的极化方向是随机的，特别对于多晶体而言，晶粒本身的取向都是任意的，在没有外加电场作用下，晶体内的总电矩为零。如果相邻电畴的极化方向相差 90°，则称为 90°畴，其间的畴壁称为 90°畴壁。如果相邻电畴的极化方向相差 180°，则称为 180°畴，其畴壁为 180°畴壁。畴壁的厚度很薄，仅有几个晶胞尺寸。

6.6.3　铁电体的本质特征

铁电体最本质的特征是具有自发极化，并且自发极化有两个或多个可能的取向，在外电场作用下，其取向可以随之改变。对于铁电体，其极化强度随外加电场的改变而发生变化，但并不是线性，而是呈现一个回线的滞后，称之为"电滞回线"。

1. 电滞回线

铁电体的自发极化反转行为，在实验上表现为电滞回线，如图 6.12 所示。假设某一铁电单晶体，其极化强度的取向只有两种可能（即沿某轴的正向或负向）。当外电场 E 为零时，晶体中相邻电畴的极化方向相反，使得晶体的总电矩为零。但是，当外电场逐渐增加时，自发极化方向与外电场方向相反的那些电畴的体积随着电畴的反转而逐渐减小，与外电场方向相同的那些电畴则不断扩大，总的效果是使晶体在外电场方向的极化强度 P 随电场的增加而增加，如图中的 OA 段曲线所示。当外电场 E 增大到足以使晶体中所有负方向电畴均反转到与外电场方向一致时，晶体的极化

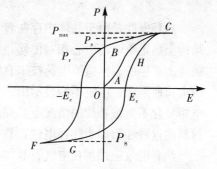

图 6.12　铁电体的 P-E 电滞回线曲线

则达到饱和，此时晶体变为单畴体。此后电场继续增加，极化强度将线性增加，并达到一最大值 P_{max}。将线性部分外推到电场 $E=0$ 处，在纵轴上所得到的截距称为饱和极化强度 P_s。与上述过程相反，当电场开始减小时，极化强度也逐渐下降。但是，当电场减小为零时，极化强度并不为零，而是下降到某一数值 P_r，P_r 称为铁电体的剩余极化强度。若电场改变方向，自发极化继续下降，直到电场等于某一负值 E_c 时，极化强度下降至零，E_c 称为矫顽电场强度。反向电场继续增加，极化强度反向并增加到负方向的饱和值 $-P_s$。当电场在正负

饱和值之间循环一周时，极化和电场表现出电滞回线关系。

2. 居里点

研究发现，铁电体的自发极化只有在某一温度范围内方才存在，当温度超过某一极限值以后，自发极化消失。这一物理过程的临界温度 T_c 被称之为"居里温度"（居里点）。在温度高于居里点时，自发极化为零，晶体不具有铁电性，称为顺电相。在居里点以下，由于存在自发极化，晶体呈现铁电性。通常将存在自发式极化的晶体结构称之为"铁电相"，显然这一转变伴随着晶体的相变过程。如果晶体出现不止一次相变，存在不止一种铁电相，则将温度最高、介电常数跃迁最剧烈的温度称为"居里点"，其他相变温度称之为"转变点"。在铁电相变温度 T_c，介电常数出现反常现象。在顺电相（$T > T_c$），介电常数遵从居里—外斯关系（Curie-Weiss Law）：

$$\varepsilon = \frac{C}{T - T_0} \tag{6-45}$$

式中　ε——低频相对介电常数；

　　　C——材料的居里常数；

　　　T_0——居里－外斯温度。

对于极化连续变化的二级相变铁电体，$T_0 = T_c$；对于一级相变铁电体（极化不连续变化），$T_0 < T_c$。这种介电反常使大多数铁电体具有极高的介电常数。

3. 高介电性

对于铁电体来说，在电场作用下的极化机理除了普通电介质材料具有的电子位移极化、离子位移极化、偶极子转向极化、空间电荷极化等线性极化之外，还存在非线性的自发极化，这就造成铁电体的高介电性。特别是在居里点附近，介电常数出现极大值，这一介电反常现象正是铁电体的重要标志之一。

6.7　热释电性

热释电性是由于晶体中存在着自发极化所引起的。当晶体的温度发生变化时，引起晶体结构上的正负电荷中心相对位移，从而使得晶体的自发极化强度矢量发生变化。通常，自发极化所产生的表面束缚电荷被来自空气、附集在晶体外表面上的自由电荷以及晶体内部的自由电荷所屏蔽，电矩不能显示出来。只有当晶体受热或受冷，即温度发生变化时，所产生的电矩变化不能被补偿的情况下，晶体两端产生的电荷才能表现出来，从而产生热释电效应，材料的这种性质即为热释电性，具有热释效应的物质称为热电体。

热释电效应最早在电气石晶体中发现，该晶体属于三方晶系，具有唯一的三重旋转轴。热释电晶体可以分为两大类。一类具有自发极化，但自发极化不会受外加电场的作用而转向。另一类具有可随外加电场转向的自发极化，即铁电体。实际上，在通常的压强和温度下，这种晶体就有自发极化性质。但是，这种效应被附着于晶体表面上的自由电荷所屏蔽和掩盖，只有当晶体加热时才会表现出来，故称之为"热释电效应"。

6.8 压 电 性

6.8.1 压电效应

电介质在电场作用下，可以使它的带电粒子发生相对位移而产生极化。某些电介质晶体也可以通过纯粹的机械作用而发生极化，并导致介质两端表面出现符号相反的束缚电荷，其电荷密度同外力成比例。机械应力引起晶体表面带电的效应称之为压电效应，材料的这种性质称之为压电性。1880年，法国科学家居里兄弟首先在 α—石英晶体中发现压电效应。当在某一方向对晶体施加应力时，晶体就会发生由于形变而导致正、负电荷中心不重合，在与应力垂直方向两端表面出现数量相等、符号相反的束缚电荷，这一现象被称之为"正压电效应"。当一块具有压电效应的晶体置于外加电场时，由于晶体的电极化造成的正负电荷中心位移，导致晶体发生形变，形变量与电场强度成正比，这便是"逆压电效应"。这类具有压电效应的物体被称之为压电体。

晶体的压电效应的本质是因为机械作用（应力与应变）引起了晶体介质的极化，从而导致介质两端表面出现符号相反的束缚电荷，其机理可用图6.13加以解释。图中（a）表示压电晶体中质点在某方向上的投影，此时晶体不受外力作用，正电荷重心与负电荷重心重合，整个晶体总电矩为0（这是简化了的假定），因而晶体表面不带电。但是当沿某一方向对晶体施加机械力时，晶体由于形变导致正、负电荷重心不重合，即电矩发生变化，从而引起晶体表面荷电；（b）为晶体在压缩时荷电的情况；（c）是拉伸时的荷电情况。在后两种情况下，晶体表面电荷符号相反。如果将一块压电晶体置于外电场中，由于电场作用，晶体内部正、负电荷重心产生位移。这一位移又导致晶体发生形变，这个效应即为逆压电效应。

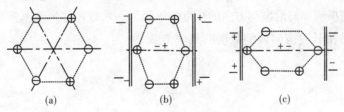

(a)   (b)   (c)

图 6.13 压电效应产生的机理示意图

在正压电效应中，电荷与应力是成比例的，用介质电位移 D（单位面积的电荷）和应力 T 表达如下：

$$D = dT \qquad\qquad (6-46)$$

式中，D 的单位是 C/m^2，T 的单位是 N/m^2，d 为压电常数，单位是 C/N。对于逆压电效应，其应变 S 与电场强度 E（V/m）的关系为：

$$S = dE \qquad\qquad (6-47)$$

对于正、逆压电效应，比例常数 d 在数值上是相同的。实际在以上表示式中，D，E 为矢量，T，S 为张量（二阶对称）。完整地表示压电晶体的压电效应中其力学量（T，S）和电学量（D，E）关系的方程式叫压电方程。介绍压电方程推导的专业书籍较多，这里就不再过多地论述。

6.8.2 压电振子及其参数

压电振子是最基本的压电元件，它是被覆激励电极的压电体。样品的几何形状不同，可以形成各种不同的振动模式。表征压电效应的主要参数，除以前讨论的介电常数、弹性常数和压电常数等压电材料的常数外，还有表征压电元件的参数，这里重点讨论谐振频率、频率常数和机电耦合系数。

1. 谐振频率与反谐振频率

若压电振子是具有固有振动频率 f_r 的弹性体，当施加于压电振子上的激励信号频率等于 f_r 时，压电振子由于逆压电效应产生机械谐振，这种机械谐振又借助于正压电效应而输出电信号。

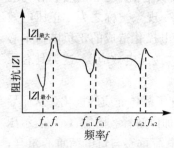

图 6.14　压电振子的阻抗特性曲线示意图

压电振子谐振时，输出电流达最大值，此时的频率为最小阻抗频率 f_m。当信号频率继续增大到 f_r，输出电流达最小值，f_n 叫最大阻抗频率。如果继续提高输入信号的频率，还将规律地出现一系列次最大值和次最小值，其相应的频率组合为 f_{n1}、f_{m1}、f_{n2}、f_{m2}、…，如图 6.14 所示，其中 f_m 和 f_n 称为基音频率，f_{m1} 和 f_{n1}、f_{m2} 和 f_{n2} 则分别称为一次泛音频率和二次泛音频率。

根据谐振理论，压电振子在最小阻抗频率 f_m 附近，存在一个使信号电压与电流同位相的频率，这个频率就是压电振子的谐振频率 f_r，同样在 f_n 附近存在另一个使信号电压与电流同位相的频率，这个频率叫压电振子的反谐振频率 f_a。只有压电振子在机械损耗为零的条件下，$f_m = f_r$，$f_n = f_a$。

2. 频率常数

压电元件的谐振频率与沿振动方向的长度的乘积为一常数，称为频率常数 N（KHz·m）。例如，陶瓷薄长片沿长度方向伸缩振动的频率常数 N_1 为：

$$N_1 = f_r l \tag{6-48}$$

$$f_r = \frac{1}{2l}\sqrt{\frac{Y}{\rho}} \tag{6-49}$$

式中　Y——杨氏模量；

　　　　ρ——材料的密度。

由此可见，频率常数 N 只与材料的性质有关。若知道材料的频率常数即可根据所要求的频率来设计元件的外形尺寸。

3. 机电耦合系数

机电耦合系数 k 是综合反映压电材料性能的参数。它表示压电材料的机械能与电能的耦合效应，定义为：

$$k^2 = \frac{压电效应转化的电能}{输入的总机械能}$$

$$或\ k^2 = \frac{由电能转化的机械能}{输入的总电能}$$

由于压电元件的机械能与它的形状和振动方式有关，因此不同形状和不同振动方式所对

160

应的机电耦合系数也不相同。由定义可推证存在如下关系：

$$k = \mathrm{d}\sqrt{\frac{1}{\varepsilon^T S^E}} \qquad\qquad (6\text{-}50)$$

式中　ε——介电常数；

　　　d——压电常数；

　　　S——应变；

　　　E——电场强度；

　　　T——温度。

6.8.3　典型压电材料及应用

压电效应的发现及压电体基础研究虽然开展很早，但自从 1880 年发现压电效应以来，压电材料只局限于晶体材料，压电材料的工程化应用则自 20 世纪 40 年代中期才实现。压电材料包括压电单晶、压电陶瓷、压电薄膜和压电高分子材料等。从晶体结构角度来看，主要有钙钛矿型、钨青铜矿型、焦绿石型及铋层状结构等。目前应用最广、研究最深入的是钙钛矿和钨青铜结构。从化合物成分角度划分则有：一元系统，如 $BaTiO_3$ 系和 $PbTiO_3$ 系；二元系统，如 $PbTiO_3\text{-}PbZrO_3$ 系；三元系统，如 $PbTiO_3\text{-}PbZrO_3\text{-}Pb(Mg_{1/3}Nb_{2/3})O_3$ 等，以及相应的掺杂体系。

下面仅介绍典型的压电陶瓷材料及其应用。

1. 钛酸钡

钛酸钡是首先发展起来的压电陶瓷，至今仍然得到广泛的应用。由于钛酸钡的机电耦合系数较高，化学性质稳定，有较大的工作温度范围，因而应用广泛。早在 20 世纪 40 年代末已在拾音器、换能器、滤波器等方面得到应用，后来的大量试验工作是掺杂改性，以改变其居里点，提高温度稳定性。

2. 钛酸铅

钛酸铅的结构与钛酸钡相类似，其居里温度为 495℃，居里温度以下为四方晶系。其压电性能较低，钛酸铅陶瓷很难烧结，当冷却通过居里点时，就会碎裂成为粉末，因此目前测量只能用不纯的样品，少量添加物可抑制开裂。

3. 锆钛酸铅（PZT）

20 世纪 60 年代以来，人们对复合钙钛矿型化合物进行了系统的研究，这对压电材料的发展起了积极作用。PZT 为二元系压电陶瓷，$Pb(Zr,Ti)O_3$ 压电陶瓷在四方晶相（富钛区）和菱形晶相（富锆区）的相界附近，其机电耦合系数和介电常数是最高的。这是因为在相界附近，极化时电畴更容易重新取向。相界大约在 $Pb(Zr_{0.53}Ti_{0.47})O_3$ 的地方，其组成的机电耦合系数 k_{33} 可以达到 0.6，d_{33} 可达到 200×10^{-12} C/N。

为了满足不同的使用要求，在 PZT 中添加某些元素，可达到改性的目的。例如添加 La、Nd、Bi、Nb 等，属"软性"添加物，它们可使陶瓷弹性柔顺常数增高，矫顽场降低，k_{p} 增大；添加 Fe、Co、Mn、Ni 等，属"硬性"添加物，它们可使陶瓷性能向"硬"的方面变化，即矫顽场增大，k_{p} 下降，同时介质损耗降低。为了进一步改性，在 PZT 陶瓷中掺入铌镁酸铅制成三元系压电陶瓷（$PbTiO_3\text{-}PbZrO_3\text{-}Pb(Mg_{1/3}Nb_{2/3})O_3$）。该三元系陶瓷具有可以广泛调节压电性能的特点。

但是，对于陶瓷等多晶材料，晶粒无序排列而呈各向同性状态。只有当压电陶瓷体在较高电压的直流电场中进行"预极化"处理后才呈现压电效应。所谓预极化，就是在压电陶瓷上加一个强直流电场，使陶瓷中的电畴沿电场方向取向排列。只有经过极化预处理的陶瓷才能显示压电效应。

近年来，压电陶瓷得到了广泛的应用。例如，用于电声器件中的扬声器、送话器、拾声器等；用于水下通讯和探测的水声换能器和鱼群探测器等；用于雷达中的陶瓷声表面波器件；用于导航中的压电加速度计和压电陀螺等；用于通讯设备中的陶瓷滤波器、陶瓷鉴频器等；用于精密测量中的陶瓷压力计、压电流量计、压电厚度计等；用于红外技术中的陶瓷红外热电探测器；用于超声探伤、超声清洗、超声显像中的陶瓷超声换能器；用于高压电源的陶瓷变压器等。这些压电陶瓷器件除了选择合适的瓷料以外，还要有先进的结构设计。

必须指出，不同应用领域对压电参数也有不同的要求。例如高频器件要求材料介电常数和高频损耗小；滤波器材料要求谐振频率稳定性好，k_p 值则取决于滤波器的带宽；电声材料要求 k_p 高，介电常数高等。

6.8.4 压电体、热释电体、铁电体的关系

由以上讨论可以看出，压电效应反映了晶体电能与机械能之间的关系，机械力可以引起晶体中正、负电荷中心的相对位移。但是对于不具有中心对称的压电晶体而言，这种相对位移在不同方向并不相等，但可以引起晶体总电荷变化而产生压电效应。与机械力不同，热释电晶体中电荷的变化是由温度改变引起的，而温度变化引起的晶体胀缩被认为是无方向性的。因此，对于一般压电晶体而言，即使某一方向上电矩有变化，也不至于产生热释电效应，仅当晶体结构上存在极化轴时才会出现热释电效应。

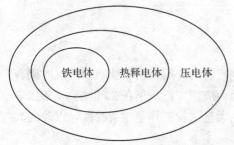

图 6.15　压电体、热释电体和铁电体的关系

压电体、热释电体和铁电体之间的关系可以由上图表示。

6.9　热　电　性

在材料中存在电位差时会产生电流，存在温度差时会产生热流。从电子论的观点来看，在金属和半导体中不论是电流还是热流都与电子的运动有关，故电位差、温度差，电流、热流之间存在着交叉联系，这就构成了热电效应。材料的这种性质称为热电性，它可以概括为三个基本的热电效应。

6.9.1 赛贝克效应

1821 年德国的赛贝克发现，在锑与铜两种材料组成的闭合回路中，当两个接触点存在温度差时，回路中就有电流通过，产生这种电流的电动势称为热电势，这种现象称为赛贝克效应，如图 6.16 所示。热电势不仅与两个接触点的温度有关，还与两种材料的性质有关。对于两种确定的材料，热电势在一定温度范围内仅与两个接触点的温度有关，并与温差成正比，即：

$$E_{AB} = \alpha \Delta T \qquad\qquad (6-51)$$

式中　E_{AB}——热电势；

　　　ΔT——两接触点的温差，$\Delta T = T_2 - T_1$；

　　　α——与材料性质有关的参数。

半导体中的赛贝克效应比金属导体中显著的多。因此，金属的赛贝克效应主要用于测量温度，而半导体的赛贝克效应则应用于温差发生。

6.9.2　帕尔帖效应

不同金属中，自由电子具有不同的能量状态。1834年帕尔帖发现当两种不同的金属接触并有电流通过时，将会使接点吸热或放热。如图6.17所示，如果电流从一个方向流过接点使接点吸热，那么相反的电流则会使接点放热，这种现象称为帕尔帖效应，吸收或放出的热量称为帕尔帖热。单位时间内接点吸收或放出的热量 Q 与流过接点的电流 I 成正比，即

$$Q = \pi_{AB} I \qquad\qquad (6-52)$$

式中　π_{AB}——帕尔帖系数，取决于温度及两种材料的性质。

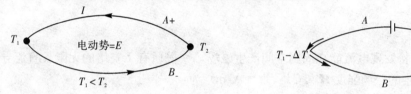

图6.16　两种金属形成闭合回路时的情形　　　　图6.17　帕尔帖效应

帕尔帖热可用实验来确定。通常帕尔帖热总是和焦耳热叠加在一起，而不能以单独形式得到。由于焦耳热与电流方向无关，而帕尔帖热与电流方向有关，故可采用正反通电分别测出产生的热量 $Q_J + Q_P$ 及 $Q_J - Q_P$，其中 Q_J、Q_P 分别表示焦耳热与帕尔帖热，相约去 Q_J 便可得到帕尔帖热 Q_P。

6.9.3　汤姆逊效应

当一金属导体两端存在温度差，若通以电流则在导体中除产生焦耳热外，还要产生额外的吸热放热现象，称其为汤姆逊效应，是汤姆逊于1854年发现的。当电流方向与导体中温度梯度产生的热流方向一致时，产生放热效应；反之，若电流方向与热流方向不一致时产生吸热效应，并且单位时间导体所吸收或放出的热量 Q 与通过的电流及温度梯度成正比，即：

$$Q = \tau I \frac{\mathrm{d}T}{\mathrm{d}x} \qquad\qquad (6-53)$$

式中　τ——汤姆逊系数，与材料性质有关。

汤姆逊热也可通过正反通电法测出。

综上所述，一个由两种导体组成的回路，若两接触点温度不同，三种热电效应会同时产生。赛贝克效应产生热电势和热电流，而热电流通过接触点时要吸收或放出帕尔帖热，并且通过导体时要吸收或放出汤姆逊热。

第7章 材料的磁学性能

磁性是物质的基本属性之一，是许多材料的重要物理参数，材料的磁性与其微观结构密切相关，因此研究磁性对于研究材料微观结构是非常重要的。

随着现代科学技术与工业的发展，磁性材料的应用越来越广泛，特别是电子技术的发展，对磁性材料提出了新的要求。因此，研究有关磁性的理论，发现新型的磁性材料是材料科学研究的一个重要方向。

7.1 材料的磁性

7.1.1 基本概念

1820 年，奥斯特发现电流能在周围空间产生磁场，一根通有 I 安培的无限长直流导线，在距轴线 r 米处产生的磁场强度 H（安培/米，A/m）为：

$$H = \frac{I}{2\pi r} \tag{7-1}$$

而材料在磁场强度为 H 的外加磁场作用下，会在材料内部产生一定的磁通量密度，称其为磁感应强度 B，其单位为韦伯/米²（Wb/m²）或特斯拉（T），从而发生磁化。磁感应强度 B 与外加磁场 H 的关系为：

$$B = \mu H \tag{7-2}$$

式中　μ——磁导率。

真空中：

$$B_0 = \mu_0 H \tag{7-3}$$

式中　μ_0——真空磁导率，$\mu_0 = 4\pi \times 10^{-7} \mathrm{A/m}$。

从而相对磁导率：

$$\mu_r = \mu / \mu_0 \tag{7-4}$$

$$B = \mu_0 (H + M) = \mu H \tag{7-5}$$

式中　M——磁化强度，表征物质被磁化的程度。

由上式得 $\left(\dfrac{\mu}{\mu_0} - 1\right) H = M$

$$(\mu_r - 1) H = M$$

定义 $\chi = \mu_r - 1$ 为介质的磁化率，其也反映了材料磁化的能力。

$$\therefore M = \chi H \tag{7-6}$$

M 和 χ 可正可负，取决于材料的不同磁性类别。

7.1.2　磁性的微观机理

任何一个封闭的电流都具有磁距 m，其方向与环形电流法线的方向一致，大小为电流与封闭环线面积的乘积：

$$m = I\Delta s \tag{7-7}$$

而物质的磁性来源于材料内部电子的运动以及原子、电子内部的永久磁矩。电子绕原子核运动产生轨道磁矩，电子本身自旋产生自旋磁矩，它们均可视为环形电流，可产生磁矩，以上两种微观磁矩是物质具有磁性的根源。运动电子的磁矩一般是轨道磁矩和自旋磁矩的矢量和。实验证明，电子的自旋磁矩比轨道磁矩大得多。

原子核也有磁矩，其质量比电子重 1000 多倍，运动速度仅为电子速度的几千分之一。因此，原子核的磁矩仅为电子磁矩的千分之一，一般可以忽略不计。

原子、分子是否具有磁矩决定于该原子、分子的结构。原子中如果有未被填满的电子壳层，其电子的自旋磁矩未被抵消（方向相反的电子自旋磁矩可以相互抵消），原子就具有磁矩，这种磁矩称为原子的固有磁矩。例如，铁原子的原子序数为 26，共有 26 个电子，电子层分布为 $1s^2 2s^2 2p^6 3s^2 3p^6 3d^6 4s^2$。可以看出，除 $3d$ 次电子层外，各层均被电子填满，自旋磁矩相互抵消。根据洪特法则，电子在 $3d$ 层中应尽可能填充到不同轨道，并且它们的自旋尽量在同一方向上（平行自旋）。因此，5 个轨道中有 4 个只有 1 个电子，而这些电子的自旋方向平行。因此，铁原子的固有磁矩是 4 个电子磁矩的总和。某些元素（例如锌）具有各层都充满电子的原子结构，其电子磁矩相互抵消，因而没有磁性。

当原子结合成分子时，它们的外层电子磁矩要发生变化，所以分子磁矩并不是单个原子磁矩的总和。

7.1.3　磁性的分类

材料的磁性取决于材料被磁化后对磁场所产生的影响，即材料中原子和电子磁矩对外加磁场的响应，具体的可分为抗磁性、顺磁性、铁磁性和反铁磁性。

1. 抗磁性

在外加磁场存在时，外磁场会使材料中电子的轨道运动发生变化，感应出很小的磁矩，其方向与外磁场相反，称其为抗磁性，例如 Bi、Ag、Cu、Zn 等。其磁化强度为很小的负值，相对磁导率略小于 1，磁化率 χ 一般约为 -10^{-5}。

2. 顺磁性

有些物质不论外加磁场是否存在，每个原子都有一个永久磁矩。在无外加磁场时，各个原子磁矩无序地排列，材料无宏观磁性；而在外加磁场作用下，各个原子磁矩会沿外磁场方向择优取向，使物质显示极弱的磁性，这种磁性称为顺磁性。

在顺磁性物质中，磁化强度与外磁场方向一致为正值，而且与外磁场成正比。相对磁导率大于 1，磁化率约为 $10^{-5} \sim 10^{-2}$。常见的顺磁性物质有过渡元素、稀土元素、锕系元素和铝、铂等。

3. 铁磁性

诸如 Fe、Co、Ni 等物质即使在较弱的磁场作用下，也会产生很大的磁化强度，而且当外磁场去除后，仍保留相当大的永久磁性，这类物质的磁性称为铁磁性。

4. 反铁磁性

另有一些物质，如 MnO，其相邻原子间的自旋趋于反方向平行排列，原子磁矩相互抵消，总磁矩为零，这类磁性称为反铁磁性，反铁磁性物质无论在什么温度下，其宏观表现都是顺磁性的。

7.2 抗磁性与顺磁性

7.2.1 抗磁性

原子磁性的讨论表明，原子的磁矩取决于未填满壳层电子的轨道磁矩和自旋磁矩。对于电子壳层已填满的原子，轨道磁矩和自旋磁矩的总和为零，这是在没有外磁场的情况下原子所表现出来的磁性。当有外磁场作用时，即使对于那种总磁矩为零的原子也会显示出磁矩，这是由于电子的轨道运动在外磁场作用下产生了抗磁矩的缘故。

为了说明这个问题，取轨道平面与磁场 H 方向垂直而运动方向相反的两个电子，如图 7.1 所示。当无外磁场时，电子轨道运动产生的轨道磁矩为：

$$\boldsymbol{m}_1 = \frac{1}{2}e\omega r^2 \tag{7-8}$$

式中 e——电子电荷；

  ω——电子轨道运动的角速度；

  r——轨道半径。

此时，电子受到的向心力为：

$$\boldsymbol{F}_c = m r\omega^2 \tag{7-9}$$

当电子受到垂直于轨道运动平面的外磁场作用时，将产生一个附加的洛仑兹力 $\Delta\boldsymbol{F}_c$：

$$\Delta\boldsymbol{F}_c = Her\omega \tag{7-10}$$

当电子顺时针运动时，见图（a），$\Delta\boldsymbol{F}_c$ 与 $\boldsymbol{F}_c$ 的方向相同，这意味着向心力增大。若电子的质量和轨道半径不变，向心力的增大将导致 ω 增大 $\Delta\omega$。可以证明 $\Delta\omega = \frac{eH}{2m}$。又由上述轨道磁矩公式可以看出，由于 ω 的增加，$\boldsymbol{m}_1$ 也必将相应增大，即产生附加磁矩 $\Delta\boldsymbol{m}_1$。

$$\Delta\boldsymbol{m}_1 = -\frac{e^2 r^2}{4m}H \tag{7-11}$$

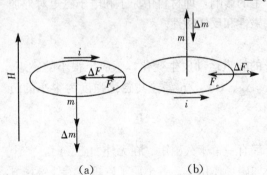

图 7.1 形成抗磁磁矩 Δm 的示意图

式（7-11）中负号表示附加磁矩与外磁场方向相反。无论电子顺时针运动还是逆时针运动，所产生的附加磁矩都与外磁场方向相反，这就是物质产生抗磁性的原因。由上述分析可以看出，物质的抗磁性不是由电子的轨道磁矩和自旋磁矩本身所产生的，而是由外磁场作用下电子轨道运动产生的附加磁矩所造成的。也就是说，任何物质在外磁场作用下都应具有抗磁性，不过一般只有原子的电子壳层完全填满的物质的抗磁性才能表现出来，否则抗磁性就被别的磁性掩盖了。

假如一个原子有 Z 个电子，这些电子又都分布在不同的壳层上，它们有不同的轨道半

径 r，且其轨道平面一般与外磁场方向不完全垂直，则一个原子的抗磁矩为：

$$m_A = -\frac{e^2 H}{4m} \sum_{i=1}^{Z} r_i^2 \qquad (7-12)$$

式中　r_i——轨道半径在垂直于磁场方向平面上的投影。

7.2.2 顺磁性

材料的顺磁性来源于原子（或离子）的固有磁矩。固有磁矩是电子轨道磁矩和自旋磁矩的矢量和，其来源于原子内未填满的电子壳层（如过渡元素的 d 层，稀土金属的 f 层）或具有奇数个电子的原子。

在没有外加磁场时，由于热振动的影响，各原子的固有磁矩呈无序状态分布，故总磁矩为零，在宏观上不显示磁性，如图 7.2（a）所示。当施加一定的外加磁场时，原子磁矩将转向外磁场方向，总磁矩便大于零，如图 7.2（b）所示。但在常温下，由于热运动的影响，原子磁矩难以有序化排列，故磁化十分困难，室温下顺磁体的磁化率一般仅为 $10^{-6} \sim 10^{-3}$。据计算，在常温下要克服热运动的影响使顺磁体磁化达到饱和所需的磁场约为 $8 \times 10^8 A \cdot m^{-1}$，见图 7.2（c），这在技术上是很难达到的。但如果把温度降低到绝对零度，则达到磁饱和就容易多了。例如 $CdSO_4$ 在 1K 时，只需 $H = 24 \times 10^4 A \cdot m^{-1}$ 便可达到磁饱和状态。总之，顺磁体的磁化仍是磁场克服热运动的干扰，使原子磁矩沿磁场方向排列的结果。

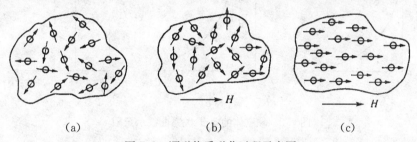

图 7.2　顺磁物质磁化过程示意图

根据磁化率与温度的关系，可以把顺磁体大致分为三类：正常顺磁体、磁化率与温度无关的顺磁体以及存在反铁磁体转变的顺磁体。

1. 正常顺磁体

某些正常顺磁体的原子磁化率 χ 与温度成反比，即服从居里定律：

$$\chi = \frac{C}{T} \qquad (7-13)$$

式中　C——居里常数，$C = N\mu_B^2/3k$，这里 N 为阿伏加德罗常数；

　　μ_B——玻尔磁子；

　　k——波尔兹曼常数；

　　T——绝对温度。

但是相当多的固溶体顺磁物质，特别是过渡金属元素，并不符合居里定律，它们的原子磁化率与温度的关系要用居里-外斯定律来描述，即：

$$\chi = \frac{C'}{T + \Delta} \qquad (7-14)$$

式中　C'——常数；

Δ——对于一定的物质也是常数，但对不同的物质可正可负。

对存在铁磁转变的物质来说，其在居里点以上是顺磁性的，$\Delta = -\theta_C$，θ_C 表示居里点。此时，磁化强度 M 和磁场强度 H 保持线性关系。

2. 磁化率与温度无关的顺磁体

金属 Li、Na、K、Rb 属于此类，它们的 $\chi = 10^{-7} \sim 10^{-6}$，与温度无关，它们的顺磁性是由价电子产生的。

3. 存在反铁磁体转变的顺磁体

过渡金属及其合金或它们的化合物属于这类顺磁体。它们都有一定的转变温度，称为反铁磁居里点或尼尔点，以 T_N 表示。当温度高于 T_N 时，它们和正常顺磁体一样，服从居里—外斯定律，且 $\Delta > 0$；当温度低于 T_N 时，它们的磁化率 χ 随温度下降；当 $T \to 0K$ 时，χ 趋向于常数。在 T_N 处 χ 有一极大值，同时其他一些性能（如比热、热膨胀系数等）也有反常的极大值。图 7.3 表示了单纯顺磁性（a）、存在铁磁性（b）以及存在反铁磁性转变（c）的顺磁体的 χ-T 关系曲线。

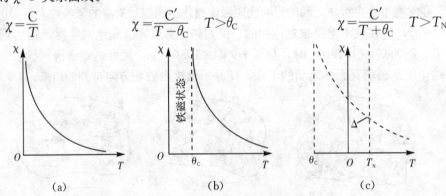

$$\chi = \frac{C}{T} \qquad\qquad \chi = \frac{C'}{T - \theta_C} \quad T > \theta_C \qquad\qquad \chi = \frac{C'}{T + \theta_C} \quad T > T_N$$

图 7.3　顺磁体的 χ-T 关系曲线示意图

7.3 铁 磁 性

7.3.1 磁畴

铁磁性材料在外加磁场的作用下，可以产生很强的磁化，这是由于在其内部存在着许多自发磁化的小区域，称为"磁畴"。在磁畴内相邻原子的磁矩平行取向，在物质内部形成许多小区域—磁畴。每个磁畴大约有 10^{15} 个原子，这些原子的磁矩沿同一方向排列。在铁磁性物质内部存在很强的称为"分子场"的内场，"分子场"足以使每个磁畴自动磁化达到饱和状态。这种自生的磁化强度称为自发磁化强度，正是由于它的存在铁磁物质能在弱磁场下强烈地磁化。

对于未经外磁场磁化的（或处于退磁状态的）铁磁体，研究表明，它们在宏观上并不显示磁性。这说明物质内部各部分的自发磁化强度的取向是杂乱的，因而物质的磁畴不是单畴，而是由许多小磁畴组成的，这是由于磁畴的尺寸大小和其形状结构受着多种能量因素制约的结果。

磁畴结构的形成要使铁磁体的能量达到最低，从而保持自发磁化的稳定性，因而就分裂

168

成无数微小的磁畴，但是磁畴内原子磁矩同向排列的结果却形成了磁极，因而造成了很大的退磁能，如图 7.4（a）所示，这就必然要限制自旋磁矩的同向排列。若铁磁体分为两个反向磁化的区域（磁畴），则可使退磁能大大降低，如图 7.4（b）。如果各个磁畴之间彼此取向不同，首尾相连，形成闭合的回路，则可使退磁能降为零，如图 7.4（c），并且磁畴越小能量越低。此外，相邻磁畴之间不可能是直接呈反向平行排列的，而是被一过渡层——磁畴壁隔开，在畴壁内自旋磁矩的方向从一个磁畴逐渐过渡到另一个磁畴，如图 7.4（d）所示。

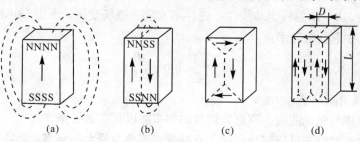

图 7.4　单晶体磁畴结构示意图

7.3.2　磁化曲线与磁滞回线

铁磁体的磁化曲线比较复杂，并且还有不可逆磁化存在，如图 7.5 所示。由图中曲线可以看出，曲线可分为三个部分：第一部分在微弱的磁场中，磁感应强度 B 和磁化强度 M 均随外磁场强度 H 的增大缓慢地上升，磁化强度 M 与外磁场强度 H 之间近似呈直线关系，并且磁化是可逆的。这时畴壁发生移动，使与外磁场方向一致的磁畴范围扩大，其他方向的相应缩小；第二部分随外磁场强度 H 继续增大，磁感应强度 B 和磁化强度 M 急剧升高，磁导率增长得非常快，并出现极大值 μ_m。这个阶段的磁化是不可逆的，即去掉磁场仍保持部分磁化。此时与外磁场方向不一致的磁畴的磁化矢量会按外磁场方向转动，这样在每一个磁畴中，磁矩都向外磁场 H 方向排列。当磁场强度达到

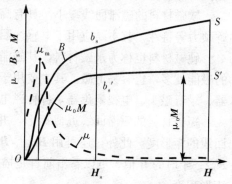

图 7.5　铁磁合金的磁化曲线

H_s 时，磁化强度达到饱和值 M_s。此后随外磁场增加，磁化强度不再变化，此磁化强度的饱和值称为饱和磁化强度，与之相对应的磁感应强度称为饱和磁感应强度 B_s；第三部分随外磁场 H 进一步增大，磁感应强度 B 和磁化强度 M 增大的趋势逐渐变缓，磁化进行得越来越困难，而磁导率逐渐减小并趋向于 μ_0。

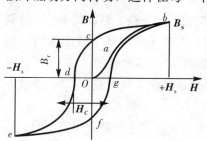

图 7.6　铁磁合金的磁滞回线

如果外磁场 H 为交变磁场时，则与电滞回线类似，可得到磁滞回线，如图 7.6 所示。如将铁磁体 Oab 曲线磁化达到饱和磁化状态后，再减小磁场强度 H，则磁感应强度 B 将沿 bcd 曲线随之减小。当 $H=0$ 时，磁感应强度并不减小为零，而是保留一定大小的数值。图中 B_r 称为剩余磁感应强度（剩磁）。为了消除剩磁，则必须加一反向磁场 $-H$，当 H 等于 H_c 时，磁感应强度 B 才

等于零，H_c 称为矫顽磁场强度，亦称"矫顽力"。将反向磁场继续增大，磁感应强度将沿 de 曲线变化至 $-B_s$。从 $-B_s$ 改为正向磁场，随着磁场强度 H 的增大，磁感应强度将沿 $efgb$ 曲线变化到 B_s。从图中可以看出，磁感应强度的变化总是滞后于磁场强度的变化，这种现象称为磁滞效应，相应的磁感应强度的变化曲线称为磁滞回线。磁滞回线是铁磁体的一个重要基本特征，它的大小、形状均有一定的实用意义。其中，磁滞回线所包围的面积相当于磁化一周所产生的能量损耗，称为磁滞损耗。

在铁磁体中，$B—H$ 曲线为非线性，磁导率 μ 随外磁场变化，图中 Oab 曲线上有关斜率即为磁导率，其中起始磁导率：

$$\mu_i = \frac{1}{\mu_0} \lim_{\substack{\Delta H \to 0 \\ H \to 0}} \left(\frac{\Delta B}{\Delta H} \right) \qquad (7 - 15)$$

式中　μ_0——真空磁导率。

即起始磁导率为磁化曲线上原点处切线的斜率除以真空磁导率 μ_0。

而将磁化曲线对应于最陡部分，即 a 点处的斜率称为最大磁导率，即：

$$\mu_{max} = \frac{1}{\mu_0} \left(\frac{B}{H} \right)_{max} \qquad (7 - 16)$$

不同的材料其磁化曲线与磁滞回线的形状有所不同，根据材料磁滞回线的形状，可将磁性材料分为软磁材料、硬磁材料和矩磁材料。

软磁材料的磁滞回线瘦小，具有高磁导率，高饱和磁感应强度，低剩余磁感应强度与低矫顽力等特性，其主要应用于电感线圈或变压器的磁芯等。

硬磁材料也称为永磁材料，其磁滞回线肥大，剩余磁感应强度高，矫顽力大，这样保存的磁能就多，也容易退磁。其主要用于磁路系统中作永磁以产生恒稳磁场，如扬声器、助听器、录音磁头、电视聚焦器，各种磁电式仪表、磁通计、示波器以及各种控制设备。

矩磁材料的磁滞回线近似矩形，并且有很好的矩形度，一般可用剩磁比 B_r/B_m 来表征回线的矩形度。此外，还可用 $B_{-\frac{1}{2}m}/B_m$ 来描述回线的矩形度，其中 $B_{-\frac{1}{2}m}$ 表示静磁场达到 H_m 一半时的 B 值，可以看出前者是描述 Ⅰ、Ⅲ 象限的矩形程度，后者是描述 Ⅱ、Ⅳ 象限的矩形程度。

7.3.3　磁各向异性和各向异性能

对于铁磁单晶而言，其沿不同方向的磁化曲线不同，例如，对于铁、钴、镍单晶，分别沿铁的 <100>、镍的 <111> 和钴的 <0001> 晶向易磁化，在很小的磁场下就能达到磁饱和，故称这些方向为易磁化方向。而当沿铁的 <111>、镍的 <100> 和钴的 <10$\bar{1}$0> 方向磁化时，则需要非常强的磁场才能达到磁饱和，这些晶向是难磁化方向（图 7.7）。像这种单晶体在不同晶向上磁性能不同的性质称为磁各向异性。

铁磁单晶沿不同方向的磁化曲线不同，说明沿不同方向磁化所产生的磁化强度不同，从而沿不同方向磁化所消耗的磁化功不同（图 7.8 阴影部分的面积）。磁化功的各向异性也反映了磁化强度矢量（M_s）在不同晶向上有不同的能量。M_s 沿易磁化方向能量最低（通常取此能量为基准），沿难磁化方向时能量最高。磁化强度矢量沿不同晶轴方向的能量差代表了磁晶各向异性能，简称磁晶能，用 E_k 表示。磁晶能表示了不同晶轴方向的磁化功之差。

磁晶各向异性是由于在晶体的原子中，一方面电子受空间周期变化的不均匀静电场的作用；另一方面邻近原子间电子轨道还有交换作用，通过电子的轨道交叠，晶体的磁化强度受到空间点阵的影响。由于自旋-轨道相互作用，电荷分布为旋转椭球形而不是球形。非对称性与自旋方向有密切联系，所以自旋方向相对于晶轴的转动将使交换能改变，同时也使原子电荷分布的静电相互作用能改变，这两种效应都会导致磁晶各向异性。

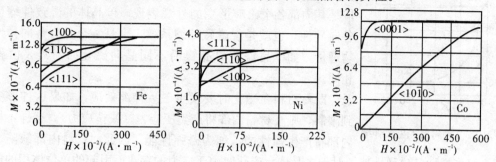

图 7.7　铁、镍、钴单晶的磁化曲线

基特（Kitter）曾用图 7.9 表示排列在一条直线上的原子在两种不同磁化方向的情况。图 7.9（a）表示磁化垂直于原子排成的直线，邻近原子的电子运动区有重叠，因此彼此的交换作用强；图 7.9（b）表示磁化沿直线方向，邻近原子间电子运动区重叠极少，因而交换作用很弱，这就造成了晶体的磁各向异性。

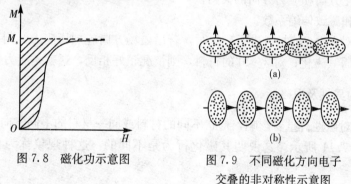

图 7.8　磁化功示意图　　　　图 7.9　不同磁化方向电子
　　　　　　　　　　　　　　　　交叠的非对称性示意图

7.3.4　磁致伸缩与磁弹性能

铁磁体在磁场中磁化时，其形状和尺寸都会发生变化，这种现象称为磁致伸缩效应。磁致伸缩效应可用磁致伸缩系数 λ 表示：

$$\lambda = \frac{\Delta l}{l_0} = \frac{l - l_0}{l_0} \tag{7-17}$$

式中　l_0——铁磁体原始长度；

l——在磁场中磁化后的长度。

当 $\lambda > 0$ 时，表示沿磁化方向的尺寸伸长，称为正磁致伸缩，如铁属这种情况；$\lambda < 0$ 时，表示沿磁化方向的尺寸缩短，称为负磁致伸缩，如镍。不同铁磁体的磁致伸缩系数相差较大，一般其绝对值在 $10^{-6} \sim 10^{-3}$ 之间。随着外加磁场的增强，铁磁体的磁化强度增强，这时 $|\lambda|$ 也随之增大。图 7.10 示出了几种材料的磁致伸缩系数随磁场的变化情况。当外加磁场增加到一定值时，磁化强度达到饱和值 M_s，此时 $\lambda = \lambda_s$，λ_s 称为饱和磁致伸缩系数。对于一定材料来说，λ_s 是一个常数。

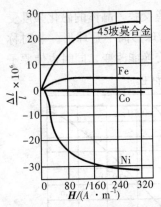

图 7.10 几种材料的磁致伸缩

磁致伸缩效应是由于原子磁矩有序排列时，电子间的相互作用导致原子间距的自发调整而引起的。材料的晶体点阵结构不同，磁化时原子间距的变化情况也不一样，故有不同的磁致伸缩性能。从铁磁体的磁畴结构也可以认为材料的磁致伸缩效应是其内部各个磁畴形变的外观表现。单晶体的磁致伸缩也有各向异性，也就是说磁致伸缩系数 λ 也是一个具有各向异性的物理量，如单晶铁和单晶镍沿不同晶向磁化时，其 λ 值就不相同。

既然材料在磁化时要发生磁致伸缩效应，如果这种形变受到限制，则在材料内部将产生压应力（或拉应力）。这样，材料内部将产生弹性能，称为磁弹性能。因此，材料内部缺陷、杂质等都可能增加其磁弹性能。对于多晶体，磁化时由于应力的存在而引起的单位体积的磁弹性能可由下式计算：

$$E_\sigma = \frac{3}{2}\lambda_s\, \sigma \sin^2\theta \qquad\qquad (7-18)$$

式中　σ——材料所受的应力；

　　　θ——磁化方向和应力方向的夹角；

　　　λ_s——饱和磁致伸缩系数。

实验表明，对 $\lambda_s > 0$ 的材料进行磁化时，若沿磁场方向施加压应力，则有利于磁化，而施加压应力则阻碍其磁化；对 $\lambda_s < 0$ 的材料，则情况正好相反，这就是应力各向异性。

7.3.5　形状各向异性及退磁能

材料的形状对磁性有重要影响，形状不同的材料或同一材料的不同方向测得的磁化曲线是不同的，如图 7.11 所示，这说明其磁化行为是不同的，这种现象称为材料的形状各向异性。

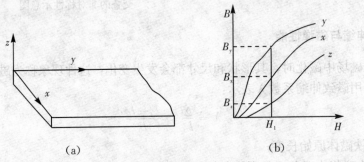

(a)　　　　　　　　　　　　　　　(b)

图 7.11　铁磁体的形状各向异性

铁磁体的形状各向异性是由退磁场引起的。当铁磁体磁化出现磁极后，这时在铁磁体内部由于磁极作用而产生了一个与外磁场反向的磁场，它起到减弱外磁场（退磁）的作用，因此称为退磁场，如图 7.12 所示。

对于均匀磁化的椭球体，退磁场可表示为：

$$\boldsymbol{H_d} = -\, N\boldsymbol{M} \qquad\qquad (7-19)$$

式中，N 为材料的退磁因子，它与材料的几何形状及尺寸有关，负号表明退磁场的方向与磁化强度的方向相反。上式说明退磁场 H_d 与磁化强度 M 成正比，M 越大，H_d 也越强，对外磁场的削弱也越大。

铁磁体在磁场中具有的能量为静磁能，它包括铁磁体与外磁场的相互作用能和铁磁体在自身退磁场中的能量，后者常称为退磁能。退磁场作用在铁磁体单位体积的退磁能可表示为：

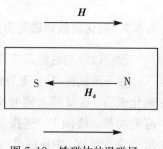

$$E_d = -\int_0^M \mu_0 H_d \, dM = \frac{1}{2}\mu_0 NM^2 \qquad (7-20)$$

图 7.12　铁磁体的退磁场

7.3.6　技术磁化

所谓技术磁化，就是指在外磁场的作用下，铁磁体从完全退磁状态磁化至饱和的内部变化过程。技术磁化过程实质上就是外磁场对磁畴的作用过程，也就是外磁场把各个磁畴的磁矩方向转到外磁场方向（或近似外磁场方向）的过程。技术磁化与自发磁化有本质的不同。磁化曲线和磁滞回线都是技术磁化的结果。

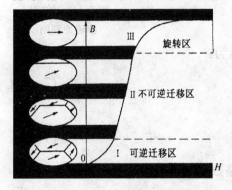

图 7.13　磁化曲线分区示意图

从前面的讨论我们知道，铁磁体的基本磁化曲线大体可分为三个阶段。从磁畴理论的观点，这三个阶段的磁化是铁磁体中的磁畴结构在外磁场作用下发生变化的结果。图 7.13 表示了磁化曲线各个状态上磁畴结构的特点。假如铁磁体原始的退磁状态为四个成封闭结构的磁畴，在磁化的起始阶段，磁场作用较弱，对于自发磁化方向与磁场成锐角的磁畴，由于其静磁能较低而发生扩张，而成钝角的磁畴则缩小。这一过程是通过磁畴壁的迁移来完成的，由于畴壁的迁移，使材料在宏观上表现出微弱的磁化，与第Ⅰ区的磁畴结构相对应。然而畴壁的这种微小迁移是可逆的，若这时去除外磁场，则畴壁又会自动地返回原位，也就是说磁畴结构和宏观磁化都将恢复到原始状态。所以称这一阶段为畴壁的可逆迁移区，此时材料的磁化强度增加不多，磁化曲线较为平坦，磁导率也不高。

当外磁场继续增强，磁畴壁快速移动，发生瞬时的跳跃，结果使某些与磁场成钝角的磁畴将瞬时转向与磁场成锐角的易磁化方向，因此磁化进行得很强烈，磁化曲线急剧上升，磁导率很高，这与第Ⅱ区段的磁畴结构相对应。这个阶段的畴壁移动是跳跃式的，并且是不可逆的，称为巴克豪森跳跃。畴壁的这种迁移，不会因为外磁场的取消而自动跃回原位，故称此阶段为畴壁不可逆迁移区。当所有的原子磁矩都转向与磁场成锐角的易磁化方向后，晶体成为单畴。

继续增加外磁场，则整个晶体单畴的磁矩方向将逐渐转向外磁场方向。这个磁化过程称为磁畴的旋转，也就是第Ⅲ区段的磁畴旋转区。这一阶段主要是锐角磁畴进一步转向外磁场方向的过程。由于锐角磁畴的磁矩方向是易磁化方向，而现在要转向的外磁场方向却是非易磁化方向，甚至有可能是最难磁化方向，因此这一转变必须克服磁各向异性能，故磁畴转动很困难，磁化强度上升的很缓慢。当晶体单畴的磁化强度矢量与外磁场方向完全一致时（或基本一致），材料的宏观磁性最大，即达到磁饱和状态。

7.3.7　磁化曲线和磁滞回线的测量

磁化曲线与磁滞回线的测量通常采用环形试样冲击法进行测定，其原理如图 7.14 所示。

在环形试样 T 上绕上磁化线圈 W_1（匝数为 N_1），用于产生较强的磁化磁场。在试样上同时绕制测量线圈 W_2（匝数为 N_2），用于产生感应电动势。线圈 W_1 连接直流电源，线圈 W_2 则串联冲击检流计组成测量回路。当 W_1 中通以电流 I_1 时，则产生的磁场为：

$$H = \frac{N_1 I_1}{l} \qquad (7-21)$$

式中　l——试样的中心周长。

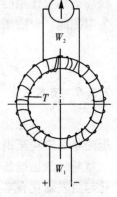

图 7.14　冲击法测磁原理图

当在短时间内，磁场从零增大到一定值 H 时，试样的磁感应强度从零增大到 B，相应的磁通量也从零增大到 $\Delta\phi$，将使测量回路中产生感应电动势为：

$$E = -N_2 \frac{\mathrm{d}\phi}{\mathrm{d}t} \qquad (7-22)$$

设测量线圈的电阻为 R，则测量回路中的感应电流为：

$$I_2 = -\frac{N_2}{R} \frac{\mathrm{d}\phi}{\mathrm{d}t} \qquad (7-23)$$

通过检流计的电量 Q 为：

$$Q = \frac{N_2 \Delta\phi}{R} \qquad (7-24)$$

通过检流计的电量 Q 与检流计上光点最大偏移的格数 α_m 成正比，即：

$$Q = C_b \alpha_m \qquad (7-25)$$

式中　C_b——冲击检流计的冲击常数。

由此可得：

$$\Delta\phi = \frac{RC_b}{N_2} \alpha_m \qquad (7-26)$$

因为 $\Delta\phi = B \cdot S$，所以：

$$B = \frac{RC_b}{N_2 S} \alpha_m \qquad (7-27)$$

$$或 \quad B = \frac{C_\mu}{N_2 S} \alpha_m \qquad (7-28)$$

式中　S——样品的截面积；

C_μ——测量回路的冲击常数，通常用试验的方法测定，$C_\mu = RC_b$。

测量时，调整 I_1 使磁场在 $0 \sim +H_s$ 范围内变化，取不同的 H 和对应的 B 值作图，即可得到材料的磁化曲线。

磁滞回线的测量原理与磁化曲线相同，但是要注意测量时磁场要从 $+H_s$ 逐渐减小，到达 $-H_s$ 后再逐渐增大。

7.4　铁氧体磁性材料

铁氧体是含铁酸盐的陶瓷磁性材料，它的磁性与铁磁性相同之处在于都具有自发磁化强度和磁畴，因此有时也被统称为铁磁性物质。它们的不同之处在于铁氧体一般都是多种金属的氧化物复合而成。因此，铁氧体的磁性来自两种不同的磁矩：一种磁矩在一个方向相互排列整齐，另一种磁矩在相反的方向排列，这两种磁矩方向相反，大小不等，两种磁矩之差不等于零，就产生了自发磁化现象。因此，铁氧体磁性又称为亚铁磁性。

铁氧体材料按结构分为：尖晶石型、石榴石型、磁铅石型、钙钛矿型、钛铁矿型和乌青铜型等六种，其中前三种最重要。

7.4.1　尖晶石型铁氧体

尖晶石型铁氧体的通式为 $M^{2+} Fe_2^{3+} O_4^{2-}$，其中 M^{2+} 为二价金属离子，如 Fe^{2+}、Ni^{2+}、Mg^{2+} 等，也可以是几种离子的混合物，如 $Mg_{1-x} Mn_x$ 等，因此组成和磁性范围广。它们的结构属尖晶石型，其中氧离子作近乎密堆立方排列，通常将氧四面体空隙位置称为 A 位，八面体空隙位置称为 B 位。如果二价金属离子都处于四面体 A 位，如 $Zn^{2+} Fe_2^{3+} O_4$ 称为正尖晶石；如果二价离子占有 B 位，三价离子占有 A 位及其余的 B 位，则称为反尖晶石，如 $Fe^{3+} (Fe^{3+} M^{2+}) O_4$，所有的亚铁磁性尖晶石几乎都是反尖晶石型的。

7.4.2　石榴石型铁氧体

稀土石榴石也具有重要的磁性能，其通式为 $R_3^{3+} Fe_5^{3+} O_{12}^{2-}$，其中 R^{3+} 为稀土离子或钇离子。石榴石型铁氧体的晶体结构为立方结构，每个晶胞包括 8 个化学式单元，共 160 个原子。R^{3+} 位于立方体的各个面，占据十二面体位置，Fe^{3+} 位于体心立方晶格及立方体的各个面，占据八面体位置及四面体位置。

7.4.3　磁铅石型铁氧体

磁铅石型铁氧体的结构与天然的磁铅石 $Pb(Fe_{7.5} Mn_{3.5} Al_{0.5} Ti_{0.5})O_{19}$ 相同，其通式为 $M^{2+} Fe_{12}^{3+} O_{19}^{-}$，其中 M^{2+} 为 Ba^{2+}、Sr^{2+}、Pb^{2+} 等二价金属离子。磁铅石型铁氧体属六方晶系，结构比较复杂，其中氧离子由六方密堆积与等轴面心堆积交替重叠。原晶胞包括 10 层氧离子密堆积层，每层有十个氧离子，两层一组的六方与四层一组的等轴面心交替出现，即按密堆积的 ABABCA……层依次排列。

7.4.4　亚铁磁性

为了解释尖晶石型铁氧体的磁性，尼尔认为尖晶石型铁氧体结构中 A 位与 B 位的离子的磁矩应是反平行取向的，这样彼此的磁矩就会抵消。但由于铁氧体内总是含有两种或两种以上的金属离子，这些离子各具有大小不等的磁矩（有些离子完全没有磁性），加以占 A 位或 B 位的离子数目也不相同，因此晶体内由于磁矩的反平行取向而导致的抵消作用通常并不一定会使磁性完全消失变成反铁磁体，而往往保留了剩余磁矩，所以表现出一定的铁磁性，这称为亚铁磁性或铁氧体磁性。图 7.15 形象地表示了居里点或尼尔点以下时的铁磁性、反铁磁性及亚铁磁性的自旋排列。

图 7.15　铁磁性、反铁磁性、亚铁磁性的自旋排列

　　例如，磁铁矿属反尖晶石结构，一个晶胞含有 8 个 Fe_3O_4 "分子"，8 个 Fe^{2+} 占据 8 个 B 位，16 个 Fe^{3+} 中有 8 个占 A 位，另有 8 个占 B 位。对任一个 Fe_3O_4 "分子"来说，两个 Fe^{3+} 分别处于 A 位及 B 位，它们是反平行自旋的，因而这种离子的磁矩必然全部抵消，但在 B 位的 Fe^{2+} 离子的磁矩依然存在。Fe^{2+} 有 6 个 $3d$ 电子分布在 5 条 d 轨道上，其中只有一对处于同一条 d 轨道上的电子反平行自旋，磁矩抵消，其余尚有 4 个平行自旋的电子，因而应当有 4 个 μ_B，亦即整个"分子"的波尔磁子数为 4。实验测定结果为 $4.2\mu_B$，与理论值相接近。

参 考 文 献

1 石德珂. 材料科学基础. 北京：机械工业出版社，1999

2 方俊鑫，陆栋. 固体物理学. 上海：上海科学技术出版社，2001

3 W. D. 金格瑞等著. 清华大学无机非金属材料教研室译. 陶瓷导论. 北京：中国建筑工业出版社，1987

4 浙江大学等四院校. 硅盐物理化学. 北京：中国建筑工业出版社，1980

5 陆佩文等. 硅酸盐物理化学. 南京：东南大学出版社，1991

6 刘瑞堂，刘文博，刘锦云. 工程材料力学性能. 哈尔滨：哈尔滨工业大学出版社，2001

7 杨尚林，张宇，桂太龙. 材料物理导论. 哈尔滨工业大学出版社，1999

8 詹姆斯·谢弗等著. 余永宁，强文江等译. 工程材料科学与设计. 北京：中国建筑工业出版社，2003

9 郑修麟. 材料的力学性能. 西安：西北工业大学出版社，2000

10 华南工学院，南京化工学院，清华大学等. 陶瓷材料物理性能. 北京：中国建筑工业出版社，1980

11 何肇基. 金属的力学性质. 北京：冶金工业出版社，1980

12 王仲仁，苑世剑，胡连喜. 弹性与塑性力学基础. 哈尔滨：哈尔滨工业大学出版社，1997

13 石德珂，金志浩. 材料力学性能. 西安：西安交通大学出版社，1998

14 熊庆贤. 材料物理导论. 厦门：厦门大学出版社，1998

15 陈树川，陈凌冰. 材料物理性能. 上海：上海交通大学出版社，1999

16 田莳. 材料物理性能. 北京：北京航空航天大学出版社，2001

17 R. W. 赫次伯格，王克仁等译. 工程材料的变形与断裂力学. 北京：机械工业出版社，1982

18 钱志屏. 材料的变形与断裂. 上海：同济大学出版社，1989

19 姜伟之，赵时熙. 工程材料的力学性能. 北京：北京航空航天大学出版社，1987

20 R. 帕姆普奇著，杨宇乾等译. 陶瓷材料性能导论. 北京：中国建筑工业出版社，1984

21 陆毅中. 工程断裂力学. 西安：西安交通大学出版社，1987

22 关振铎，张中太，焦金生. 无机材料物理性能. 北京：清华大学出版社，1992

23 张清纯. 陶瓷材料的力学性能. 北京：科学出版社，1987

24 龚江宏. 陶瓷材料断裂力学. 北京：清华大学出版社，2001

25 冯端，师昌绪，刘治国. 材料科学导论——融贯的论述. 北京：化学工业出版社，2002

26 M. V. 斯温. 陶瓷的结构与性能. 北京：科学出版社，1998

27 王昆林. 材料工程基础. 北京：清华大学出版社，2003

28 David J. Green 著. 龚江宏译. 陶瓷材料力学性能导论. 北京：清华大学出版社，2003

29 王从曾. 材料性能学. 北京：北京工业大学出版社，2001

30 邱成军，王元化，王义杰. 材料物理性能. 哈尔滨：哈尔滨工业大学出版社，2003